高等学校理工类课程
学习辅导丛书

"十二五"普通高等教育本科
国家级规划教材配套参考书

周衍柏

理论力学教程
学习指导书

管靖　杨晓荣　涂展春

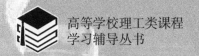

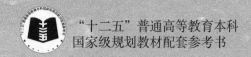

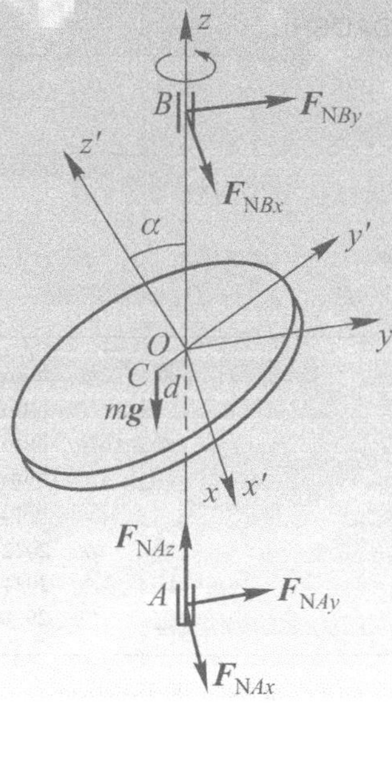

中国教育出版传媒集团
高等教育出版社·北京

内容提要

本书是与周衍柏编《理论力学教程》相配套的学习指导书。本书依据主教材的体例分为五章,每一章包括补充思考题及提示、主教材思考题提示、补充例题、主教材习题提示和补充习题及提示。本书包括主教材中全部的思考题和习题,并补充了一些不同风格的思考题、例题和习题,一方面使本书的讨论更为全面,另一方面也希望使用其他教材的读者可以方便且有效地使用本书。

本书可供选用《理论力学教程》的师生作为教学参考书使用,也可供其他相关专业的师生和社会读者参考。

图书在版编目(CIP)数据

理论力学教程学习指导书 / 管靖, 杨晓荣, 涂展春编. — 北京 : 高等教育出版社, 2022.11 (2024.5重印)
ISBN 978-7-04-058915-3

Ⅰ. ①理… Ⅱ. ①管… ②杨… ③涂… Ⅲ. ①理论力学—高等学校—教学参考资料 Ⅳ. ①O31

中国版本图书馆CIP数据核字(2022)第113415号

LILUN LIXUE JIAOCHENG XUEXI ZHIDAOSHU

策划编辑 傅凯威　责任编辑 缪可可　封面设计 李小璐　版式设计 王艳红

责任绘图 黄云燕　责任校对 高 歌　责任印制 朱 琦

出版发行 高等教育出版社
社　　址 北京市西城区德外大街4号
邮政编码 100120
印　　刷 唐山市润丰印务有限公司
开　　本 787mm×1092mm 1/16
印　　张 12
字　　数 290千字
购书热线 010-58581118
咨询电话 400-810-0598
网　　址 http://www.hep.edu.cn
　　　　 http://www.hep.com.cn
网上订购 http://www.hepmall.com.cn
　　　　 http://www.hepmall.com
　　　　 http://www.hepmall.cn
版　　次 2022年11月第1版
印　　次 2024年5月第2次印刷
定　　价 29.80元

物 料 号 58915-00

前　　言

本学习指导书主要为配合周衍柏编《理论力学教程》(以下简称主教材)而编写,本书依据主教材的体例分为五章,每一章包括补充思考题及提示、主教材思考题提示、补充例题、主教材习题提示和补充习题及提示。本书包括主教材中全部的思考题和习题,并补充了一些不同风格的思考题、例题和习题,其用意在于一方面使本书的讨论更为全面,另一方面也希望使用其他教材的读者可以方便且有效地使用本书。

读者必须认真学习教材,独立地思考思考题和独立地完成习题。本书不准备,也不可能为读者提供学习的捷径,学习指导结合具体问题进行,大多是“借题发挥”,以“评述”的方式给读者一些建议,对相关问题作一些延伸的讨论,不求面面俱到。“评述”不一定是思考题和习题解答的必需内容,为与正文(宋体字)区分,“评述”用楷体字显示。

“学学问,先学问,只会答,非学问。”在学习的过程中能提出问题,经过思考而获得提高是很重要的,教材中设置思考题的主要目的就是提供如何提出问题的范例。因此对于思考题,最重要的不是思考题的答案是什么,而是学习提出问题和解决问题的方法。读者应注意,对于思考题重点在思考,读者直接阅读提示是无益的,正因如此,本书把“补充思考题”和“补充思考题提示”分开排印。对于主教材中的思考题,由于笔者不一定可以完全领悟原作者的立意,所以给出的提示仅供读者参考。

独立地解算习题是学习的必经过程,直接阅读习题解答和提示是无益的。读者还应注意,解题过程也是提高科学表述能力的过程,所以解题的过程和步骤的表述必须符合教材和课程的要求。本书对补充例题给出了解答,可以作为解题的范例。主教材习题和补充习题均只给出提示,提示包括解题的主要步骤,但并不一定符合解题过程的要求,读者完成习题时应补充必要的步骤及演算过程。

由于我国读者一般有一些力学基础,所以读者学习理论力学的理论常感到问题不多,但是完成理论力学的习题可能会遇到较多的困难。不会解题是初学者通常遇到的问题,读者不必紧张。我们希望本书能对努力学习但有一定困难的读者有所帮助。

编　者

2022 年 3 月

目　　录

第一章　质 点 力 学

§1.1 补充思考题及提示

一、补充思考题

1.1 如 BS1.1 图所示，岸距水面高为 h，岸上有汽车拉着绳子以匀速率 u 向左运动，绳子另一端绕过滑轮 A 连于小船 B 上，当绳与水面交角为 θ 时，小船到岸的距离为 s. 则 u 与 $\dot{s}$ 的关系为

(1) $u=\dot{s}\cos\theta$; (2) $u=-\dot{s}\cos\theta$;

(3) $\dot{s}=u\cos\theta$; (4) $\dot{s}=-u\cos\theta$.

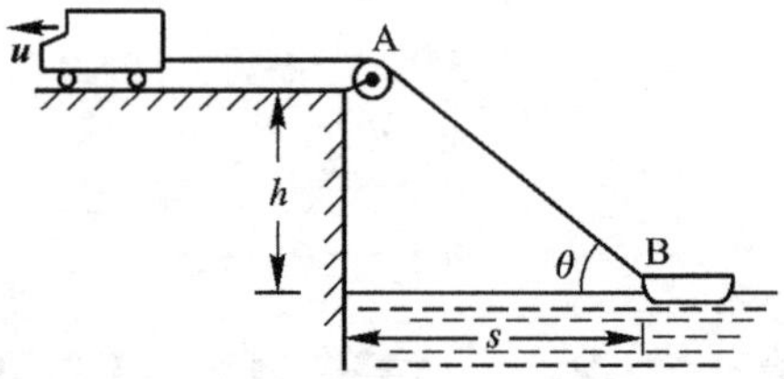

BS1.1 图

1.2 质点沿一条与极轴 Ox 正交的直线做匀速运动，如 BS1.2 图所示. 试求质点加速度在极坐标系中的分量 a_r 和 a_θ.

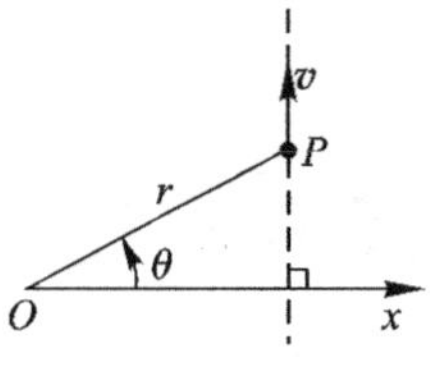

BS1.2 图

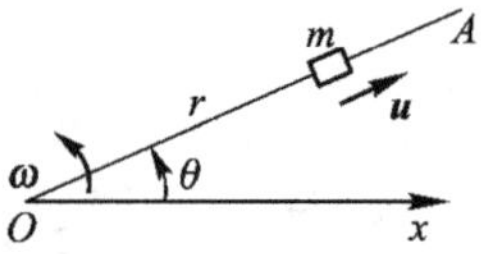

BS1.3 图

1.3 杆 OA 在平面内绕固定端 O 以匀角速度 $\boldsymbol{\omega}$ 转动. 杆上有一滑块 m，滑块相对杆以匀速度 $\boldsymbol{u}$ 沿杆滑动，如 BS1.3 图所示. 有人认为研究 m 的运动有如下结论：(1) $a_r=0, a_\theta=0$，故 $a=0$；(2) O 为 OA 转动中心，所以在自然坐标系中向心加速度指向 O 点. 试分析上述结论是否正确.

1.4 试证由质点速度 $\boldsymbol{v}$ 和加速度 $\boldsymbol{a}$ 求轨道曲率半径的公式为 $\rho=\dfrac{v^3}{|\boldsymbol{v}\times\boldsymbol{a}|}$.

1.5 有一质量为 m 的珠子，沿一根置于水平面内的铁丝滑动，采用自然坐标系描述. 珠子受重力 $\boldsymbol{W}=m\boldsymbol{g}$，铁丝施加的约束力 $\boldsymbol{F}_{\rm N}=F_{\rm Nt}\boldsymbol{e}_{\rm t}+F_{\rm Nn}\boldsymbol{e}_{\rm n}+F_{\rm Nb}\boldsymbol{e}_{\rm b}$. $F_{\rm Nt}\boldsymbol{e}_{\rm t}$ 即滑动摩擦力 $\boldsymbol{F}_{\rm f}$，设动摩擦因数为 μ. 试判断下列各式正误：(1) $F_{\rm f}=\mu mg$；(2) $F_{\rm f}=\mu F_{\rm Nb}$；(3) $F_{\rm f}=\mu F_{\rm Nn}$；(4) $F_{\rm f}=\mu\sqrt{F_{\rm Nn}^2+F_{\rm Nb}^2}$.

1.6 二人用极坐标系描述单摆的运动. 甲如 BS1.6 图左图所示规定 θ 角正向，得到动力学

方程 $ml\ddot{\theta} = -mg\sin\theta$. 乙如 BS1.6 图右图所示规定 θ 角正向,则得到 $ml\ddot{\theta} = mg\sin\theta$. 你认为谁的做法正确?

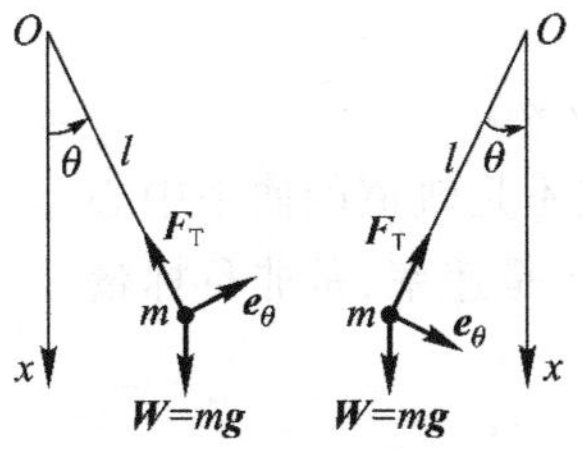

BS1.6 图

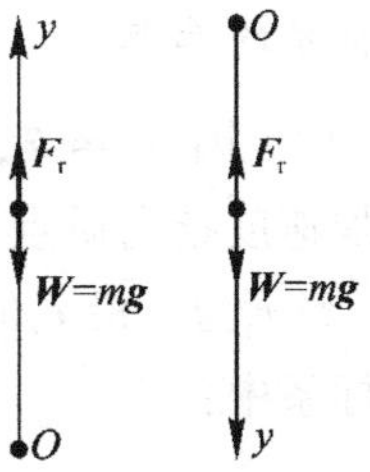

BS1.7 图

1.7 质量为 m 的质点,由静止开始自高处自由落下. 设空气阻力 F_r 与速率成正比,比例系数为 k. 甲建立竖直向上的坐标轴如 BS1.7 图左图所示,得到方程 $m\ddot{y} = -mg + k\dot{y}$. 乙建立竖直向下的坐标轴如 BS1.7 图所示,得到方程 $m\ddot{y} = mg - k\dot{y}$. 他们列出的方程对吗?

1.8 "河水向下游流动,船无动力地沿河水向下游漂流,船的载重越大运动得越快还是运动得越慢?"某人为回答这个问题,访问了船工. 船工说:"船的载重越大走得越快."此人对船工的回答颇感疑惑. 你对这个问题怎么看? 试作分析.

1.9 有人认为:用极坐标系讨论质点的平面运动时,如果 $F_r \equiv 0$,则沿径向动量守恒,$p_r = m\dot{r} =$ 常量. 若 $F_\theta \equiv 0$,则沿横向动量守恒. 这种看法对吗?

1.10 在固定的直角坐标系 $Oxyz$ 中,质量为 m 的质点的速度 $\boldsymbol{v} = v_x\boldsymbol{i} + v_y\boldsymbol{j} + v_z\boldsymbol{k}$,所受合力为 $\boldsymbol{F} = F_x\boldsymbol{i} + F_y\boldsymbol{j} + F_z\boldsymbol{k}$. 能否将质点的动能定理 $\mathrm{d}\left(\frac{1}{2}mv^2\right) = \boldsymbol{F}\cdot\mathrm{d}\boldsymbol{r}$ 向 Ox 方向投影而得出分量方程 $\mathrm{d}\left(\frac{1}{2}mv_x^2\right) = F_x\mathrm{d}x$? 该方程是否正确?

1.11 主教材讨论平方反比引力时的轨道微分方程 $\frac{\mathrm{d}^2u}{\mathrm{d}\theta^2} + u = \frac{k^2}{h^2}(k^2 = Gm_S)$ 及其解 $r = \frac{p}{1+e\cos\theta}$,在作适当改变后能否适用于平方反比斥力情况?

1.12 试估算 1 kg 的物体在地面下 640 km 处所受地球引力的大小.

1.13 "设想由地球北极打通一条直隧道,穿过地心到达南极,令一物体从北极的隧道口自由下落,且物体在运动过程中不与隧道壁相碰,则由于机械能守恒,物体将在地球的南北极之间不停地往返,这将成为一种最节约能量的穿过地球的方法."你对此有何看法? 你认为此物体会如何运动?

二、补充思考题提示

1.1 提示 小船速度 $\boldsymbol{v}$ 沿水面,$\boldsymbol{v}$ 沿绳方向投影的大小为 u,因此 $u = v\cos\theta$.
但应注意到 s 减小,$\dot{s}$ 为负值,所以 $u = -\dot{s}\cos\theta$.

评述 距离 s 为非负标量,但 $\dot{s}$ 可取正负. 物理量的正负号,是一个可能决定成败的细节,请读者注意，我们在下面的思考题和例题中还会继续讨论．

1.2 提示　质点做匀速直线运动，$\boldsymbol{a}=\boldsymbol{0}$，所以 $a_r=a_\theta=0$.

评述　速度和加速度在不同坐标系中的表达式虽不同，但它们是等价的，矢量的大小和方向均不依赖于坐标系的选取．

1.3 提示　(1) 因 $a_r\neq\ddot{r}$，$a_\theta\neq r\ddot{\theta}$，所以 $a_r\neq0$，$a_\theta\neq0$，$a\neq0$.

(2) 向心加速度指向质点运动轨道的曲率中心，而 O 点不是轨道的曲率中心．

1.4 提示　设 v_t 为 $\boldsymbol{v}$ 沿 $\boldsymbol{e}_t$ 的分量，v_t 是可取正负的标量．v 是速率，是非负标量．

在自然坐标系中：

$$\boldsymbol{v}\times\boldsymbol{a}=v_t\boldsymbol{e}_t\times\left(\frac{\mathrm{d}v_t}{\mathrm{d}t}\boldsymbol{e}_t+\frac{v_t^2}{\rho}\boldsymbol{e}_n\right)=\frac{v_t^3}{\rho}\boldsymbol{e}_b$$

上式等号两侧取模，即得 $|\boldsymbol{v}\times\boldsymbol{a}|=\dfrac{v^3}{\rho}$.

1.5 提示　仅(4)式正确．

1.6 提示　甲正确．乙的错误是角度正向不可以从动线指向定线．

如果乙要画成右图并要保持 $\boldsymbol{e}_\theta$ 的指向，其 θ 角就必须规定如 BST1.6 图所示．但是，这样规定的 θ 为第四象限角，$\sin\theta$ 取负值，动力学方程依然为 $ml\ddot{\theta}=-mg\sin\theta$.

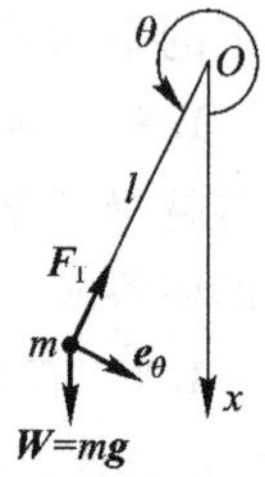

BST1.6 图

评述　注意：① 角度正向必须从定线指向动线．② 尽量把角度画为第一象限的锐角，否则要注意三角函数的正负号．

1.7 提示　乙的动力学方程正确．

甲错在空气阻力应为 $-k\dot{y}$，$\dot{y}$ 取负值，$-k\dot{y}$ 取正值，动力学方程为 $m\ddot{y}=-mg-k\dot{y}$.

评述　如果题目改为研究质点的竖直上抛运动，那么质点可能向上运动，也可能向下运动，但总有空气阻力 $F_r=-k\dot{y}$. 画受力图时就不要画 F_r 了，文字中写明 $F_r=-k\dot{y}$ 即可．

1.8 提示　先考虑物体在空气中的降落，当空气阻力与重力平衡时，物体将以终极速度 v_z 匀速下降．在物体大小和形状改变不大的条件下，物体越重则终极速度越大．

河水向下游流动时，水面不是水平面，水面向下游方向逐渐降低，可以看成一个“斜面”．船无动力地沿河水向下游漂流时，除随河水运动外，还会沿水的“斜面”向下相对河水运动．和物体在空气中降落的情况类似，船相对河水也会达到终极速度，船越重，船相对河水的终极速度越大，因此船的载重越大运动得越快．

实践是检验真理的唯一标准，船工的经验是正确的．

1.9 提示　用表征某方向的单位矢量 $\boldsymbol{e}_l$ 点乘质点的动量定理，得

$$\boldsymbol{e}_l\cdot\frac{\mathrm{d}\boldsymbol{p}}{\mathrm{d}t}=\boldsymbol{e}_l\cdot\boldsymbol{F}=F_l$$

若此方向是固定方向，则 $\boldsymbol{e}_l$ 为常矢量，有

$$\boldsymbol{e}_l\cdot\frac{\mathrm{d}\boldsymbol{p}}{\mathrm{d}t}=\frac{\mathrm{d}(\boldsymbol{e}_l\cdot\boldsymbol{p})}{\mathrm{d}t}=\frac{\mathrm{d}p_l}{\mathrm{d}t}=F_l$$

即可得到沿固定的 $\boldsymbol{e}_l$ 方向的动量定理．如果此方向不是固定方向，就不存在沿此方向的动量定理．极坐标系的径向和横向均不是固定方向，所以不存在沿径向和横向的动量定理，也不存在相应的守恒定律．

评述 质点的角动量定理，是对固定点的角动量定理和对固定轴的角动量定理．请读者自己完成定理的推导，看看为什么要有固定点或固定轴的要求．

1.10 提示 动能定理是标量方程，不能投影，也没有分量方程．

用 $v_x\mathrm{d}t=\mathrm{d}x$ 乘牛顿第二定律的 x 分量方程 $m\dfrac{\mathrm{d}v_x}{\mathrm{d}t}=F_x$，可得

$$(v_x\mathrm{d}t)m\frac{\mathrm{d}v_x}{\mathrm{d}t}=F_x\mathrm{d}x$$

因 $(v_x\mathrm{d}t)m\dfrac{\mathrm{d}v_x}{\mathrm{d}t}=mv_x\mathrm{d}v_x=\mathrm{d}\left(\dfrac{1}{2}mv_x^2\right)$，故 $\mathrm{d}\left(\dfrac{1}{2}mv_x^2\right)=F_x\mathrm{d}x$ 是正确的．

1.11 提示 轨道微分方程改为 $\dfrac{\mathrm{d}^2u}{\mathrm{d}\theta^2}+u=-\dfrac{k^2}{h^2}$，其解相应改为 $r=\dfrac{p}{-1+e\cos\theta}$，即可适用于平方反比斥力情况．但对于平方反比斥力情况，$E>0$，$e>1$，质点运动轨道只有双曲线一种类型，如 BST1.11 图左图所示，如果轨道为双曲线的左支，则力心位于右焦点．

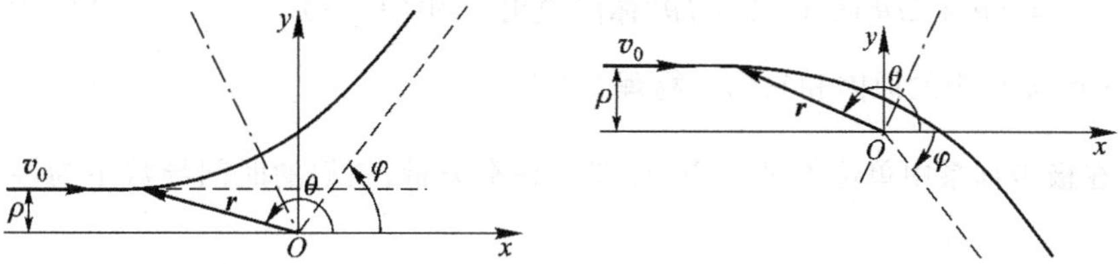

BST1.11 图

对平方反比引力情况，仅当质点的能量 $E>0$，轨道为双曲线时才能形成散射．质点的轨道为双曲线，如 BS1.11 图右图所示．但当轨道为双曲线的左支时，力心位于左焦点．

1.12 提示 万有引力和静电引力一样，都是平方反比引力，请读者复习电磁学有关静电场的内容，即可知对万有引力也可以有相应的“高斯定理”，重力加速度对应于电场强度．

设地球半径 $R=6\ 400$ km，以地心为球心，$0.9R$ 为半径作“高斯面”，设地面下 640 km 处重力加速度为 $g_{0.9}$．由“高斯定理”可求出 $g_{0.9}=0.9g$，故 1 kg 的物体在地面下 640 km 处所受地球引力的大小为 $1\ \mathrm{kg}\times0.9\times9.8\ \mathrm{m/s^2}\approx8.8$ N．

评述 物理学分成力学、热学、电磁学等，只是研究物理学的视角不同．不管学哪门课，都是在学习物理学，请读者不要把它们割裂开来，想想它们的共性！

1.13 提示 物体在空气中降落时，当空气阻力与重力平衡时，物体将以终极速度 v_z 匀速下降．对于物体在空气中长时间降落的情况，是不可以忽略空气阻力的！机械能守恒的假设完全不符合实际情况．

参见补充思考题 1.12，请读者复习电磁学有关静电场的内容，对比均匀带电的介质球内电场强度的分布，可知物体在地球内部所受地球引力与物体到地心的距离成正比．

请读者复习热学有关玻耳兹曼分布的内容,气体分子分布于低能位置的概率较大. 在穿过地心的隧道内,越接近地心,重力势能越小,空气密度越大,物体受到的阻力也就越大.

物体在穿过地心的隧道内,在向地心降落的过程中,很快就会达到终极速度 v_z;越接近地心,所受地球引力越小而所受空气阻力越大,所以 v_z 越来越小;趋近地心时,v_z 趋近于零. 因此,从较大时间尺度看,物体将落入地心,不可能在南北极之间往返运动.

§1.2 主教材思考题提示

1.1 平均速度与瞬时速度有何不同? 在什么情况下,它们一致?

提示 $\bar{\boldsymbol{v}}=\dfrac{\Delta \boldsymbol{r}}{\Delta t}, \boldsymbol{v}=\lim\limits_{\Delta t \to 0}\dfrac{\Delta \boldsymbol{r}}{\Delta t}$. 一般情况下二者的大小、方向均可能不同. 比如,在曲线运动中,$\boldsymbol{v}$ 沿轨道切线方向,而 $\bar{\boldsymbol{v}}$ 沿由 $\Delta \boldsymbol{r}$ 决定的轨道割线方向,参见 S1.1 图.

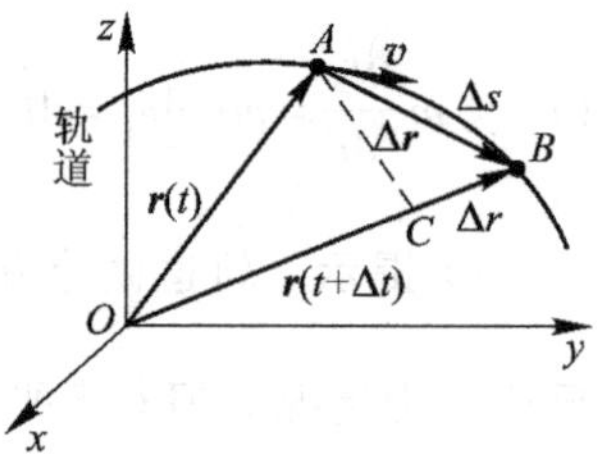

S1.1 图

当质点做匀速直线运动时,二者一致.

1.2 在极坐标系中,$v_r=\dot{r}, v_\theta=r\dot{\theta}$. 为什么 $a_r=\ddot{r}-r\dot{\theta}^2$ 而非 $\ddot{r}$?为什么 $a_\theta=r\ddot{\theta}+2\dot{r}\dot{\theta}$ 而非 $r\ddot{\theta}+\dot{r}\dot{\theta}$?你能说出 a_r 中的 $-r\dot{\theta}^2$ 和 a_θ 中另一个 $\dot{r}\dot{\theta}$ 出现的原因和它们的物理意义吗?

提示 在极坐标系中单位矢量 $\boldsymbol{e}_r$ 和 $\boldsymbol{e}_\theta$ 都不是常矢量,它们的时间导数不为零,$\dfrac{\mathrm{d}\boldsymbol{e}_r}{\mathrm{d}t}=\dot{\theta}\boldsymbol{e}_\theta$,$\dfrac{\mathrm{d}\boldsymbol{e}_\theta}{\mathrm{d}t}=-\dot{\theta}\boldsymbol{e}_r$,所以极坐标系的速度和加速度表达式不像直角坐标系那样简单.

我们可以这样理解,以便记忆极坐标系的速度和加速度表达式:

当 θ 不变而仅 r 改变时有径向的速度 $\dot{r}$,当 r 不变而仅 θ 改变时有横向的速度 $r\dot{\theta}$,所以 $\boldsymbol{v}=\dot{r}\boldsymbol{e}_r+r\dot{\theta}\boldsymbol{e}_\theta$. 注意 $r\dot{\theta}$ 不一定沿轨道的切向,因此它不是切向速度.

当 θ 不变而仅 r 改变时有径向的加速度 $\ddot{r}$,当 r 不变而仅 θ 改变时有横向的加速度 $r\ddot{\theta}$ 和径向的加速度 $-r\dot{\theta}^2$,记住!还有一项横向的加速度 $2\dot{r}\dot{\theta}$,所以 $\boldsymbol{a}=(\ddot{r}-r\dot{\theta}^2)\boldsymbol{e}_r+(r\ddot{\theta}+2\dot{r}\dot{\theta})\boldsymbol{e}_\theta$.

注意:① $-r\dot{\theta}^2\boldsymbol{e}_r$ 指向坐标原点,而坐标原点不一定是轨道曲率中心,因此它不是向心加速度. ② $2\dot{r}\dot{\theta}$ 是由于径向运动和横向运动同时存在、相互耦合产生的,因此不易直接写出;另外,现在只有一个参考系(没有运动参考系),所以不能说它是科里奥利加速度.

1.3 在内禀方程中,a_n 是怎样产生的? 为什么在空间曲线中它总沿着主法线的方向? 当质点沿空间曲线运动时,副法线方向的加速度 a_b 等于零,而作用力在副法线方向的分量 F_b 一般不等于零,这是不是违背了牛顿运动定律?

提示 a_n 是因速度的方向变化而产生的,在密切面内与速度垂直,因此沿主法线方向.

牛顿运动定律要求质点在副法线方向受到的合力为零,合力包括主动力和约束力.

1.4　在怎样的运动中只有 a_t 而没有 a_n？在怎样的运动中又只有 a_n 而没有 a_t？在怎样的运动中既有 a_t 又有 a_n？

提示　$a_t=0$ 说明质点做匀速(率)运动．

在 $v\neq0$ 的情况下，$a_n=\dfrac{v^2}{\rho}=0$，说明 $\rho\to\infty$，即质点做直线运动．

1.5　$\dfrac{d\boldsymbol{r}}{dt}$与$\dfrac{dr}{dt}$有无不同？$\dfrac{d\boldsymbol{v}}{dt}$与$\dfrac{dv}{dt}$有无不同？试就直线运动与曲线运动分别加以讨论．

提示　$\dfrac{d\boldsymbol{r}}{dt}=\boldsymbol{v}$是矢量，$\dfrac{dr}{dt}$是标量．

参见 S1.1 图，图中 $OA=OC$，$|dr|=CB$. 速率 $v=\dfrac{|d\boldsymbol{r}|}{dt}$，$|d\boldsymbol{r}|=AB\neq|dr|$，所以$\dfrac{dr}{dt}$不是速率.

如果质点做直线运动，且坐标原点位于直线上，则$|d\boldsymbol{r}|=|dr|$. 但是，$|d\boldsymbol{r}|\geqslant0$，而 dr 可正可负，一般依然是$|d\boldsymbol{r}|\neq dr$. 因速率 $v\geqslant0$，所以$\dfrac{dr}{dt}$依然不一定是速率．

对于$\dfrac{d\boldsymbol{v}}{dt}$和$\dfrac{dv}{dt}$，请读者自己讨论．

1.6　人以速度 $\boldsymbol{v}$ 向篮球框前进，则当其投篮时应以什么角度投出？跟人静止时投篮有何不同？

提示　人向篮球网前进，投篮时出手的仰角应比人静止时投篮的仰角大．

请读者以地面为静止参考系，人为运动参考系，讨论之．

1.7　雨点以匀速度 $\boldsymbol{v}$ 落下，在一加速度为 $\boldsymbol{a}$ 的火车中看，它走什么路径？

提示　在地面静止参考系中，雨滴受到的合力为零．在火车运动参考系中，雨滴还要受惯性力 $-m\boldsymbol{a}$ 的作用，所以雨滴受到的合力为 $-m\boldsymbol{a}$. 不妨以 $m\boldsymbol{g}^*=-m\boldsymbol{a}$ 为等效重力，则可知在火车运动参考系中，雨滴做加速度 $\boldsymbol{g}^*$、类似平抛的运动，轨迹为抛物线．

1.8　某人以一定的功率划船，逆流而上. 当船经过一桥时，船上的渔竿不慎掉入河中．两分钟后，此人才发觉，立即返棹追赶．追到渔竿之处是在桥的下游 600 m 的地方，问河水的流速是多少？

提示　地面为静止参考系，河水为运动参考系，船相对速率为 v'，河水流速为 v_0，则

$$120+\frac{120(v'-v_0)+600}{v'+v_0}=\frac{600}{v_0}\quad(\text{SI 单位})$$

可知 $v_0=2.5\ \text{m/s}$.

1.9　物体运动的速度是否总是和所受的合外力的方向一致？为什么？

提示　物体加速度的方向与所受合外力的方向一致．速度的方向与所受合外力的方向没有一定关系．

1.10　在哪些条件下，物体可以做直线运动？如果初速度的方向和力的方向不一致，则物体是沿力的方向还是沿初速度的方向运动？试用一具体实例加以说明．

提示　当质点不受力、或质点初速度为零且所受合力的方向永远不变、或质点所受合力的方

向永远与初速度方向在同一条直线上时,物体可做直线运动.

质点所受合力的方向与初速度方向不在同一条直线上时,质点可能既不沿力的方向,也不沿初速度的方向运动,重力场中的斜抛运动就是实例.

1.11 质点仅因重力作用而沿光滑静止曲线下滑,达到任意一点时的速度只和什么有关?为什么是这样?假如不是光滑的又将如何?

提示 曲线光滑,因机械能守恒,质点的速度只和它的高度有关.

1.12 为什么质点被约束在一光滑静止的曲线上运动时,约束力不做功?我们利用动能定理或能量积分,能否求出约束力?如不能,应当怎样去求?

提示 光滑静止曲线对质点的约束力在曲线的法平面内,质点运动方向沿曲线切线方向,二者相互垂直,故约束力不做功.

约束力不做功,故动能定理中不出现约束力,当然无法由此求出约束力.约束力要由包括约束力的方程(如质点动力学方程)求出.

1.13 质点的质量是 1 kg,它运动时的速度是 $\boldsymbol{v}=(3\boldsymbol{i}+2\boldsymbol{j}+\sqrt{3}\boldsymbol{k})$ m/s,式中 $\boldsymbol{i}$、$\boldsymbol{j}$、$\boldsymbol{k}$ 是沿 x、y、z 轴的单位矢量.求此质点的动量和动能的量值.

提示

$$\boldsymbol{p}=m\boldsymbol{v}=(3\boldsymbol{i}+2\boldsymbol{j}+\sqrt{3}\boldsymbol{k})\ \mathrm{kg\cdot m/s}$$

$$T=\frac{1}{2}mv^2=8\ \mathrm{kg\cdot m^2/s^2}$$

1.14 在上题中,当质点以上述速度运动到(1,2,3)点时(坐标轴上的数值以 m 为单位),它对原点 O 及 z 轴的动量矩各是多少?

提示

$$\boldsymbol{J}=\boldsymbol{r}\times\boldsymbol{p}=[(2\sqrt{3}-6)\boldsymbol{i}+(9-\sqrt{3})\boldsymbol{j}-4\boldsymbol{k}]\ \mathrm{kg\cdot m^2/s}$$

$$J_z=-4\ \mathrm{kg\cdot m^2/s}$$

1.15 动量矩守恒是否就意味着动量也守恒?已知质点受有心力作用而运动时,动量矩是守恒的,问它的动量是否也守恒?

提示 质点动量矩守恒不意味其动量也守恒.质点在有心力场中运动时,动量矩守恒,但动量不守恒.

1.16 如 $F=F(r)\dfrac{\boldsymbol{r}}{r}$,则在三维直角坐标系中,仍有 $\nabla\times\boldsymbol{F}=\boldsymbol{0}$ 的关系存在吗?试验之.

提示 矢量关系 $\nabla\times\boldsymbol{F}=\boldsymbol{0}$ 是否存在,与选用的坐标系无关,本无须验算!

作为练习,可以算一下:

$$\boldsymbol{F}=F(r)\frac{\boldsymbol{r}}{r}=F(r)\frac{x}{r}\boldsymbol{i}+F(r)\frac{y}{r}\boldsymbol{j}+F(r)\frac{z}{r}\boldsymbol{k}$$

$$r=\sqrt{x^2+y^2+z^2}$$

所以

$$\frac{\partial F_x}{\partial y}=\frac{\partial}{\partial y}\left[F(r)\frac{x}{r}\right]=\frac{\partial F(r)}{\partial r}\frac{xy}{r^2}-F(r)\frac{xy}{r^3}=\frac{\partial}{\partial x}\left[F(r)\frac{y}{r}\right]=\frac{\partial F_y}{\partial x}$$

同理有 $\dfrac{\partial F_y}{\partial z}=\dfrac{\partial F_z}{\partial y}$ 和 $\dfrac{\partial F_z}{\partial x}=\dfrac{\partial F_x}{\partial z}$,因此 $\nabla\times\boldsymbol{F}=\boldsymbol{0}$.

1.17 在平方反比引力问题中，势能曲线应具有什么样的形状？

提示 平方反比引力 $\boldsymbol{F}=-\dfrac{A}{r^2}\boldsymbol{e}_r$，以无穷远处为势能零点，其势能为 $V=-\dfrac{A}{r}$，势能曲线为双曲线的一支．

1.18 我国发射的第一颗人造地球卫星的轨道平面和地球赤道平面的交角为 68.5°，比苏联及美国第一次发射时的角度都要大．我们说，交角越大，技术要求越高，这是为什么？交角大的优点是什么？

提示 人造地球卫星的轨道平面与赤道平面交角越大，发射时可以利用的地球自转速度沿发射方向的分量就越小，所以对发射火箭的技术要求就越高．火箭的发射地点距赤道越近，越能更好地利用地球自转的速度，对发射越有利．这是我国在海南建立航天发射场的原因之一．地球卫星的轨道平面与赤道平面交角越大，卫星可以扫描的地表面积就越大．

1.19 卢瑟福公式对库仑引力场是否适用？为什么？

提示 参见补充思考题 1.11（BS1.11 图）．卢瑟福公式原本是对库仑斥力导出的，对库仑引力情况，仅当质点的能量 $E>0$，轨道为双曲线时才能形成散射．读者完成卢瑟福公式的推导过程后即可发现，对库仑引力情况，原公式为

$$\cot\frac{\varphi}{2}=\frac{m\rho v_0^2}{k'}\quad 或\quad \rho=\frac{k'}{mv_0^2}\cot\frac{\varphi}{2}$$

中的 k'（对应斥力）要换为 $-k'$（对应引力），φ（φ 与 θ 正方向一致）要换为 $-\varphi$（φ 与 θ 正方向相反），可以得到和原公式完全相同的结果，所以卢瑟福公式对库仑引力场依然适用．

§1.3 补充例题

例题 1.1 质点做平面运动，其速率为常量 v_0，径向速度的大小亦为常量 b（$b>0, b<v_0$），求质点的轨道方程．设 $t=0$ 时 $r=r_0, \theta=0$.

解法一 由 $v_r=\dot{r}=b$ 可得

$$\mathrm{d}r=b\mathrm{d}t$$

对上式积分，并用 $t=0$ 时 $r=r_0$ 确定积分常量，求出 $r=r_0+bt$. 代入 $\dot{r}^2+r^2\dot{\theta}^2=v_0^2$，得到

$$b^2+(r_0+bt)^2\left(\frac{\mathrm{d}\theta}{\mathrm{d}t}\right)^2=v_0^2$$

即

$$\mathrm{d}\theta=\pm\sqrt{v_0^2-b^2}\,\frac{\mathrm{d}t}{r_0+bt}$$

对上式积分，并由 $t=0$ 时 $\theta=0$ 确定积分常量，则

$$\theta=\pm\frac{\sqrt{v_0^2-b^2}}{b}\ln\frac{r_0+bt}{r_0}$$

把 $r=r_0+bt$ 代入上式即得 $r=r_0\mathrm{e}^{\pm k\theta}$,式中 $k=\dfrac{b}{\sqrt{v_0^2-b^2}}$,“±”说明螺旋线的旋转方向不同.

评述　由已知的速度或加速度求运动学方程,属于运动学逆问题,比由运动学方程求速度和加速度的运动学正问题复杂些,但只要把握住解题方向也不难解决. 本例题只求轨道方程,所以可以在积分前先消去变量 t 而求出轨道微分方程,之后再积分求出轨道方程.

解法二　由于 $\dot{r}=b$,考虑到 $\dot{\theta}=\dfrac{\mathrm{d}\theta}{\mathrm{d}r}\dot{r}$,所以 $\dot{\theta}=b\dfrac{\mathrm{d}\theta}{\mathrm{d}r}$,代入 $\dot{r}^2+r^2\dot{\theta}^2=v_0^2$,则得到质点运动的轨道微分方程:

$$\mathrm{d}\theta=\pm\frac{\sqrt{v_0^2-b^2}}{b}\frac{\mathrm{d}r}{r}$$

对上式积分,并用 $\theta=0$ 时 $r=r_0$ 确定积分常量,即得 $r=r_0\mathrm{e}^{\pm k\theta}$,式中 $k=\dfrac{b}{\sqrt{v_0^2-b^2}}$.

例题 1.2　质点沿圆锥曲线 $y^2-2mx-nx^2=0$ 运动,其速率为 c,其中 m、n、c 均为正值常量,求质点速度的 x 分量和 y 分量.

评述　当已知质点运动的轨道时,可以由此了解运动的很多信息. 除本例题的方法以外,由轨道方程求轨道曲率半径也是常用的方法. 请读者参见主教材习题提示 1.10、1.28、1.30.

解法一　轨道方程对时间求导,得

$$y\dot{y}-m\dot{x}-nx\dot{x}=0$$

即

$$\dot{y}=\frac{m+nx}{y}\dot{x}$$

把上式代入 $\dot{x}^2+\dot{y}^2=c^2$,得

$$\dot{x}^2+\left(\frac{m+nx}{y}\right)^2\dot{x}^2=c^2$$

可求出 $\dot{x}=\pm\dfrac{cy}{\sqrt{y^2+(m+nx)^2}}$,进而可得 $\dot{y}=\pm\dfrac{c(m+nx)}{\sqrt{y^2+(m+nx)^2}}$.

解法二　$\boldsymbol{v}=v_t\boldsymbol{e}_t=\pm c\boldsymbol{e}_t$,设 $\boldsymbol{e}_t$ 与 Ox 夹角为 θ,

$$\tan\theta=\frac{\mathrm{d}y}{\mathrm{d}x}=y'=\frac{\mathrm{d}}{\mathrm{d}x}(\pm\sqrt{2mx+nx^2})=\pm\frac{m+nx}{\sqrt{2mx+nx^2}}=\frac{m+nx}{y}$$

$$\dot{x}=v\cos\theta=v\frac{\mathrm{d}x}{\sqrt{\mathrm{d}x^2+\mathrm{d}y^2}}=\pm\frac{c}{\sqrt{1+y'^2}}=\pm\frac{cy}{\sqrt{y^2+(m+nx)^2}}$$

$$\dot{y}=v\sin\theta=\pm\frac{cy'}{\sqrt{1+y'^2}}=\pm\frac{c(m+nx)}{\sqrt{y^2+(m+nx)^2}}$$

例题 1.3　质点的轨道曲线在 Oxy 平面内,其速度的 y 分量为正值常量 c,试证质点加速度

的大小可表示为 $a=\frac{v^3}{c\rho}$，其中 v 为速率，ρ 为轨道曲率半径．

提示 如 BL1.3 图所示，设 $\boldsymbol{v}$ 与 Oy 夹角为 α. 因为 $\dot{y}=c$，故 $\ddot{y}=0$，所以 $\boldsymbol{a}$ 沿 Ox 方向，因此 $a_n=\frac{v^2}{\rho}=a\cos\alpha$.

由于 $\dot{y}=c=v\cos\alpha$，所以 $a=\frac{v^2}{\rho\cos\alpha}=\frac{v^3}{c\rho}$.

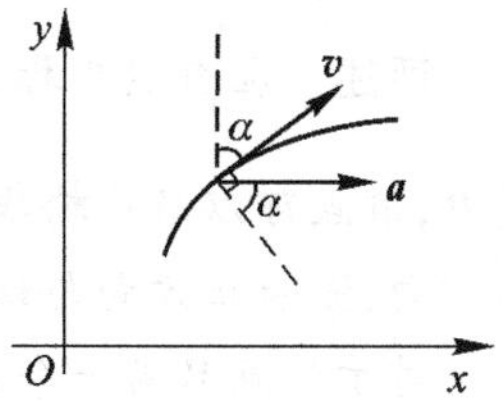

BL1.3 图

评述 画出清晰准确的草图，充分利用几何关系，是解决问题的重要有效手段．

例题 1.4 内壁光滑的直管，在水平面内绕过端点 O 的竖直轴以角速度 $\boldsymbol{\omega}_0$ 均匀转动．管内有一质量为 m 的质点，初始时到 O 点的距离为 r_0，相对管静止，如 BL1.4 图所示．试求质点沿管的运动规律和质点对管在水平方向的压力．

解 建立极坐标系，如 BL1.4 图所示，质点在水平方向受约束力 $\boldsymbol{F}_N=F_{N\theta}\boldsymbol{e}_\theta$，动力学方程组为

$$m(\ddot{r}-r\dot{\theta}^2)=0 \tag{1}$$

$$m(r\ddot{\theta}+2\dot{r}\dot{\theta})=F_{N\theta} \tag{2}$$

$$\dot{\theta}=\omega_0 \tag{3}$$

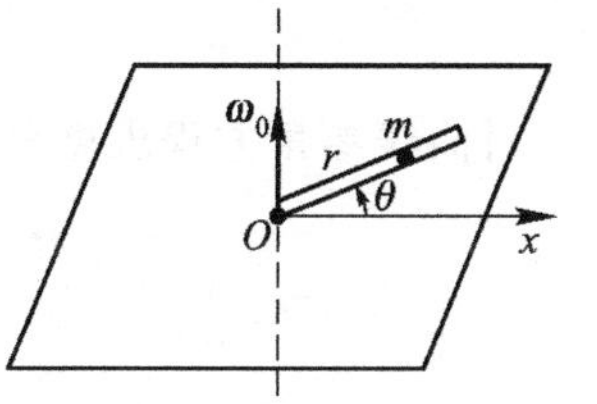

BL1.4 图

将(3)式代入(1)式，得

$$\ddot{r}-\omega_0^2 r=0$$

其通解为

$$r=C_1\mathrm{e}^{\omega_0 t}+C_2\mathrm{e}^{-\omega_0 t}$$

由 $t=0$ 时，$r=r_0$ 和 $\dot{r}=0$ 确定积分常量，则

$$r=\frac{r_0}{2}(\mathrm{e}^{\omega_0 t}+\mathrm{e}^{-\omega_0 t})=r_0\mathrm{ch}(\omega_0 t)$$

此即质点沿管的运动规律．由(2)式可求出

$$F_{N\theta}=2m\omega_0\dot{r}=2mr_0\omega_0^2\mathrm{sh}(\omega_0 t)$$

根据牛顿第三定律，质点对管在水平方向的压力为 $-2mr_0\omega_0^2\mathrm{sh}(\omega_0 t)\boldsymbol{e}_\theta$.

评述 对于约束运动，约束方程可能有各种形式，本例题中约束方程为 $\dot{\theta}=\omega_0$.

例题 1.5 旋轮线(圆滚线)是如 BL1.5 图所示的，半径为 a 的圆轮在直线 AB 上做无滑滚动时，轮缘上 P 点的轨迹．圆轮转过的角度用 φ 描述，$\varphi=0$ 时 P 位于 O 点，其参量方程为

$$x=a(\varphi+\sin\varphi)\ ,\quad y=a(1-\cos\varphi)$$

旋轮线的切线方向即轮上 P 点的速度方向．圆轮与直线接触点为 P_0，P 点切线与 P_0P 垂直，P 点切线与 Ox 轴夹角为 $\frac{\varphi}{2}$.

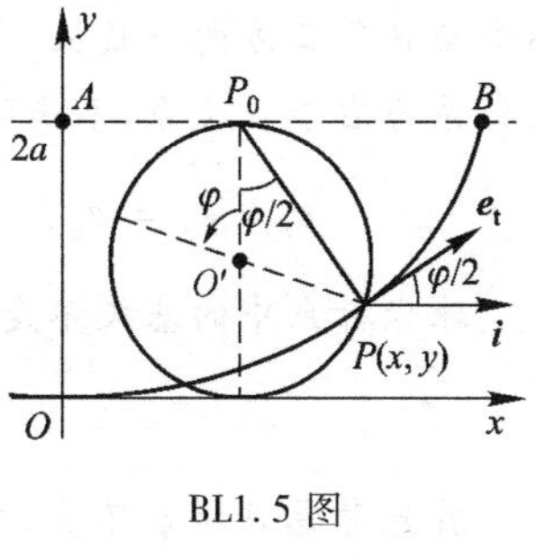

BL1.5 图

在重力场中,设 Oy 轴竖直向上,质点沿光滑旋轮线滑动,试证质点运动具有等时性(绕 O 点运动周期与振幅无关).

评述 在自然坐标系中,切向加速度 $a_t=\dfrac{dv_t}{dt}=\dfrac{d^2s}{dt^2}=\ddot{s}$,$s$ 和 v_t 都是可取正负的标量. 本例题中,质点可以沿旋轮线往复运动,所以必须注意规定自然坐标系的原点(弧长起算点)和弧长正方向,弧长正方向与切向单位矢量 $\boldsymbol{e}_t$ 方向一致,所以图中画出 $\boldsymbol{e}_t$ 即可.

对于质点只沿一个方向运动的情况,如主教材习题 1.10、1.28、1.29、1.30 等,一般就以运动方向为弧长正方向($\boldsymbol{e}_t$ 方向),s 和 v_t 都是非负标量,于是也就可以把 v_t 写为 v,但即使如此,也不要把切向速度 v_t 理解为速率.

解 以 O 为自然坐标系原点,弧长正方向与 $\boldsymbol{e}_t$ 一致. 质点受重力 $-mg\boldsymbol{j}$,曲线支持力 $\boldsymbol{F}_N$ 沿旋轮线法线方向. 质点沿切向的运动微分方程为

$$m\ddot{s}=-mg\sin\frac{\varphi}{2} \tag{1}$$

对曲线参量方程求微分,$dx=a(1+\cos\varphi)d\varphi$,$dy=a\sin\varphi d\varphi$,所以

$$ds=\sqrt{dx^2+dy^2}=2a\cos\frac{\varphi}{2}d\varphi$$

积分上式,用 $\varphi=0$ 时 $s=0$ 确定积分常量,得 $s=4a\sin\dfrac{\varphi}{2}$,代入(1)式消去 φ,得到

$$\ddot{s}+\frac{g}{4a}s=0$$

可见 s 做简谐振动而具有等时性. $s=A\cos(\omega_0t+\alpha)$,$\omega_0=\sqrt{\dfrac{g}{4a}}$ 与振幅无关.

例题 1.6 质量为 m 的质点受重力作用,在一光滑的、半径为 R 的球面上运动. 采用球坐标系,设 t_0 时刻质点位置为 (R,θ_0,φ_0),且 $\dot{\varphi}_0$ 已知;又知 t 时刻质点位置为 (R,θ,φ). 求 t 时刻的 $\dot{\varphi}$.

评述 首先介绍球坐标系,在此基础上再从直观的视角导出质点 P 的速度表达式.

球坐标系如 BL1.6-1 图所示,图中还用虚线画出了球心为 O、半径为 r 的球面,并画出了质点 P 所在位置的"经线"和"纬线". 质点 P 的位置由坐标量 r、θ 和 φ 确定,θ 称为极角,φ 称为方位角. 球坐标系的基矢为 $\boldsymbol{e}_r$、$\boldsymbol{e}_\theta$ 和 $\boldsymbol{e}_\varphi$. 其中 $\boldsymbol{e}_r$ 沿位置矢量 $\boldsymbol{r}$ 的方向;$\boldsymbol{e}_\theta$ 沿"经线"切线,指向与 θ 角正方向一致;$\boldsymbol{e}_\varphi$ 沿"纬线"切线,指向与 φ 角正方向一致;球坐标系为右手正交系,基矢满足如下关系:

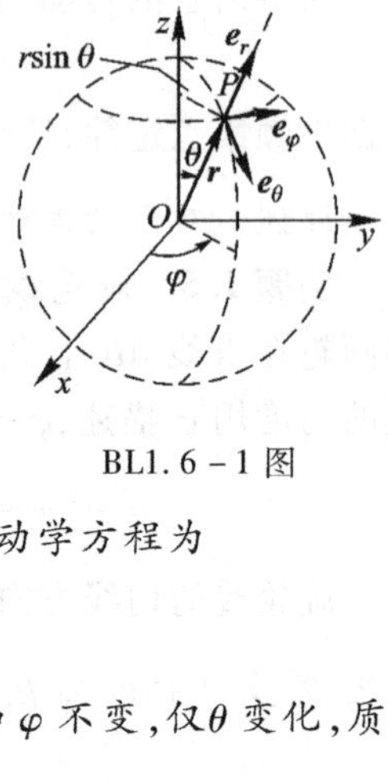

BL1.6-1 图

$$\boldsymbol{e}_r\times\boldsymbol{e}_\theta=\boldsymbol{e}_\varphi,\quad \boldsymbol{e}_r\cdot\boldsymbol{e}_\theta=\boldsymbol{e}_\theta\cdot\boldsymbol{e}_\varphi=\boldsymbol{e}_\varphi\cdot\boldsymbol{e}_r=0$$

球坐标系中的基矢不是常矢量,其中 $\boldsymbol{e}_r$ 为 θ 和 φ 的函数. 质点的运动学方程为

$$\boldsymbol{r}=\boldsymbol{r}(t)=r(t)\boldsymbol{e}_r[\theta(t),\varphi(t)]$$

首先考虑 θ 和 φ 不变,仅 r 变化,有 $\boldsymbol{e}_r$ 方向的分速度 $\dot{r}\boldsymbol{e}_r$;再考虑 r 和 φ 不变,仅 θ 变化,质点

沿经线做圆周运动，有 e_θ 方向的分速度 $r\dot{\theta}e_\theta$；最后考虑 r 和 θ 不变，仅 φ 变化，质点沿半径为 $r\sin\theta$ 的纬线做圆周运动，有 e_φ 方向的分速度 $r\dot{\varphi}\sin\theta e_\varphi$；所以可知在球坐标系中：

$$\boldsymbol{v} = \dot{r}\boldsymbol{e}_r + r\dot{\theta}\boldsymbol{e}_\theta + r\dot{\varphi}\sin\theta\boldsymbol{e}_\varphi$$

加速度 $\boldsymbol{a}$ 是 $\boldsymbol{r}$ 的二阶导数，其中会包括 $\dot{r}$、$\dot{\theta}$ 和 $\dot{\varphi}$ 相互耦合的结果，不易直观导出．

解 如 BL1.6－2 图所示，建立直角坐标系 $Oxyz$ 和球坐标系，质点受重力 $\boldsymbol{W}=m\boldsymbol{g}=-mg\boldsymbol{k}$，约束力 $\boldsymbol{F}_N=F_N\boldsymbol{e}_r$. 因 $\boldsymbol{W}$ 与 Oz 轴平行，$\boldsymbol{F}_N$ 的作用线与 Oz 轴相交，故质点所受的对 Oz 轴的合力矩为零，因此在运动过程中质点对 Oz 轴的角动量守恒．因为

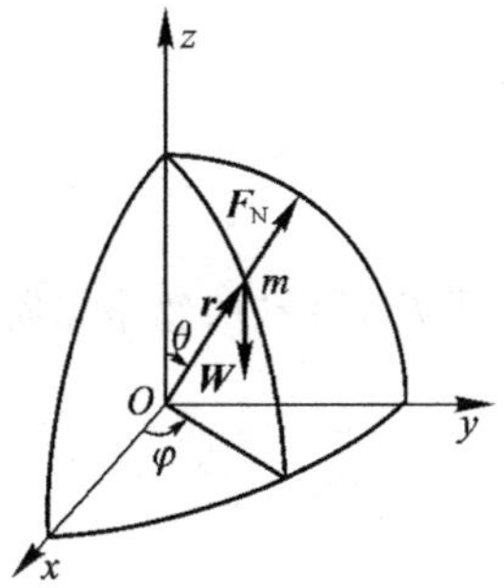

BL1.6－2 图

$$m\boldsymbol{v} = mR\dot{\theta}\boldsymbol{e}_\theta + mR\dot{\varphi}\sin\theta\boldsymbol{e}_\varphi$$

而 $mR\dot{\theta}\boldsymbol{e}_\theta$ 与 Oz 轴共面，对 Oz 轴的角动量为零，所以

$$J_z = R\sin\theta\cdot mR\dot{\varphi}\sin\theta = mR^2\dot{\varphi}\sin^2\theta$$

由于
$$J_z = mR^2\dot{\varphi}\sin^2\theta = mR^2\dot{\varphi}_0\sin^2\theta_0$$

所以
$$\dot{\varphi} = \frac{\sin^2\theta_0}{\sin^2\theta}\dot{\varphi}_0$$

例题 1.7 根据汤川的核力理论，中子与质子之间的引力具有如下形式的势能：

$$V(r) = \frac{k\mathrm{e}^{-\alpha r}}{r} \quad (k<0,\alpha>0)$$

（1）求中子与质子间的引力表达式，并与平方反比引力相比较；

（2）求质量为 m 的粒子做半径为 a 的圆周运动的角动量 J 及能量 E；

（3）求圆周运动的周期、轨道稳定的条件及径向微振动的周期．

解 （1）
$$\boldsymbol{F} = -\frac{\partial V}{\partial r}\boldsymbol{e}_r = -\frac{-k(1+\alpha r)\mathrm{e}^{-\alpha r}}{r^2}\boldsymbol{e}_r = -F(r)\boldsymbol{e}_r$$

中子与质子之间的引力属于核力，由 $\mathrm{e}^{-\alpha r}$ 因子的作用，力将随 r 增大而更快地减小，属于短程力；平方反比引力属于长程力．

（2）由
$$m\frac{v^2}{a} = \frac{-k(1+\alpha a)\mathrm{e}^{-\alpha a}}{a^2}$$

可得
$$J^2 = a^2m^2v^2 = -mka(1+\alpha a)\mathrm{e}^{-\alpha a}$$

$$E = \frac{1}{2}mv^2 + V = \frac{-k(1+\alpha a)\mathrm{e}^{-\alpha a}}{2a} + \frac{k\mathrm{e}^{-\alpha a}}{a} = \frac{k(1-\alpha a)\mathrm{e}^{-\alpha a}}{2a}$$

（3）由于 $v=\sqrt{\dfrac{-k(1+\alpha a)\mathrm{e}^{-\alpha a}}{ma}}=a\omega$，所以

$$T = \frac{2\pi}{\omega} = \frac{2\pi a}{v} = 2\pi\sqrt{\frac{ma^3}{-k(1+\alpha a)\mathrm{e}^{-\alpha a}}}$$

使用极坐标系，设粒子做半径为 a 的圆周运动时角速度为 $\dot{\theta}_a$，其轨道为微扰轨道. 令 $r = a + r'$，$\dot{\theta} = \dot{\theta}_a + \dot{\theta}'$，$r'$ 和 $\dot{\theta}'$ 为一阶小量，代入动力学方程：

$$m(\ddot{r} - r\dot{\theta}^2) = -F(r)$$

$$r^2\dot{\theta} = a^2\dot{\theta}_a$$

得

$$m[\ddot{r}' - (a + r')(\dot{\theta}_a + \dot{\theta}')^2] = -F(a + r')$$

$$(a + r')^2(\dot{\theta}_a + \dot{\theta}') = a^2\dot{\theta}_a$$

展开 $F(a+r')$，忽略二阶及以上的小量，考虑到 $ma\dot{\theta}_a^2 = F(a)$，得到

$$m(\ddot{r}' - 2a\dot{\theta}_a\dot{\theta}' - r'\dot{\theta}_a^2) = -\left.\frac{\mathrm{d}F}{\mathrm{d}r}\right|_{r=a} r'$$

$$2ar'\dot{\theta}_a + a^2\dot{\theta}' = 0$$

以上二式中消去 $\dot{\theta}'$，得

$$m(\ddot{r}' + 3r'\dot{\theta}_a^2) = -\left.\frac{\mathrm{d}F}{\mathrm{d}r}\right|_{r=a} r'$$

用 $ma\dot{\theta}_a^2 = F(a)$ 消去上式中的 $\dot{\theta}_a^2$，得

$$\ddot{r}' = -\frac{1}{m}\left[\left.\frac{\mathrm{d}F}{\mathrm{d}r}\right|_{r=a} + 3\frac{F(a)}{a}\right]r' = -\omega^2 r'$$

当 $\omega^2 = \frac{1}{m}\left[\left.\frac{\mathrm{d}F}{\mathrm{d}r}\right|_{r=a} + 3\frac{F(a)}{a}\right] > 0$，即 $F(a) > -\frac{a}{3}\left.\frac{\mathrm{d}F}{\mathrm{d}r}\right|_{r=a}$ 时，轨道是稳定的，上式才有振动解 $r' = r'_{\max}\cos(\omega t + \alpha)$.

由于 $F(a) = -k\mathrm{e}^{-\alpha a}\left(\frac{1}{a^2} + \frac{\alpha}{a}\right)$，$\left.\frac{\mathrm{d}F}{\mathrm{d}r}\right|_{r=a} = k\mathrm{e}^{-\alpha a}\left(\frac{2}{a^3} + \frac{2\alpha}{a^2} + \frac{\alpha^2}{a}\right)$. 注意到 $\alpha > 0$ 和 $a > 0$，由 $F(a) > -\frac{a}{3}\left.\frac{\mathrm{d}F}{\mathrm{d}r}\right|_{r=a}$ 可知稳定条件为

$$\alpha^2 a^2 - \alpha a - 1 < 0$$

即

$$0 < \alpha a < \frac{1 + \sqrt{5}}{2}$$

$$\omega^2 = \frac{1}{m}\left[\left.\frac{\mathrm{d}F}{\mathrm{d}r}\right|_{r=a} + 3\frac{F(a)}{a}\right] = \frac{k(\alpha^2 a^2 - \alpha a - 1)\mathrm{e}^{-\alpha a}}{ma^3}$$

径向微振动的周期为

$$T = \frac{2\pi}{\omega} = 2\pi\sqrt{\frac{ma^3}{k(\alpha^2 a^2 - \alpha a - 1)\mathrm{e}^{-\alpha a}}}$$

例题 1.8 设质量为 m 的质点受重力作用,被约束在如 BL1.8 图所示半顶角为 α、对称轴 Oz 竖直向上的光滑圆锥面上运动,试研究质点在圆锥面上做水平圆周运动的稳定性.

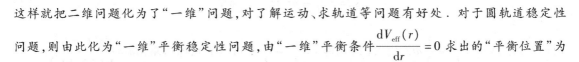

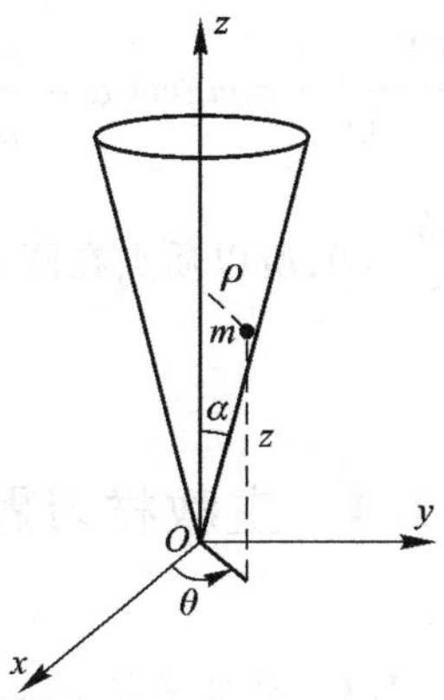

BL1.8 图

评述 先以质点在有心力场中的运动为例介绍有效势能概念,利用角动量守恒:

$$mr^2\dot{\theta} = mh = J$$

即

$$\dot{\theta} = \frac{J}{mr^2}$$

把机械能守恒方程

$$\frac{1}{2}m(\dot{r}^2 + r^2\dot{\theta}^2) + V(r) = E$$

中的变量 θ 消去,得

$$\frac{1}{2}m\dot{r}^2 + V(r) + \frac{J^2}{2mr^2} = E$$

引入有效势能 $V_{\mathrm{eff}}(r) = V(r) + \dfrac{J^2}{2mr^2}$,则有

$$\frac{1}{2}m\dot{r}^2 + V_{\mathrm{eff}}(r) = E$$

这样就把二维问题化为了“一维”问题,对了解运动、求轨道等问题有好处. 对于圆轨道稳定性问题,则由此化为“一维”平衡稳定性问题,由“一维”平衡条件 $\dfrac{\mathrm{d}V_{\mathrm{eff}}(r)}{\mathrm{d}r} = 0$ 求出的“平衡位置”为圆轨道半径,“一维”平衡稳定的条件 $\dfrac{\mathrm{d}^2V_{\mathrm{eff}}(r)}{\mathrm{d}r^2} > 0$ 就是圆轨道稳定的条件.

解 采用柱坐标系,如 BL1.8 图所示. 因非保守力不做功,故质点的机械能守恒:

$$\frac{1}{2}m(\dot{\rho}^2 + \rho^2\dot{\theta}^2 + \dot{z}^2) + mgz = E \tag{1}$$

质点所受重力和圆锥面的支持力对 Oz 轴力矩为零,对 Oz 轴角动量守恒:

$$\rho^2\dot{\theta} = h \tag{2}$$

利用约束方程 $z = \rho\cot\alpha$ 消去(1)式中的变量 z,得

$$\frac{1}{2}m(1 + \cot^2\alpha)\dot{\rho}^2 + \frac{1}{2}m\rho^2\dot{\theta}^2 + mg\rho\cot\alpha = E \tag{3}$$

利用(2)式消去(3)式中的变量 θ,定义有效势

$$V_{\mathrm{eff}}(\rho) = mg\rho\cot\alpha + \frac{mh^2}{2\rho^2}$$

则得到
$$\frac{1}{2}m(1+\cot^2\alpha)\dot{\rho}^2+V_{\mathrm{eff}}(\rho)=E$$

由$\frac{\mathrm{d}V_{\mathrm{eff}}(\rho)}{\mathrm{d}\rho}=mg\cot\alpha-\frac{mh^2}{\rho^3}=0$,求出水平圆周运动的圆半径$\rho=\left(\frac{h^2}{g\cot\alpha}\right)^{\frac{1}{3}}$. 由于$\frac{\mathrm{d}^2V_{\mathrm{eff}}(\rho)}{\mathrm{d}\rho^2}=\frac{3mh^2}{\rho^4}>0$,所以质点在圆锥面上做的水平圆周运动的轨道是稳定的.

§1.4 主教材习题提示

1.1 沿水平方向前进的子弹,通过某一距离 s 的时间为 t_1,而通过下一距离 s 的时间为 t_2. 试证明子弹的加速度(假定是常量)为

$$\frac{2s(t_2-t_1)}{t_1t_2(t_1+t_2)}$$

提示 依题意有

$$s=v_0t_1-\frac{1}{2}at_1^2 \tag{1}$$

$$s=(v_0-at_1)t_2-\frac{1}{2}at_2^2 \tag{2}$$

由(1)式求出$v_0=\frac{s}{t_1}+\frac{1}{2}at_1$,代入(2)式得$s=\frac{st_2}{t_1}-\frac{1}{2}at_2(t_1+t_2)$,即可求出$a=\frac{2s(t_2-t_1)}{t_1t_2(t_2+t_1)}$.

1.2 某船向东航行,速率为 15 km/h,在正午经过某一灯塔. 另一船以同样速度向北航行,在下午 1 时 30 分经过此灯塔. 问在什么时候,两船的距离最近? 最近的距离是多少?

提示 以 0 时为计时起点,时间单位为 h. 以灯塔为原点 O,Ox 向东,Oy 向北,长度单位为 km. 设某船位置为$(x_1,0)$,另一船位置为$(0,y_2)$,由题意知 $x_1=15\times(t-12)$ (km),$y_2=15\times(t-13.5)$ (km). 两船距离为

$$D=\sqrt{x_1^2+y_2^2}=15\times\sqrt{(t-12)^2+(t-13.5)^2}\ (\mathrm{km})$$

根据
$$\frac{\mathrm{d}D}{\mathrm{d}t}=\frac{15}{2}\times\frac{2\times[(t-12)+(t-13.5)]}{\sqrt{(t-12)^2+(t-13.5)^2}}=0$$

即可求出 $t=12.75$ h,即 12 时 45 分时两船距离最近,最近距离 $D_{\min}=15.9$ km.

1.3 曲柄 $OA=r$,以匀角速 ω 绕定点 O 转动. 此曲柄借助连杆 AB 使滑块 B 沿直线 Ox 运动. 求连杆上 C 点的轨道方程及速度. 设 $AC=CB=a$,$\angle AOB=\varphi$,$\angle ABO=\psi$.

评述 速度为 $\boldsymbol{v}$,速率为 v. 教材答案欠妥.

提示 参见 X1.3 图，因 C 点坐标为

$$x = r\cos\varphi + a\cos\psi \qquad (1)$$

$$y = a\sin\psi = \frac{r}{2}\sin\varphi \qquad (2)$$

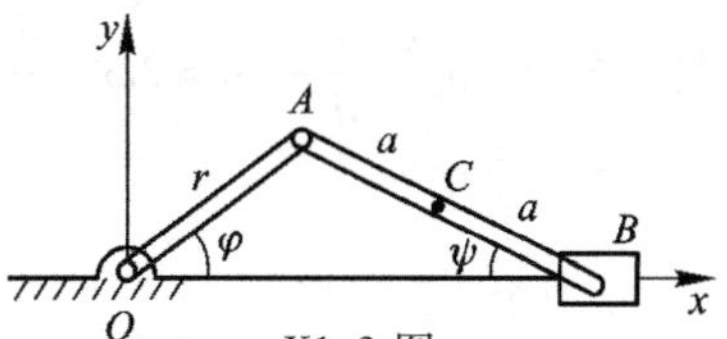

X1.3 图

所以

$$\begin{aligned} r^2 &= r^2\cos^2\varphi + r^2\sin^2\varphi \\ &= (x - a\cos\psi)^2 + 4y^2 \end{aligned}$$

利用几何关系 $\cos\psi = \dfrac{\sqrt{a^2 - y^2}}{a}$，即得到 C 点的轨道方程：

$$r^2 = (x - \sqrt{a^2 - y^2})^2 + 4y^2$$

即 $4x^2(a^2 - y^2) = (x^2 + 3y^2 + a^2 - r^2)^2$.

由(2)式得 $a\dot{\psi}\cos\psi = \dfrac{r}{2}\dot{\varphi}\cos\varphi$. 因 $\dot{\varphi} = \pm\omega$（"±"由转动方向确定），故 $\dot{\psi} = \pm\dfrac{r\omega}{2a}\dfrac{\cos\varphi}{\cos\psi}$.

由(1)式、(2)式可得

$$\dot{x} = -r\dot{\varphi}\sin\varphi - a\dot{\psi}\sin\psi = \mp r\omega\left(\sin\varphi + \frac{\cos\varphi}{2}\frac{\sin\psi}{\cos\psi}\right)$$

$$\dot{y} = \pm r\omega\frac{\cos\varphi}{2}$$

所以
$$\boldsymbol{v} = \dot{x}\boldsymbol{i} + \dot{y}\boldsymbol{j} = \mp r\omega\left(\sin\varphi + \frac{\cos\varphi}{2}\frac{\sin\psi}{\cos\psi}\right)\boldsymbol{i} \pm r\omega\frac{\cos\varphi}{2}\boldsymbol{j}$$

$$v = \sqrt{\dot{x}^2 + \dot{y}^2} = \frac{r\omega}{2\cos\psi}\sqrt{\cos^2\varphi + 4\sin\varphi\cos\psi\sin(\varphi + \psi)}$$

1.4 细杆 OL 绕 O 点以匀角速 ω 转动，并推动小环 C 在固定的钢丝 AB 上滑动．图中的 d 为一已知常量，试求小环的速度及加速度的量值．

提示 参见 X1.4 图，由题意知 $x = d\tan\theta, y \equiv 0$. 因 $\dot{\theta} = \pm\omega$（"±"由转动方向确定），所以

$$\dot{x} = \pm d\omega\sec^2\theta = \pm\omega\frac{d^2 + x^2}{d}, \quad \dot{y} = 0$$

$$\ddot{x} = 2d\omega^2\sec^2\theta\tan\theta = 2\omega^2 x\frac{d^2 + x^2}{d^2}, \quad \ddot{y} = 0$$

于是可知 $v=\omega\frac{d^2+x^2}{d}$,$a=2\omega^2x\frac{d^2+x^2}{d^2}$.

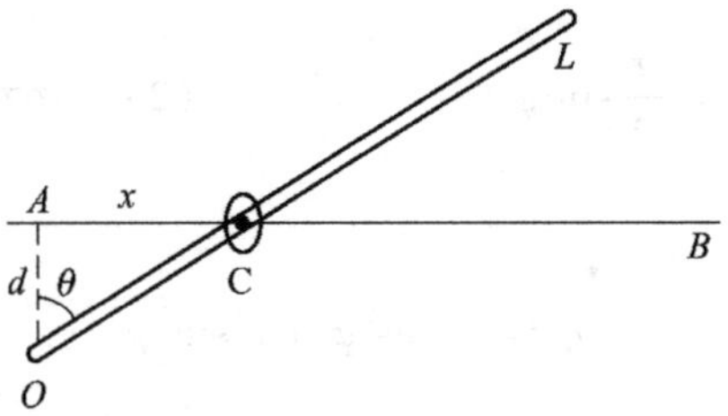

X1.4 图

1.5 矿山升降机做加速运动时,其变加速度可用下式表示:

$$a=c\left(1-\sin\frac{\pi t}{2T}\right)$$

式中 c 及 T 为常量,试求运动开始时间 t 后升降机的速度及其所走过的路程. 已知升降机的初速度为零.

提示 以升降机起始位置为原点 O,以加速度方向为正向建立 Ox 坐标系,则

$$\ddot{x}=\frac{\mathrm{d}\dot{x}}{\mathrm{d}t}=c\left(1-\sin\frac{\pi t}{2T}\right)$$

分离变量得

$$\mathrm{d}\dot{x}=c\left(1-\sin\frac{\pi t}{2T}\right)\mathrm{d}t$$

积分,并用初始条件 $t=0$ 时 $\dot{x}=0$ 确定积分常量,求出

$$\boldsymbol{v}=\dot{x}\boldsymbol{i}=\frac{\mathrm{d}x}{\mathrm{d}t}\boldsymbol{i}=c\left[t+\frac{2T}{\pi}\left(\cos\frac{\pi t}{2T}-1\right)\right]\boldsymbol{i}$$

再次对 $\dot{x}$ 分离变量,积分,并用初始条件 $t=0$ 时 $x=0$ 确定积分常量,得

$$x=c\left[\frac{1}{2}t^2+\frac{2T}{\pi}\left(\frac{2T}{\pi}\sin\frac{\pi t}{2T}-t\right)\right]$$

由于 $\dot{x}>0$,升降机没有往复运动,故 t 时刻升降机走过的路程 $s=x$.

1.6 一质点沿位矢及垂直于位矢的速率分别为 λr 和 $\mu\theta$,式中 λ 和 μ 是常量. 试证其沿位矢及垂直于位矢的加速度的大小分别为

$$\lambda^2r-\frac{\mu^2\theta^2}{r},\quad \mu\theta\left(\lambda+\frac{\mu}{r}\right)$$

提示 由题意,在极坐标系中,$v_r=\dot{r}=\lambda r$,$v_\theta=r\dot{\theta}=\mu\theta$. 所以

$$a_r=\ddot{r}-r\dot{\theta}^2=\lambda\dot{r}-r\frac{\mu^2\theta^2}{r^2}=\lambda^2r-\frac{\mu^2\theta^2}{r}$$

由 $v_\theta=r\dot{\theta}=\mu\theta$,知 $\dot{r}\dot{\theta}+r\ddot{\theta}=\mu\dot{\theta}$,即 $r\ddot{\theta}=\mu\dot{\theta}-\dot{r}\dot{\theta}$,因此

$$a_\theta = r\ddot{\theta} + 2\dot{r}\dot{\theta} = \dot{\theta}(\mu + \dot{r}) = \mu\theta\left(\frac{\mu}{r} + \lambda\right)$$

1.7 试自

$$x = r\cos\theta, \quad y = r\sin\theta$$

出发，计算 $\ddot{x}$ 及 $\ddot{y}$. 并由此推出径向加速度 a_r 及横向加速度 a_θ.

提示 由已知：

$$\dot{x} = \dot{r}\cos\theta - r\dot{\theta}\sin\theta$$

$$\dot{y} = \dot{r}\sin\theta + r\dot{\theta}\cos\theta$$

$$\ddot{x} = (\ddot{r} - r\dot{\theta}^2)\cos\theta - (r\ddot{\theta} + 2\dot{r}\dot{\theta})\sin\theta$$

$$\ddot{y} = (\ddot{r} - r\dot{\theta}^2)\sin\theta + (r\ddot{\theta} + 2\dot{r}\dot{\theta})\cos\theta$$

参见 X1.7 图（极坐标单位矢量为 $\boldsymbol{e}_r$ 和 $\boldsymbol{e}_\theta$），可知

$$a_r = \ddot{x}\cos\theta + \ddot{y}\sin\theta = \ddot{r} - r\dot{\theta}^2$$

$$a_\theta = -\ddot{x}\sin\theta + \ddot{y}\cos\theta = r\ddot{\theta} + 2\dot{r}\dot{\theta}$$

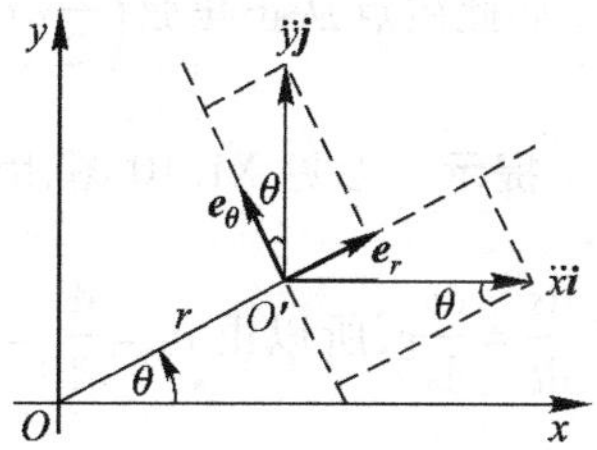

X1.7 图

1.8 直线 FM 在一给定的椭圆平面内以匀角速 ω 绕其焦点 F 转动．求此直线与椭圆的交点 M 的速度．已知以焦点为坐标原点的椭圆的极坐标方程为

$$r = \frac{a(1 - e^2)}{1 + e\cos\theta}$$

式中 a 为椭圆的半长轴，是常量；e 为偏心率，是常数．

评述 速度为 $\boldsymbol{v}$，速率为 v. 教材答案欠妥．

提示 椭圆的极坐标方程即 M 点的轨道方程，$\dot{\theta} = \pm\omega$（“$\pm$”由转动方向确定）．由轨道方程和 $b^2 = a^2(1 - e^2)$ 可求出

$$\dot{r} = \frac{a(1 - e^2)e\dot{\theta}\sin\theta}{(1 + e\cos\theta)^2} = \frac{r^2 e\dot{\theta}\sin\theta}{a(1 - e^2)} = \frac{r^2 ae\dot{\theta}\sin\theta}{b^2}$$

再由

$$1 + e\cos\theta = \frac{a(1 - e^2)}{r} = \frac{b^2}{ra}$$

求出

$$e^2(1 - \sin^2\theta) = e^2\cos^2\theta = \left(\frac{b^2}{ra} - 1\right)^2$$

所以

$$e^2\sin^2\theta = e^2 - \left(\frac{b^2}{ra} - 1\right)^2 = \frac{2b^2}{ra} - \frac{b^4}{r^2 a^2} - \frac{b^2}{a^2}$$

于是可知 M 点的速度（极坐标表达式，极坐标单位矢量为 $\boldsymbol{e}_r$ 和 $\boldsymbol{e}_\theta$）为

$$\boldsymbol{v} = \dot{r}\boldsymbol{e}_r + r\dot{\theta}\boldsymbol{e}_\theta = \frac{r\dot{\theta}}{b}\sqrt{2ar - b^2 - r^2}\,\boldsymbol{e}_r + r\dot{\theta}\boldsymbol{e}_\theta$$

$$v = \sqrt{\dot{r}^2 + r^2\dot{\theta}^2} = \frac{r\omega}{b}\sqrt{r(2a-r)}$$

1.9　质点做平面运动,其速率保持为常量．试证其速度矢量 $\boldsymbol{v}$ 与加速度矢量 $\boldsymbol{a}$ 正交．

提示1　建立平面直角坐标系 Oxy, $\dot{x}^2+\dot{y}^2=v^2=$ 常量,求时间导数得

$$2\dot{x}\ddot{x}+2\dot{y}\ddot{y}=2\boldsymbol{v}\cdot\boldsymbol{a}=0$$

可见

$$\boldsymbol{v}\perp\boldsymbol{a}.$$

提示2　在自然坐标系中(切向和主法向单位矢量为 $\boldsymbol{e}_t$ 和 $\boldsymbol{e}_n$),由 $\dot{v}=0$,故 $\boldsymbol{a}=\frac{v^2}{\rho}\boldsymbol{e}_n$. 因为 $\boldsymbol{v}=\pm v\boldsymbol{e}_t$,所以 $\boldsymbol{v}\perp\boldsymbol{a}$.

1.10　一质点沿着抛物线 $y^2=2px$ 运动．其切向加速度的量值为法向加速度量值的 $-2k$ 倍．如此质点从正焦弦 $\left(\frac{p}{2},p\right)$ 的一端以速率 u 出发,试求其达到正焦弦另一端时的速率．

提示　参见 X1.10 图,因 $ds>0$ 时 $d\alpha<0$,故 $\frac{1}{\rho}=-\frac{d\alpha}{ds}$. 考虑到 $\frac{dv}{dt}=\frac{dv}{ds}\frac{ds}{dt}=\frac{dv}{ds}v$,所以由 $a_t=\frac{dv}{dt}=-2ka_n=-2k\frac{v^2}{\rho}$ 可得

$$\frac{dv}{v}=2k d\alpha \tag{1}$$

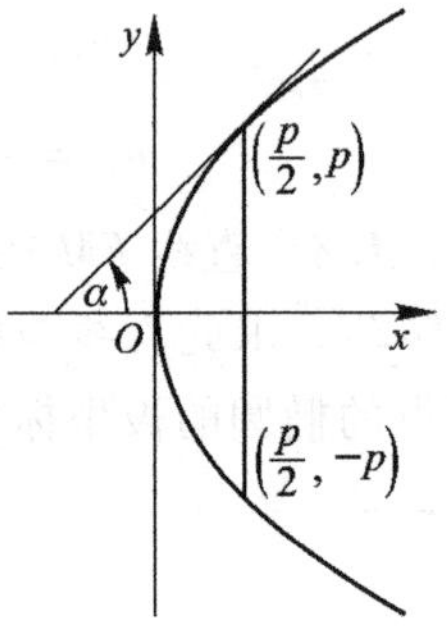

X1.10 图

对 $y^2=2px$ 求微分得 $2ydy=2pdx$,所以 $\tan\alpha=\frac{dy}{dx}=\frac{p}{y}$,当 $y=p$ 时 $\tan\alpha=1,\alpha=\frac{\pi}{4}$;当 $y=-p$ 时 $\tan\alpha=-1,\alpha=-\frac{\pi}{4}$. 对(1)式积分:

$$\int_u^v\frac{dv}{v}=\int_{\frac{\pi}{4}}^{-\frac{\pi}{4}}2k d\alpha$$

即可求得 $v=ue^{-k\pi}$.

1.11　质点沿着半径为 r 的圆周运动,其加速度矢量与速度矢量间的夹角 α 保持不变．求质点的速率随时间而变化的规律．已知初速率为 v_0.

提示　参见 X1.11 图,可知

$$a_t=\frac{dv}{dt}=a_n\cot\alpha=\frac{v^2}{r}\cot\alpha$$

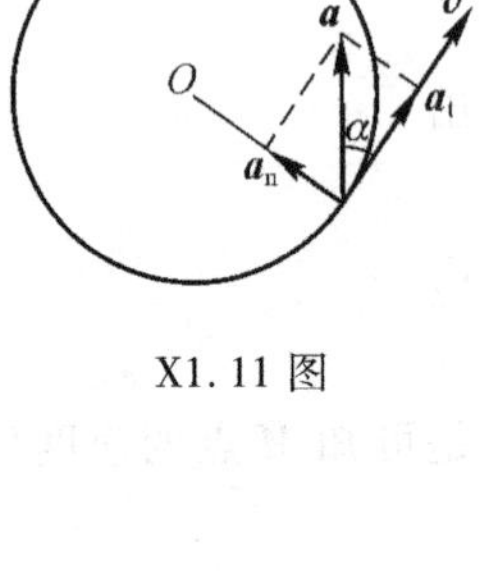

X1.11 图

即

$$\frac{dv}{v^2}=\frac{\cot\alpha}{r}dt$$

对上式积分,并用初始条件确定积分常量,即可求出 $\frac{1}{v}=\frac{1}{v_0}-\frac{\cot\alpha}{r}t$.

讨论:若 $0<\alpha<\frac{\pi}{2}$,则 v 随 t 增大而增大,$t\to\frac{r}{v_0\cot\alpha}$ 时 $v\to\infty$.

若$\frac{\pi}{2}<\alpha<\pi$，则 v 随 t 增大而减小，$t\to\infty$ 时 $v\to 0$.

1.12　在上题中，试证其速率可表示为

$$v = v_0 e^{(\theta-\theta_0)\cot\alpha}$$

式中 θ 为速度矢量与 x 轴间的夹角，且当 $t=0$ 时，$\theta=\theta_0$.

提示　建立 Ox 轴，如 X1.12 图所示，则

$$a_t = \frac{dv}{d\varphi}\dot{\varphi} = a_n \cot\alpha = r\dot{\varphi}^2 \cot\alpha$$

即

$$\frac{dv}{v} = \cot\alpha \cdot d\varphi$$

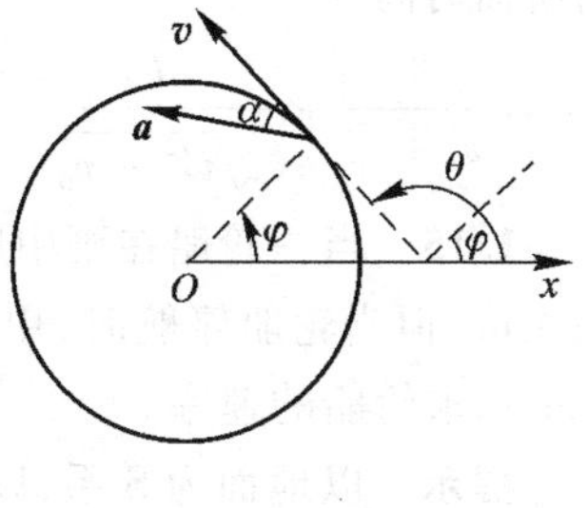

X1.12 图

积分，用初始条件 $t=0$ 时 $v=v_0$，$\varphi=\varphi_0$ 确定积分常量，得 $v = v_0 e^{(\varphi-\varphi_0)\cot\alpha}$，由于 $\theta=\varphi+\frac{\pi}{2}$，所以 $v=v_0 e^{(\theta-\theta_0)\cot\alpha}$.

1.13　假定一飞机从 A 处向东飞到 B 处，而后又向西飞回原处．飞机相对于空气的速度为 $\boldsymbol{v}'$，而空气相对于地面的速度则为 $\boldsymbol{v}_0$. A 与 B 之间的距离为 l. 飞机相对于空气的速率 v' 保持不变.

(1) 假定 $v_0=0$，即空气相对于地面是静止的，试证来回飞行的总时间为

$$t_0 = \frac{2l}{v'}$$

(2) 假定空气速度为向东（或向西），试证来回飞行的总时间为

$$t_1 = \frac{t_0}{1 - v_0^2/v'^2}$$

(3) 假定空气的速度为向北（或向南），试证来回飞行的总时间为

$$t_2 = \frac{t_0}{\sqrt{1 - v_0^2/v'^2}}$$

提示　以地面为 S 系，以空气为 S′系．

(1) 由于 $\boldsymbol{v}=\boldsymbol{v}_0+\boldsymbol{v}'$，$\boldsymbol{v}_0=\boldsymbol{0}$，所以 $\boldsymbol{v}=\boldsymbol{v}'$，故 $t_0=\frac{l}{v}+\frac{l}{v}=\frac{2l}{v'}$.

(2) $\boldsymbol{v}=\boldsymbol{v}_0+\boldsymbol{v}'$，设空气速度向东，飞机向东飞时 $v=v_0+v'$，飞机向西飞时 $v=-v_0+v'$，故 $t_1=\frac{l}{v'+v_0}+\frac{l}{v'-v_0}=\frac{t_0}{1-v_0^2/v'^2}$. 空气速度向西时，结果相同．

(3) $\boldsymbol{v}=\boldsymbol{v}_0+\boldsymbol{v}'$，设空气速度向北，参见 X1.13 图，飞机向东飞和向西飞时均有 $v=\sqrt{v'^2-v_0^2}$，故 $t_2=\frac{2l}{\sqrt{v'^2-v_0^2}}=\frac{t_0}{\sqrt{1-v_0^2/v'^2}}$. 空气速度向南时，结果相同．

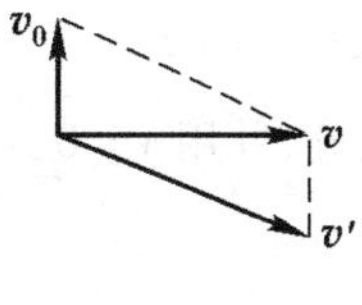

X1.13 图

1.14 一飞机在静止空气中速率为100 km/h. 如果飞机沿每边为6 km的正方形飞行,且风速为28 km/h,方向与正方形的某两边平行,则飞机绕此正方形飞行一周,需时多少?

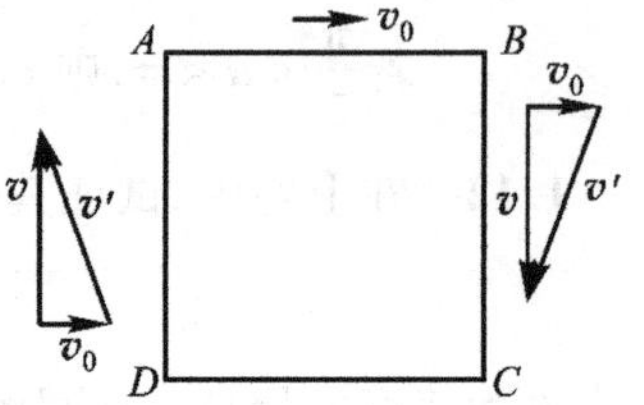

X1.14 图

提示 以地面为S系,以空气为S′系. 已知 $v' = 100$ km/h, $v_0 = 28$ km/h,正方形边长 $l = 6$ km. 参见X1.14图,飞机飞行一周所需时间为

$$t = \frac{l}{v' + v_0} + \frac{l}{\sqrt{v'^2 - v_0^2}} + \frac{l}{v' - v_0} + \frac{l}{\sqrt{v'^2 - v_0^2}} = \frac{245}{16} \text{ min}$$

1.15 当一轮船在雨中航行时,甲板上干湿两部分的分界线在雨篷的垂直投影后2 m处,篷高4 m. 但当轮船停航时,甲板上干湿两部分的分界线却在篷前3 m处. 如果雨点的速率为8 m/s,求轮船的速率.

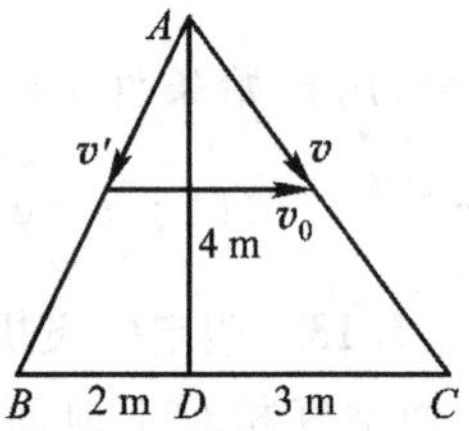

X1.15 图

提示 以地面为S系,以船为S′系. 雨点的速率 $v = 8$ m/s,求轮船速率 v_0. 参见X1.15图,在△ADC中易知 $AC = 5$ m. 由于△ABC与矢量三角形相似,所以

$$\frac{v_0}{v} = \frac{BC}{AC} = \frac{2+3}{5}$$

故可知 $v_0 = v = 8$ m/s.

1.16 宽度为 d 的河流,其流速与河流中心到河岸的距离成正比. 在河岸处,水流速度为零,在河流中心处流速为 c. 一船以相对速度 $\boldsymbol{u}$ 沿垂直于水流的方向行驶,求船的轨道方程以及船在对岸靠拢的地点.

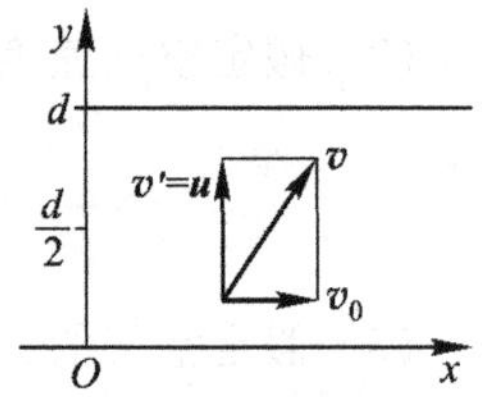

X1.16 图

提示 以地面为S系,以河水为S′系. 以小船出发点为原点 O 建立坐标系 Oxy,如X1.16图所示. 水流速率为

$$v_0 = \frac{2c}{d}y \quad \left(0 \leqslant y \leqslant \frac{d}{2}\right)$$

$$v_0 = \frac{2c}{d}(d - y) \quad \left(\frac{d}{2} \leqslant y \leqslant d\right)$$

小船绝对速度 $\boldsymbol{v} = \dot{x}\boldsymbol{i} + \dot{y}\boldsymbol{j} = v_0\boldsymbol{i} + u\boldsymbol{j}$.

当 $0 \leqslant y \leqslant \frac{d}{2}$ 时, $\frac{\mathrm{d}x}{\mathrm{d}t} = \frac{2c}{d}y$, $\frac{\mathrm{d}y}{\mathrm{d}t} = u$,所以

$$\frac{\mathrm{d}x}{\mathrm{d}t} = \frac{\mathrm{d}x}{\mathrm{d}y}\frac{\mathrm{d}y}{\mathrm{d}t} = \frac{\mathrm{d}x}{\mathrm{d}y}u = \frac{2c}{d}y$$

分离变量得

$$\mathrm{d}x = \frac{2c}{ud}y\mathrm{d}y$$

积分,并用 $y = 0$, $x = 0$ 确定积分常量,即得船 $0 \leqslant y \leqslant \frac{d}{2}$ 时的轨道方程:

$$x = \frac{c}{ud}y^2$$

可知船行驶到河中心时 $y=\dfrac{d}{2}, x=\dfrac{cd}{4u}$.

当$\dfrac{d}{2}\leqslant y\leqslant d$ 时，$\dfrac{dx}{dt}=\dfrac{2c}{d}(d-y)$，$\dfrac{dy}{dt}=u$，同样可得

$$dx=\frac{2c}{ud}(d-y)dy$$

积分，并用 $y=\dfrac{d}{2}, x=\dfrac{cd}{4u}$确定积分常量，即得船$\dfrac{d}{2}\leqslant y\leqslant d$ 时的轨道方程：

$$x=\frac{2c}{u}y-\frac{c}{ud}y^2-\frac{cd}{2u}$$

当 $y=d$ 时 $x=\dfrac{cd}{2u}$，故船的靠岸地点为 $x=\dfrac{cd}{2u}, y=d$.

1.17 小船 M 被水冲走后，由一荡桨人以不变的相对速度 $\boldsymbol{v}_2$ 朝岸上 A 点划回. 假定河流速度 $\boldsymbol{v}_1$ 沿河流方向且不变，并且小船可以看成一个质点，求船的轨迹.

提示 以 A 为原点建立极坐标系，如 X1.17 图所示. 有

$$\dot{r}=-v_2+v_1\cos\varphi, \quad r\dot{\varphi}=-v_1\sin\varphi$$

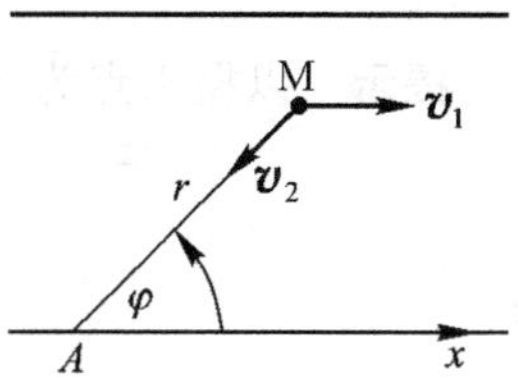

X1.17 图

以上二式相除可得

$$\frac{dr}{r}=\frac{v_2-v_1\cos\varphi}{v_1\sin\varphi}d\varphi$$

对两边积分 $$\int_{r_0}^{r}\frac{dr}{r}=\int_{\varphi_0}^{\varphi}\left(\frac{v_2}{v_1}\frac{1}{\sin\varphi}-\frac{\cos\varphi}{\sin\varphi}\right)d\varphi$$

得 $$\ln r\Big|_{r_0}^{r}=\ln\frac{\tan^{\frac{v_2}{v_1}}\varphi/2}{\sin\varphi}\Bigg|_{\varphi_0}^{\varphi}$$

令 $k=\dfrac{v_2}{v_1}, \alpha=\dfrac{\varphi}{2}, \alpha_0=\dfrac{\varphi_0}{2}$，则得到船的轨道方程：

$$r=r_0\frac{\tan^k\alpha\cdot\sin 2\alpha_0}{\sin 2\alpha\cdot\tan^k\alpha_0}=r_0\frac{\cos^{k+1}\alpha_0}{\sin^{k-1}\alpha_0}\cdot\frac{\sin^{k-1}\alpha}{\cos^{k+1}\alpha}$$

1.18 一质点自倾角为 α 的斜面的上方 O 点，沿一光滑斜槽 OA 下降. 如欲使此质点到达斜面上所需的时间为最短，问斜槽 OA 与竖直线的夹角 θ 应为多少？

提示 参见 X1.18 图，在 $\triangle OAB$ 中由正弦定理可知

$$\frac{OA}{OB}=\frac{\sin\angle OBA}{\sin\angle OAB}=\frac{\sin\left(\dfrac{\pi}{2}-\alpha\right)}{\sin\left(\dfrac{\pi}{2}-\theta+\alpha\right)}=\frac{\cos\alpha}{\cos(\theta-\alpha)}$$

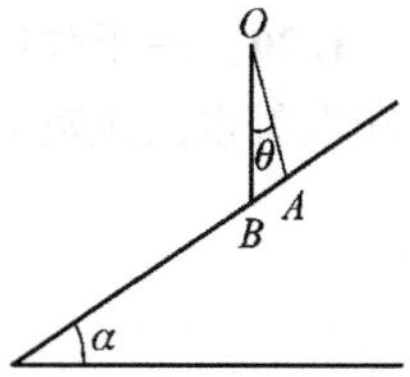

X1.18 图

质点沿 OA 匀加速下滑，加速度的大小为 $g\cos\theta$，故

$$\frac{1}{2}g\cos\theta \cdot t^2 = OA = \frac{OB\cos\alpha}{\cos(\theta-\alpha)}$$

所以 $t^2 = \dfrac{2\,OB\cos\alpha}{g\cos\theta\cdot\cos(\theta-\alpha)}$. 当 $\cos\theta\cdot\cos(\theta-\alpha)$ 取极大值时 t 取极小值,所以由

$$\frac{\mathrm{d}}{\mathrm{d}\theta}[\cos\theta\cdot\cos(\theta-\alpha)] = \frac{\mathrm{d}}{\mathrm{d}\theta}\left(\cos\alpha\cdot\cos^2\theta + \frac{1}{2}\sin\alpha\cdot\sin 2\theta\right)$$

$$= -\cos\alpha\cdot\sin 2\theta + \sin\alpha\cdot\cos 2\theta = 0$$

即

$$\tan 2\theta = \tan\alpha$$

再考虑到 θ 和 α 均为锐角,可知 $\theta = \dfrac{\alpha}{2}$ 时质点到达斜面所需时间最短.

1.19 将质量为 m 的质点竖直上抛入有阻力的介质中. 设阻力与速度平方成正比,即 $F_r = mk^2gv^2$. 如上掷时的速度为 v_0,试证此质点又落至投掷点时的速度为

$$v_1 = \frac{v_0}{\sqrt{1+k^2v_0^2}}$$

提示 以抛出点为原点 O,建立坐标系 Oy 竖直向上,质点受重力 $-mg\boldsymbol{j}$. 上升阶段

$$m\ddot{y} = -mg - mk^2g\dot{y}^2$$

即

$$\frac{\mathrm{d}\dot{y}}{\mathrm{d}y}\dot{y} = \frac{\mathrm{d}(\dot{y}^2)}{2\mathrm{d}y} = -g(1+k^2\dot{y}^2)$$

分离变量并积分,有

$$\int_{v_0}^{0}\frac{\mathrm{d}(1+k^2\dot{y}^2)}{1+k^2\dot{y}^2} = -\int_0^h 2k^2g\mathrm{d}y$$

得

$$\ln(1+k^2v_0^2) = 2k^2gh$$

下降阶段有

$$m\ddot{y} = -mg + mk^2g\dot{y}^2$$

同理有

$$\int_0^{v_1}\frac{\mathrm{d}(1-k^2\dot{y}^2)}{1-k^2\dot{y}^2} = \int_h^0 2k^2g\mathrm{d}y$$

得

$$\ln(1-k^2v_1^2) = -2k^2gh$$

由 $1+k^2v_0^2 = \dfrac{1}{1-k^2v_1^2}$,即可求出 $v_1 = \dfrac{v_0}{\sqrt{1+k^2v_0^2}}$.

1.20 一子弹以仰角 α、初速 v_0 自倾角为 β 的斜面的下端被发射. 试证子弹击中斜面的地方和发射点的距离 d(沿斜面量取)及此距离的最大值分别为

$$d = \frac{2v_0^2}{g}\frac{\cos\alpha\sin(\alpha-\beta)}{\cos^2\beta}$$

$$d_{\max} = \frac{v_0^2}{2g}\sec^2\left(\frac{\pi}{4}-\frac{\beta}{2}\right)$$

提示 参见 X1.20 图,可知

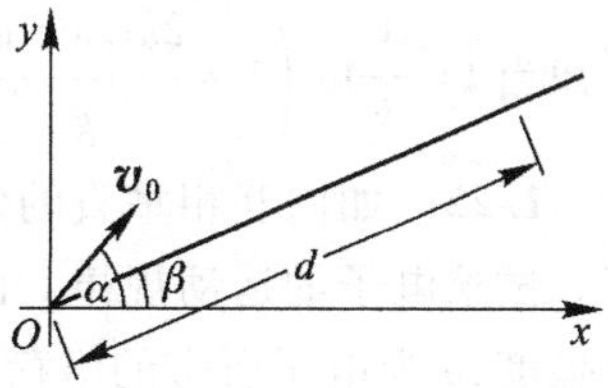

X1.20 图

$$d\cos\beta = x = v_0 t\cos\alpha$$

$$d\sin\beta = y = v_0 t\sin\alpha - \frac{1}{2}gt^2$$

由以上二式解出

$$d = \frac{2v_0^2}{g}\frac{\cos\alpha\cdot\sin(\alpha-\beta)}{\cos^2\beta}$$

由
$$\frac{\mathrm{d}d}{\mathrm{d}\alpha} = \frac{2v_0^2}{g\cos^2\beta}\cos(2\alpha-\beta) = 0$$

可知当 $2\alpha-\beta=\frac{\pi}{2}$,即 $\alpha=\frac{\pi}{4}+\frac{\beta}{2}$ 时 d 取极大值

$$d_{\max} = \frac{2v_0^2}{g}\frac{\sin^2\left(\frac{\pi}{4}-\frac{\beta}{2}\right)}{\sin^2\left(\frac{\pi}{2}-\beta\right)} = \frac{v_0^2}{2g}\sec^2\left(\frac{\pi}{4}-\frac{\beta}{2}\right)$$

1.21 将一质点以初速度 v_0 抛出,v_0 与水平线所成夹角为 α. 此质点所受到的空气阻力 $\boldsymbol{F}_\mathrm{r}=-mk\boldsymbol{v}$,$m$ 为质点的质量,$\boldsymbol{v}$ 为质点的速度,k 为比例常量. 试求当此质点的速度与水平线所成的夹角又为 α 时所需的时间.

提示 建立如 X1.21 图所示的坐标系 Oxy,质点运动微分方程为

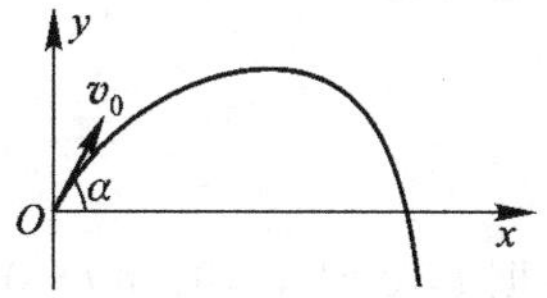

X1.21 图

$$m\ddot{x} = -mk\dot{x} \qquad (1)$$

$$m\ddot{y} = -mg - mk\dot{y} \qquad (2)$$

(1) 式分离变量得 $\frac{\mathrm{d}\dot{x}}{\dot{x}} = -k\mathrm{d}t$,积分,用 $t=0$ 时 $\dot{x}=v_0\cos\alpha$ 确定积分常量,有

$$\dot{x} = v_0\cos\alpha\cdot \mathrm{e}^{-kt}$$

(2) 式分离变量得 $\frac{\mathrm{d}k\dot{y}}{g+k\dot{y}} = -k\mathrm{d}t$,积分,用 $t=0$ 时 $\dot{y}=v_0\sin\alpha$ 确定积分常量,有

$$\dot{y} = \frac{1}{k}[(g+kv_0\sin\alpha)\mathrm{e}^{-kt}-g]$$

当 $\frac{\dot{y}}{\dot{x}}=-\tan\alpha$ 时 $\boldsymbol{v}$ 与水平线的夹角为 α,由

$$-\tan\alpha = -\frac{\sin\alpha}{\cos\alpha} = \frac{1}{k}\frac{(g+kv_0\sin\alpha)\mathrm{e}^{-kt}-g}{v_0\cos\alpha\cdot \mathrm{e}^{-kt}}$$

$$(g+2kv_0\sin\alpha)\mathrm{e}^{-kt} = g$$

可知当 $t=\frac{1}{k}\ln\left(1+\frac{2kv_0\sin\alpha}{g}\right)$时质点速度 $\boldsymbol{v}$ 与水平线的夹角为 α.

1.22 如向互相垂直的匀强电磁场 $\boldsymbol{E}$、$\boldsymbol{B}$ 中发射一电子,并设电子的初速度 $\boldsymbol{v}_0$ 与 $\boldsymbol{E}$ 及 $\boldsymbol{B}$ 垂直. 试求电子的运动规律. 已知此电子所受的力为 $q(\boldsymbol{E}+\boldsymbol{v}\times\boldsymbol{B})$,式中 $\boldsymbol{E}$ 为电场强度,$\boldsymbol{B}$ 为磁感应强度,q 为电子所带的电荷,$\boldsymbol{v}$ 为任一瞬时电子运动的速度.

提示 以电子 $t=0$ 的位置为坐标原点 O,建立坐标系 $Oxyz$,如 X1.22图所示,电子受力为 $q(\boldsymbol{E}+\boldsymbol{v}\times\boldsymbol{B})$,电子的运动微分方程为 $m\ddot{\boldsymbol{r}}=q(E\boldsymbol{j}+\boldsymbol{v}\times B\boldsymbol{k})$,即

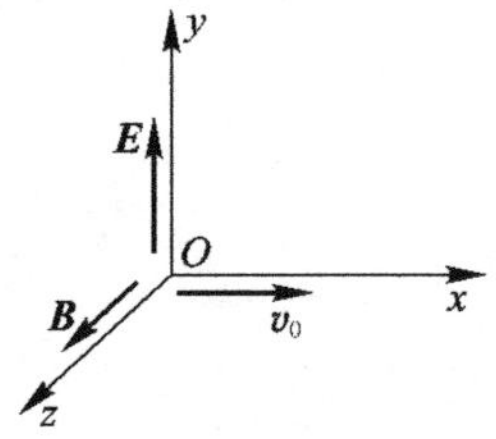

X1.22 图

$$\ddot{x}=\frac{qB}{m}\dot{y} \tag{1}$$

$$\ddot{y}=\frac{qE}{m}-\frac{qB}{m}\dot{x} \tag{2}$$

$$\ddot{z}=0 \tag{3}$$

对(1)式积分,用 $y=0$ 时 $\dot{x}=v_0$ 确定积分常量,得

$$\dot{x}=\frac{qB}{m}y+v_0 \tag{4}$$

把(4)式代入(2)式,得

$$\ddot{y}+\left(\frac{qB}{m}\right)^2 y=\frac{qE}{m}-\frac{qB}{m}v_0$$

其通解为

$$y=C_1\cos\left(\frac{qB}{m}t\right)+C_2\sin\left(\frac{qB}{m}t\right)+\frac{mE}{qB^2}-\frac{mv_0}{qB} \tag{5}$$

根据 $t=0$ 时 $y=0$,和 $t=0$ 时 $\dot{y}=0$,确定积分常量 $C_1=\frac{mv_0}{qB}-\frac{mE}{qB^2}$,$C_2=0$,则

$$y=\left(\frac{mE}{qB^2}-\frac{mv_0}{qB}\right)\left(1-\cos\left(\frac{qB}{m}t\right)\right)$$

代入(4)式得

$$\dot{x}=\left(v_0-\frac{E}{B}\right)\cos\left(\frac{qB}{m}t\right)+\frac{E}{B}$$

积分,用 $t=0$ 时 $x=0$ 确定积分常量,得

$$x=\left(\frac{mv_0}{qB}-\frac{mE}{qB^2}\right)\sin\left(\frac{qB}{m}t\right)+\frac{E}{B}t \tag{6}$$

由(3)式及初始条件 $t=0$ 时 $z=0$,$\dot{z}=0$,可知

$$z=0 \tag{7}$$

1.23 在上题中,如

(1) $\boldsymbol{B}=\boldsymbol{0}$,则电子的轨道为在竖直平面($xy$ 平面)的抛物线;

(2) 如 $\boldsymbol{E}=\boldsymbol{0}$,则电子的轨道为半径等于$\frac{mv_0}{eB}$的圆. 试证明之.

提示 (1) 若 $\boldsymbol{B}=\boldsymbol{0}$,则运动微分方程为

$$\ddot{x}=0\ ,\quad \ddot{y}=\frac{qE}{m}\ ,\quad \ddot{z}=0$$

对以上三式积分,用 $t=0$ 时 $x=y=z=0$, $\dot{x}=v_0$, $\dot{y}=\dot{z}=0$ 确定积分常量,得

$$x=v_0t\ ,\quad y=\frac{qE}{2m}t^2,\quad z=0$$

轨道为 Oxy 平面内的抛物线,轨道方程为

$$\begin{cases} y=\dfrac{qE}{2m\boldsymbol{V}^2}x^2 \\ z=0 \end{cases}$$

(2) 由第 1.22 题可知,若 $\boldsymbol{E}=\boldsymbol{0}$,则电子运动学方程为

$$x=\frac{mv_0}{qB}\sin\frac{qB}{m}t\ ,\quad y=\frac{mv_0}{qB}\cos\frac{qB}{m}t-\frac{mv_0}{qB}\ ,\quad z=0$$

电子的轨道方程为

$$\begin{cases} x^2+\left(y+\dfrac{mv_0}{qB}\right)^2=\left(\dfrac{mv_0}{qB}\right)^2 \\ z=0 \end{cases}$$

电子轨道为 Oxy 平面内,圆心位于$\left(0,-\dfrac{mv_0}{qB}\right)$,半径为$\dfrac{mv_0}{qB}$的圆.

1.24 质量为 m 与 $2m$ 的两质点,为一不可伸长的轻绳所联结,绳挂在一光滑的滑轮上.在 m 的下端又用固有长度为 a、弹性系数 k 为$\dfrac{mg}{a}$的弹性绳挂上另外一个质量为 m 的质点.在开始时,全部绳子保持竖直,原来的非弹性绳拉紧,而有弹性的绳则处在固有长度上.由此静止状态释放后,求证这运动是简谐的,并求出其振动周期 τ 及任何时刻两段绳中的张力大小 F_{T} 及 F'_{T}.

提示 建立坐标系 Ox,分析三个质点受力关系,如 X1.24 图所示.

$$2m\ddot{x}_1=2mg-F_{\mathrm{T}}\qquad (对\ m_1)\qquad (1)$$

$$m\ddot{x}_2=mg+F'_{\mathrm{T}}-F_{\mathrm{T}}\qquad (对\ m_2)\qquad (2)$$

$$m\ddot{x}_3=mg-F'_{\mathrm{T}}\qquad (对\ m_3)\qquad (3)$$

$$\ddot{x}_1=-\ddot{x}_2\qquad (4)$$

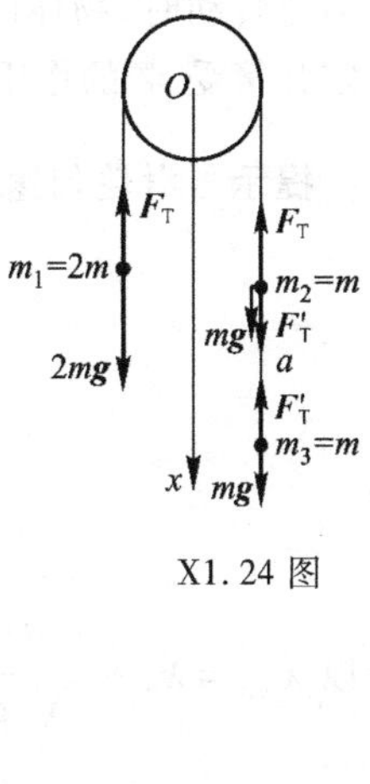

X1.24 图

由(1)式、(2)式、(4)式可得

$$3m\ddot{x}_2=F'_{\mathrm{T}}-mg\qquad (5)$$

由(3)式、(5)式可得

$$m(\ddot{x}_3-\ddot{x}_2)=\frac{4}{3}mg-\frac{4}{3}F'_{\mathrm{T}}$$

由 $F_T'=\dfrac{mg}{a}(x_3-x_2-a)$，可知 $\ddot F_T'=\dfrac{mg}{a}(\ddot x_3-\ddot x_2)$，代入上式，则

$$\ddot F_T'+\frac{4g}{3a}F_T'=\frac{4mg^2}{3a}$$

所以
$$F_T'=A\cos\left(2\sqrt{\frac{g}{3a}}\,t+\varphi\right)+mg$$

$$\dot F_T'=-2A\sqrt{\frac{g}{3a}}\sin\left(2\sqrt{\frac{g}{3a}}\,t+\varphi\right)=\frac{mg}{a}(\dot x_3-\dot x_2)$$

因 $t=0$ 时 $x_3-x_2=a$, $F_T'=0$; $\dot x_3=\dot x_2=0$, $\dot F_T'=0$；故 $A=-mg$, $\varphi=0$；所以

$$F_T'=mg\left[1-\cos\left(2\sqrt{\frac{g}{3a}}\,t\right)\right]$$

由(1)式、(2)式知

$$F_T=\frac{4}{3}mg+\frac{2}{3}F_T'=2mg\left[1-\frac{1}{3}\cos\left(2\sqrt{\frac{g}{3a}}\,t\right)\right]$$

由(1)式、(4)式得

$$\ddot x_1=-\ddot x_2=g-\frac{F_T}{2m}=\frac{g}{3}\cos\left(2\sqrt{\frac{g}{3a}}\,t\right)$$

由(3)式得

$$\ddot x_3=g-\frac{F_T'}{m}=g\cos\left(2\sqrt{\frac{g}{3a}}\,t\right)$$

可见系统按简谐规律运动，圆频率 $\omega=2\sqrt{\dfrac{g}{3a}}$，周期 $\tau=\dfrac{2\pi}{\omega}=\pi\sqrt{\dfrac{3a}{g}}$.

1.25 滑轮上系一不可伸长的绳，绳上悬一弹簧，弹簧另一端挂一重为 W 的物体．当滑轮以匀速转动时，物体以匀速 v_0 下降．如将滑轮突然停住，试求弹簧的最大伸长以及最大张力．假定弹簧受 W 的作用时的静伸长为 λ_0.

提示 滑轮匀速转动时弹簧伸长 λ_0，弹性系数 $k=\dfrac{W}{\lambda_0}$. 由机械能守恒，得

$$\frac{1}{2}\frac{W}{g}v_0^2+\frac{1}{2}\frac{W}{\lambda_0}\lambda_0^2=-\frac{W}{g}g(\lambda_{max}-\lambda_0)+\frac{1}{2}\frac{W}{\lambda_0}\lambda_{max}^2$$

即
$$\left(\lambda_{max}-\lambda_0-v_0\sqrt{\frac{\lambda_0}{g}}\right)\left(\lambda_{max}-\lambda_0+v_0\sqrt{\frac{\lambda_0}{g}}\right)=0$$

所以 $\lambda_{max}=\lambda_0+v_0\sqrt{\dfrac{\lambda_0}{g}}$，$F_{Tmax}=\dfrac{W}{\lambda_0}\lambda_{max}=W\left(1+\dfrac{v_0}{\sqrt{g\lambda_0}}\right)$.

1.26　一弹性绳上端固定,下端悬有 m 及 m'两质点．设 a 为绳的固有长度,b 为加 m 后的伸长量,c 为加 m'后的伸长量．今 m'因脱离绳而下坠，试证质点 m 在任一瞬时离上端 O 的距离为$a+b+c\cos\left(\sqrt{\dfrac{g}{b}}t\right)$.

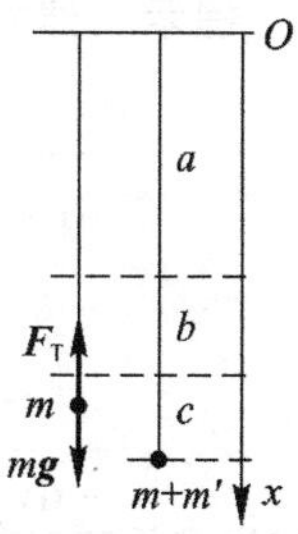

X1.26 图

提示　建立坐标系 Ox,质点 m 受力如 X1.26 图所示．因 $kb=mg$,故

$$m\ddot{x} = mg - k(x-a) = mg - \frac{mg}{b}(x-a)$$

即

$$\ddot{x} + \frac{g}{b}x = \frac{g}{b}(a+b)$$

其通解为

$$x = C_1\cos\left(\sqrt{\frac{g}{b}}t\right) + C_2\sin\left(\sqrt{\frac{g}{b}}t\right) + a + b$$

由 $t=0$ 时,$x=a+b+c$ 和 $\dot{x}=0$,得出 $C_1=c$ 和 $C_2=0$,所以 $x=a+b+c\cos\left(\sqrt{\dfrac{g}{b}}t\right)$.

评述　因弹性绳没有压缩弹性,所以解的适用条件为 $m'\leqslant m$. 如果弹性绳换为可压缩弹簧,则解的适用条件可扩大到 $m'>m$,但 m'依然不可过大．

1.27　一质点自一水平放置的光滑固定圆柱面凸面的最高点自由滑下．问滑至何处,此质点将离开圆柱面？假定圆柱体的半径为 r.

提示　以 θ 描述质点 m 位置,分析质点受力如 X1.27 图所示．

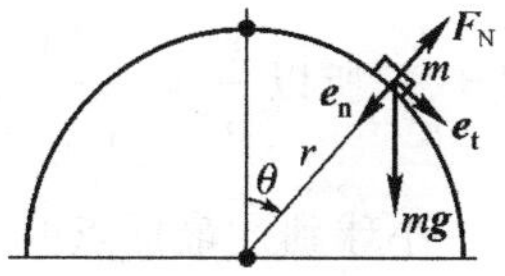

X1.27 图

$$m\frac{dv}{dt} = mg\sin\theta \tag{1}$$

$$m\frac{v^2}{r} = mg\cos\theta - F_N \tag{2}$$

由(1)式,考虑到 $\dfrac{dv}{dt}=\dfrac{dv}{ds}\dfrac{ds}{dt}=v\dfrac{dv}{ds}$ 和 $ds=rd\theta$, 得

$$vdv = d\frac{v^2}{2} = g\sin\theta ds = gr\sin\theta d\theta$$

$$\int_0^v dv^2 = 2gr\int_0^\theta \sin\theta d\theta$$

$$v^2 = 2gr(1-\cos\theta)$$

由(2)式,考虑到 $F_N=0$ 时质点将离开圆柱面,则由

$$m\frac{v^2}{r} = m\frac{2gr(1-\cos\theta)}{r} = mg\cos\theta$$

求出质点于 $\theta=\arccos\dfrac{2}{3}$时离开圆柱面．

评述　由机械能守恒定律$\dfrac{1}{2}mv^2+mgr\cos\theta=mgr$,即可求出 $v^2=2gr(1-\cos\theta)$.

1.28 重为 mg 的小球不受摩擦力地沿半长轴为 a、半短轴为 b 的椭圆弧滑下，此椭圆的短轴是竖直的．如小球自长轴的端点开始运动时，其初速为零，试求小球在到达椭圆的最低点时它对椭圆的压力．

提示 建立坐标系 Oxy，分析小球受力如 X1.28 图所示．

$$m\frac{\mathrm{d}v}{\mathrm{d}t}=mg\sin\alpha \tag{1}$$

$$m\frac{v^2}{\rho}=F_{\mathrm{N}}-mg\cos\alpha \tag{2}$$

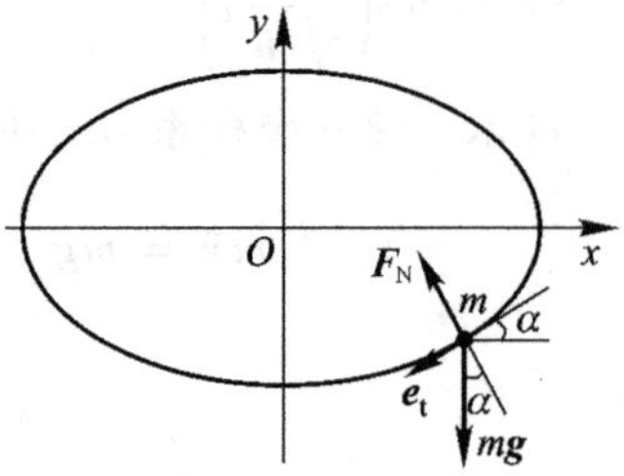

X1.28 图

将 $\sin\alpha=\dfrac{-\mathrm{d}y}{\mathrm{d}s}$ 代入(1)式得

$$\frac{v\mathrm{d}v}{\mathrm{d}s}=-g\frac{\mathrm{d}y}{\mathrm{d}s}$$

$$\int_0^v\mathrm{d}\frac{v^2}{2}=-g\int_0^{-b}\mathrm{d}y$$

可得小球到达最低点时 $v^2=2gb$.（此结果亦可用机械能守恒定律求出．）

由轨道方程 $y=-\dfrac{b}{a}\sqrt{a^2-x^2}$，求出 $y'=\dfrac{bx}{a\sqrt{a^2-x^2}}$ 和 $y''=\dfrac{ab}{(a^2-x^2)^{\frac{3}{2}}}$. 当 $x=0$ 时 $y'=0$，$y''=\dfrac{b}{a^2}$，所以 $\dfrac{1}{\rho}=\dfrac{|y''|}{(1+y'^2)^{\frac{3}{2}}}=\dfrac{b}{a^2}$.

小球到达最低点时 $\alpha=0$，由(2)式得

$$F_{\mathrm{N}}=m\frac{v^2}{\rho}+mg\cos\alpha=mg\left(1+\frac{2b^2}{a^2}\right)$$

由牛顿第三定律，小球对椭圆的压力竖直向下，大小为 $mg\left(1+\dfrac{2b^2}{a^2}\right)$.

1.29 一质量为 m 的质点自光滑圆滚线的尖端无初速地下滑．试证在任何一点的压力为 $2mg\cos\theta$，式中 θ 为水平线和质点运动方向间的夹角．已知圆滚线方程为

$$x=a(2\theta+\sin2\theta),\quad y=-a(1+\cos2\theta)$$

提示 建立坐标系 Oxy，画出圆滚线，质点受力如 X1.29 图所示．

由于在质点下滑过程中非保守力不做功，故质点的机械能守恒：

$$\frac{1}{2}mv^2=-mgy=mga(1+\cos2\theta)$$

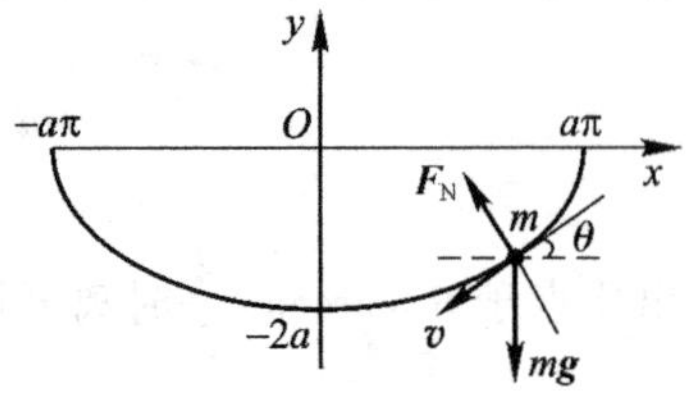

X1.29 图

因此

$$v^2=4ga\cos^2\theta$$

$x=a(2\theta+\sin2\theta)$ 和 $y=-a(1+\cos2\theta)$ 即为质点以 θ 为

参量的运动学方程，所以

$$v^2 = \dot{x}^2 + \dot{y}^2 = 16a^2\dot{\theta}^2\cos^2\theta = 4ga\cos^2\theta$$

故在 $-\frac{\pi}{2} < \theta < \frac{\pi}{2}$ 情况下，$\dot{\theta}^2 = \frac{g}{4a}$ 为常量．

因 $\frac{\mathrm{d}x}{\mathrm{d}\theta} = 2a(1+\cos 2\theta)$，$\frac{\mathrm{d}^2x}{\mathrm{d}\theta^2} = -4a\sin 2\theta$，根据 $m\ddot{x} = -F_{\mathrm{N}}\sin\theta$，即

$$m\frac{\mathrm{d}^2x}{\mathrm{d}t^2} = m\frac{\mathrm{d}^2x}{\mathrm{d}\theta^2}\dot{\theta}^2 = m(-4a\sin 2\theta)\frac{g}{4a} = -F_{\mathrm{N}}\sin\theta$$

可求出 $F_{\mathrm{N}} = 2mg\cos\theta$.

1.30　在上题中，如圆滚线不是光滑的，且质点自圆滚线的尖端自由下滑，达到圆滚线的最低点时停止运动，则摩擦因数 μ 应满足下式：

$$\mu^2\mathrm{e}^{\mu\pi} = 1$$

试证明之．

提示　建立坐标系 Oxy，分析质点受力如 X1.30 图所示．

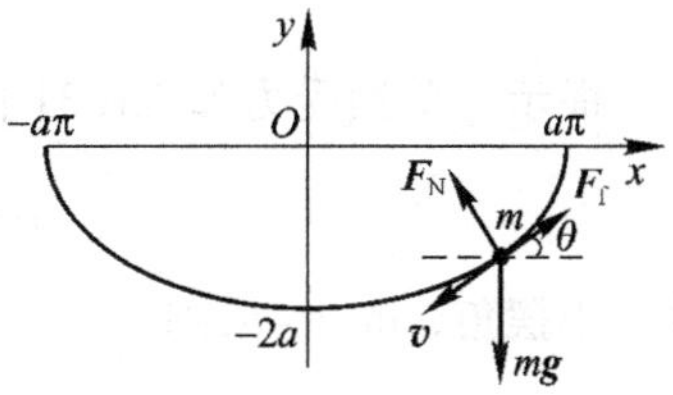

X1.30 图

$$m\frac{\mathrm{d}v}{\mathrm{d}t} = mg\sin\theta - F_{\mathrm{f}} \tag{1}$$

$$m\frac{v^2}{\rho} = F_{\mathrm{N}} - mg\cos\theta \tag{2}$$

由于 $F_{\mathrm{f}} = \mu F_{\mathrm{N}}$，将(2)式代入(1)式，可得

$$\frac{\mathrm{d}v}{\mathrm{d}t} = g\sin\theta - \mu\left(\frac{v^2}{\rho} + g\cos\theta\right) \tag{3}$$

由 $x = a(2\theta + \sin 2\theta)$，可知 $\frac{\mathrm{d}x}{\mathrm{d}\theta} = 2a(1+\cos 2\theta)$，所以

$$\rho = -\frac{\mathrm{d}s}{\mathrm{d}\theta} = -\frac{\mathrm{d}s}{\mathrm{d}x}\frac{\mathrm{d}x}{\mathrm{d}\theta} = \frac{2a(1+\cos 2\theta)}{\cos\theta} = 4a\cos\theta$$

由于 $\frac{\mathrm{d}v}{\mathrm{d}t} = \frac{\mathrm{d}v}{\mathrm{d}s}\frac{\mathrm{d}s}{\mathrm{d}t} = \frac{1}{2}\frac{\mathrm{d}v^2}{\mathrm{d}s}$，则(3)式化为

$$\frac{\mathrm{d}v^2}{\mathrm{d}\theta} - 2\mu v^2 = 4ag(\mu + \mu\cos 2\theta - \sin 2\theta)$$

这是一个 v^2 对 θ 的非齐次一阶微分方程，其解为(可参阅积分表)

$$\begin{aligned} v^2 &= \mathrm{e}^{-\int -2\mu\mathrm{d}\theta}\left[C + \int 4ag(\mu + \mu\cos 2\theta - \sin 2\theta)\mathrm{e}^{\int -2\mu\mathrm{d}\theta}\mathrm{d}\theta\right] \\ &= \mathrm{e}^{2\mu\theta}\left[C + 4ag\int(\mu + \mu\cos 2\theta - \sin 2\theta)\mathrm{e}^{-2\mu\theta}\mathrm{d}\theta\right] \\ &= \mathrm{e}^{2\mu\theta}\left\{C + 4ag\mathrm{e}^{-2\mu\theta}\left[-\frac{1}{2} + \frac{\mu(\sin 2\theta - \mu\cos 2\theta)}{2(\mu^2+1)} + \frac{\mu\sin 2\theta + \cos 2\theta}{2(\mu^2+1)}\right]\right\} \end{aligned}$$

$$= Ce^{2\mu\theta} - 2ag - \frac{2ag}{\mu^2 + 1}[(\mu^2 - 1)\cos 2\theta - 2\mu\sin 2\theta]$$

由初始条件 $\theta = \frac{\pi}{2}$ 时 $v = 0$，得到积分常量 $C = \frac{4age^{-\mu\pi}}{\mu^2 + 1}$，则

$$v^2 = \frac{4ag}{\mu^2 + 1}e^{2\mu\theta - \mu\pi} - 2ag - \frac{2ag}{\mu^2 + 1}[(\mu^2 - 1)\cos 2\theta - 2\mu\sin 2\theta]$$

由 $\theta = 0$ 时 $v = 0$，可得 μ 应满足 $\mu^2 e^{\mu\pi} = 1$.

1.31 假定单摆在有阻力的介质中振动，并假定振幅很小，故阻力与 $\dot{\theta}$ 成正比，且可写为 $F_r = -2mkl\dot{\theta}$，式中 m 是摆锤的质量，l 为摆长，k 为比例常量，试证当 $k^2 < \frac{g}{l}$ 时，单摆的振动周期为

$$\tau = 2\pi\sqrt{\frac{l}{g - k^2 l}}$$

提示 单摆受力如 X1.31 图所示．$\boldsymbol{e}_\theta$ 方向的运动微分方程为

$$ml\ddot{\theta} = -mg\sin\theta - 2mkl\dot{\theta}$$

对于小摆角，$\sin\theta \approx \theta$，则

$$\ddot{\theta} + 2k\dot{\theta} + \frac{g}{l}\theta = 0$$

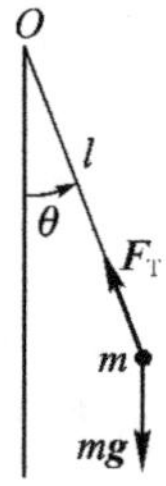

X1.31 图

$k^2 < \frac{g}{l}$ 时的解为

$$\theta = C_1 e^{\left(-k + i\sqrt{\frac{g}{l} - k^2}\right)t} + C_2 e^{\left(-k - i\sqrt{\frac{g}{l} - k^2}\right)t}$$

$$= Ae^{-kt}\cos\left(\sqrt{\frac{g}{l} - k^2} \cdot t + \varphi\right)$$

为非周期性运动，周期性因子 $\cos\left(\sqrt{\frac{g}{l} - k^2} \cdot t + \varphi\right)$ 的周期为 $\tau = \frac{2\pi}{\omega} = 2\pi\sqrt{\frac{l}{g - k^2 l}}$.

1.32 光滑楔子以匀加速度 a_0 沿水平面运动．质量为 m 的质点沿楔子的光滑斜面滑下．求质点的相对加速度 a' 和质点对楔子的压力 F.

提示 以楔子为非惯性参考系，建立 Oxy 坐标系固连于楔子，质点受力如 X1.32 图所示，运动微分方程为

$$m\ddot{x} = mg\sin\theta \pm ma_0\cos\theta$$

$$m\ddot{y} = 0 = F_N - mg\cos\dot{\theta} \pm ma_0\sin\theta$$

式中“±”中的负号对应楔子加速度的方向与图示方向相反．于是可知

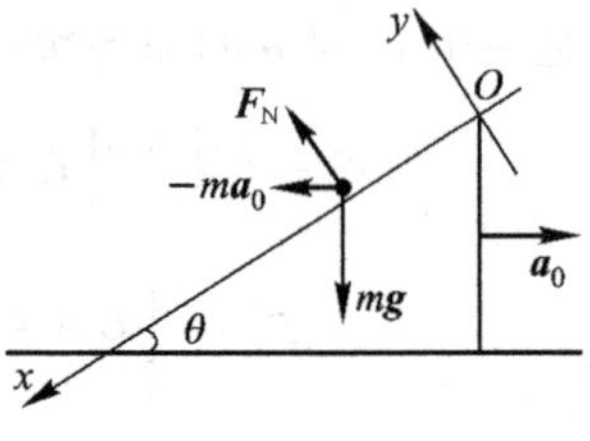

X1.32 图

$$a' = g\sin\theta \pm a_0\cos\theta$$

由牛顿第三定律

$$F = F_N = mg\cos\theta \mp ma_0\sin\theta$$

1.33 光滑钢丝圆圈的半径为 r,其平面为竖直的．圆圈上套一小环,其重为 W. 如钢丝圈以匀加速度 a 沿竖直方向运动,求小环的相对速度 v_r 及圈对小环的反作用力 $\boldsymbol{F}_r$.

提示 以光滑圆圈为非惯性参考系,小环受力如 X1.33 图所示,切向运动微分方程为

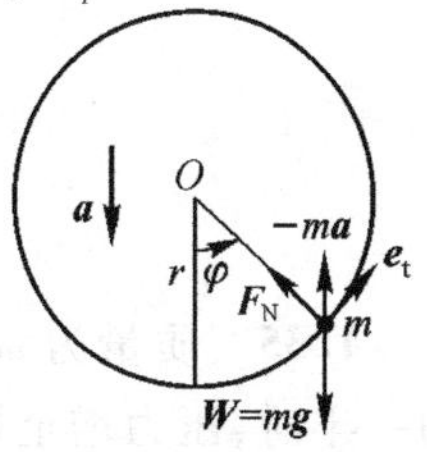

X1.33 图

$$\frac{W}{g}\frac{dv_r}{dt} = -W\sin\varphi \pm \frac{W}{g}a\sin\varphi$$

即

$$\frac{dv_r}{dt} = (-g \pm a)\sin\varphi$$

式中“±”中的负号对应圆圈加速度的方向与图示方向相反．由于$\frac{dv_r}{dt} = \frac{dv_r}{d\varphi}\frac{d\varphi}{dt} = \frac{dv_r}{d\varphi}\frac{v_r}{r}$, 上式化为

$$v_r dv_r = -(g \mp a)r\sin\varphi d\varphi$$

积分,设 $\varphi = \varphi_0$ 时 $v_r = v_{r0}$,确定积分常量,可求出

$$v_r = \sqrt{v_{r0}^2 + 2(g \mp a)(\cos\varphi - \cos\varphi_0)r}$$

由小环的法向运动微分方程

$$\frac{W}{g}\frac{v_r^2}{r} = F_N \pm \frac{W}{g}a\cos\varphi - W\cos\varphi$$

可知

$$F_r = F_N = \frac{W}{r}\left[\left(1 \mp \frac{a}{g}\right)(3\cos\varphi - 2\cos\varphi_0)r + \frac{v_{r0}^2}{g}\right]$$

1.34 火车质量为 m,其功率为常量 k. 如果车所受的阻力 F_f 为常量,则时间与速度的关系为

$$t = \frac{mk}{F_f^2}\ln\frac{k - v_0F_f}{k - vF_f} - \frac{m(v - v_0)}{F_f}$$

如果 F_f 和速度 v 成正比,则

$$t = \frac{mv}{2F_f}\ln\frac{vk - F_fv_0^2}{v(k - vF_f)}$$

式中 v_0 为初速度,试证明之．

提示 由功率的定义知 $k = \left(m\frac{dv}{dt} + F_f\right)v$,所以

$$\int_{v_0}^{v}\frac{vdv}{k - F_fv} = \int_0^t\frac{dt}{m}$$

若 F_f 为常量,则

$$t = \frac{mk}{F_f^2}\ln\frac{k - v_0F_f}{k - vF_f} - \frac{m(v - v_0)}{F_f}$$

若 $F_f = \alpha v$,则

$$\int_{v_0}^{v}\frac{v\mathrm{d}v}{k - \alpha v^2} = \frac{1}{2}\int_{v_0}^{v}\frac{\mathrm{d}v^2}{k - \alpha v^2} = \int_0^t\frac{\mathrm{d}t}{m}$$

$$t = \frac{m}{2\alpha}\ln\frac{k - \alpha v_0^2}{k - \alpha v^2} = \frac{mv}{2F_f}\ln\frac{vk - F_fv_0^2}{v(k - vF_f)}$$

1.35　质量为 m 的物体被一锤所击．设锤所加的压力,是均匀地增减的．当在冲击时间 τ 的一半时,压力增至极大值 F_p,以后又均匀减小至零．求物体在各时刻的速率以及压力所做的总功．

提示　由于物体受锤施加的冲击力 F 巨大,故忽略阻力．F 可表示为

$$F = \frac{2F_p}{\tau}t \quad \left(0 \leqslant t \leqslant \frac{\tau}{2}\right)$$

$$F = 2F_p - \frac{2F_p}{\tau}t \quad \left(\frac{\tau}{2} \leqslant t \leqslant \tau\right)$$

由动量定理,$0\leqslant t\leqslant\frac{\tau}{2}$时

$$m\int_0^v\mathrm{d}v = \frac{2F_p}{\tau}\int_0^t t\mathrm{d}t$$

得

$$v = \frac{F_p}{m\tau}t^2$$

$\frac{\tau}{2} \leqslant t \leqslant \tau$ 时

$$m\int_{\frac{F_p}{m\tau}\left(\frac{\tau}{2}\right)^2}^{v}\mathrm{d}v = \int_{\frac{\tau}{2}}^{t}\left(2F_p - \frac{2F_p}{\tau}t\right)\mathrm{d}t$$

得

$$v = \frac{F_p}{2m\tau}(-\tau^2 + 4\tau t - 2t^2)$$

由动能定理得

$$W = \frac{1}{2}mv_\tau^2 - 0 = \frac{1}{2}m\left(\frac{F_p\tau}{2m}\right)^2 = \frac{F_p^2\tau^2}{8m}$$

1.36　检验下列的力是否是保守力．如是,则求出其势能．

(1) $F_x = 6abz^3y - 20bx^3y^2, F_y = 6abxz^3 - 10bx^4y, F_z = 18abxyz^2$;

(2) $\boldsymbol{F} = \boldsymbol{i}F_x(x) + \boldsymbol{j}F_y(y) + \boldsymbol{k}F_z(z)$.

提示　(1) 由于

$$\frac{\partial F_x}{\partial y} = \frac{\partial F_y}{\partial x} = 6abz^3 - 40bx^3y$$

$$\frac{\partial F_y}{\partial z} = \frac{\partial F_z}{\partial y} = 18abxz^2$$

$$\frac{\partial F_z}{\partial x} = \frac{\partial F_x}{\partial z} = 18abyz^2$$

即$\nabla \times \boldsymbol{F} = 0$,所以 $\boldsymbol{F}$ 为保守力,以坐标原点为势能零点,其势能为

$$\begin{aligned} V(x,y,z) &= -\int_{(0,0,0)}^{(x,y,z)} (F_x \mathrm{d}x + F_y \mathrm{d}y + F_z \mathrm{d}z) \\ &= -\int_{(0,0,0)}^{(x,y,z)} \mathrm{d}(6abxyz^3 - 5bx^4y^2) \\ &= 5bx^4y^2 - 6abxyz^3 \end{aligned}$$

(2) 当$\nabla \times \boldsymbol{F} = 0$,即$\frac{\partial F_x}{\partial y} = \frac{\partial F_y}{\partial x}, \frac{\partial F_y}{\partial z} = \frac{\partial F_z}{\partial y}, \frac{\partial F_z}{\partial x} = \frac{\partial F_x}{\partial z}$时,$\boldsymbol{F}$ 为保守力,以(x_A, y_A, z_A)为势能零点,其势能为

$$\begin{aligned} V(x,y,z) &= -\int_{(x_A,y_A,z_A)}^{(x,y,z)} [F_x(x)\mathrm{d}x + F_y(y)\mathrm{d}y + F_z(z)\mathrm{d}z] \\ &= -\int_{x_A}^{x} F_x(x)\mathrm{d}x - \int_{y_A}^{y} F_y(y)\mathrm{d}y - \int_{z_A}^{z} F_z(z)\mathrm{d}z \end{aligned}$$

1.37 根据汤川核力理论,中子与质子之间的引力具有如下形式的势能:

$$V(r) = \frac{k\mathrm{e}^{-\alpha r}}{r} \quad (k < 0, \alpha > 0)$$

试求:

(1) 中子与质子间的引力表达式,并与平方反比定律相比较;

(2) 求质量为 m 的粒子做半径为 a 的圆运动的动量矩 J 及能量 E.

提示 参见补充例题 1.7.

1.38 已知作用在质点上的力为

$$F_x = a_{11}x + a_{12}y + a_{13}z$$

$$F_y = a_{21}x + a_{22}y + a_{23}z$$

$$F_z = a_{31}x + a_{32}y + a_{33}z$$

式中系数 $a_{ij}(i,j=1,2,3)$都是常量. 问这些 a_{ij}应满足什么条件,才有势能存在? 如这些条件满足,试计算其势能.

提示 当满足$\nabla \times \boldsymbol{F} = 0$,即$\frac{\partial F_x}{\partial y} = \frac{\partial F_y}{\partial x}, \frac{\partial F_y}{\partial z} = \frac{\partial F_z}{\partial y}, \frac{\partial F_z}{\partial x} = \frac{\partial F_x}{\partial z}$时有势能存在,要求 a_{ij}满足 $a_{12} = a_{21}, a_{23} = a_{32}, a_{31} = a_{13}$.

以坐标原点为势能零点,其势能为

$$V(x,y,z) = -\int_{(0,0,0)}^{(x,y,z)} (F_x \mathrm{d}x + F_y \mathrm{d}y + F_z \mathrm{d}z)$$

$$= -\frac{1}{2}(a_{11}x^2 + a_{22}y^2 + a_{33}z^2 + 2a_{12}xy + 2a_{23}yz + 2a_{31}zx)$$

1.39 一质点受一与距离$\frac{3}{2}$次方成反比的引力作用在一直线上运动．试证此质点自无穷远到达 a 时的速率和自距力心 a 处由静止出发到达距力心$\frac{a}{4}$处时的速率相同．

提示 以力心为原点，沿直线建立坐标系 Ox. 以无穷远为势能零点，则

$$V = -\int_{\infty}^{x}(-kx^{-\frac{3}{2}})\mathrm{d}x = -\frac{2k}{\sqrt{x}}$$

由于机械能守恒．在自无穷远到距力心 a 的过程中 $0 = \frac{1}{2}mv_a^2 - \frac{2k}{\sqrt{a}}$，$v_a^2 = \frac{4k}{m\sqrt{a}}$.

在由距力心 a 到距力心$\frac{a}{4}$的过程中 $-\frac{2k}{\sqrt{a}} = \frac{1}{2}mv_{\frac{a}{4}}^2 - \frac{4k}{\sqrt{a}}$，$v_{\frac{a}{4}}^2 = \frac{4k}{m\sqrt{a}}$. 可见 $v_a = v_{\frac{a}{4}}$.

1.40 一质点受一与距离成反比的引力作用在一直线上运动，质点的质量为 m，比例系数为 k. 以力心为原点 O，如此质点从距原点 O 为 a 的地方由静止开始运动，求其达到 O 点所需的时间.

提示 沿直线建立坐标系 Ox，质点的运动微分方程为

$$m\ddot{x} = m\dot{x}\frac{\mathrm{d}\dot{x}}{\mathrm{d}x} = -\frac{k}{x}$$

分离变量并积分，用 $x = a$ 处 $\dot{x} = 0$ 确定积分常量，求出

$$\dot{x} = \frac{\mathrm{d}x}{\mathrm{d}t} = \pm\sqrt{\frac{2k}{m}\ln\frac{a}{x}}$$

因 $x > 0$ 而 $\dot{x} < 0$，故上式的“±”中取负号，再对上式分离变量并积分

$$\int_a^0 \frac{\mathrm{d}x}{\sqrt{\ln\frac{a}{x}}} = -\int_0^t \sqrt{\frac{2k}{m}}\mathrm{d}t$$

令 $u = \sqrt{\ln\frac{a}{x}}$，则 $x = a\mathrm{e}^{-u^2}$，$\mathrm{d}x = -2au\mathrm{e}^{-u^2}\mathrm{d}u$，于是上式化为

$$\int_0^{\infty} 2a\mathrm{e}^{-u^2}\mathrm{d}u = \int_0^t \sqrt{\frac{2k}{m}}\mathrm{d}t$$

因 $\int_0^{\infty}\mathrm{e}^{-u^2}\mathrm{d}u = \frac{\sqrt{\pi}}{2}$（可参阅积分表），所以 $t = a\sqrt{\frac{m\pi}{2k}}$.

1.41 试导出下面有心力量值的公式：

$$F = \frac{mh^2}{2}\frac{\mathrm{d}p^{-2}}{\mathrm{d}r}$$

式中 m 为质点的质量,r 为质点到力心的距离,$h=r^2\dot{\theta}=$常量,p 为力心到轨道切线的垂直距离.

提示 $J=mr^2\dot{\theta}=mh$,$h=pv$,即 $v=\dfrac{h}{p}$. 由动能定理

$$\mathrm{d}\left(\frac{1}{2}mv^2\right)=\boldsymbol{F}\cdot\mathrm{d}\boldsymbol{r}=F\mathrm{d}r$$

所以

$$F=\frac{\mathrm{d}\left(\frac{1}{2}mv^2\right)}{\mathrm{d}r}=\frac{m}{2}\frac{\mathrm{d}\left(\frac{h^2}{p^2}\right)}{\mathrm{d}r}=\frac{mh^2}{2}\frac{\mathrm{d}p^{-2}}{\mathrm{d}r}$$

1.42 试利用上题的结果,证明:

(1) 若质点的轨迹为一圆周,同时力心位于此圆上,则力与距离五次方成反比.

(2) 若质点的轨迹为一对数螺旋,而其极点即力心,则力与距离立方成反比.

提示 (1) 建立极坐标系如 X1.42 图所示,半径为 a 的圆方程为

$$r=2a\cos\theta$$

由图可见 $p=r\cos\theta$,所以 $p=\dfrac{r^2}{2a}$,由第 1.41 题得

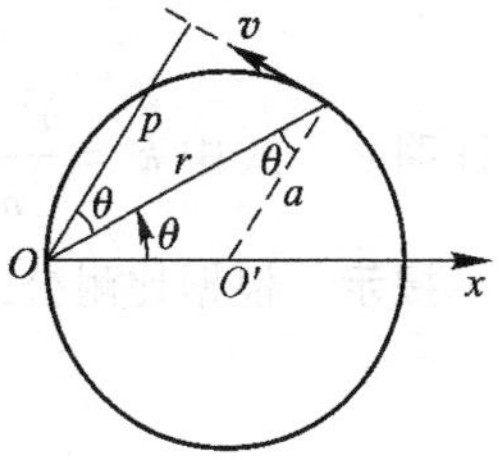

X1.42 图

$$F=\frac{mh^2}{2}\frac{\mathrm{d}\left(\frac{4a^2}{r^4}\right)}{\mathrm{d}r}=-\frac{8a^2mh^2}{r^5}$$

(2) 对数螺线 $r=\mathrm{e}^{a\theta}$,$\dfrac{\mathrm{d}r}{\mathrm{d}\theta}=a\mathrm{e}^{a\theta}=ar$. 利用 $h=pv=r^2\dot{\theta}$,由第 1.41 题得

$$F=\frac{mh^2}{2}\frac{\mathrm{d}\left(\frac{v^2}{h^2}\right)}{\mathrm{d}r}=\frac{m}{2}\frac{\mathrm{d}(\dot{r}^2+r^2\dot{\theta}^2)}{\mathrm{d}r}=\frac{m}{2}\frac{\mathrm{d}\left\{\left[\left(\frac{\mathrm{d}r}{\mathrm{d}\theta}\right)^2+r^2\right]\frac{h^2}{r^4}\right\}}{\mathrm{d}r}$$

$$=\frac{mh^2}{2}\frac{\mathrm{d}\left(\frac{a^2+1}{r^2}\right)}{\mathrm{d}r}=-\frac{mh^2(a^2+1)}{r^3}$$

1.43 如质点受有心力作用而做双纽线 $r^2=a^2\cos 2\theta$ 的运动时,则

$$F=-\frac{3ma^4h^2}{r^7}$$

试证明之.

提示 由 $r^2=a^2\cos 2\theta$ 和 $h=r^2\dot{\theta}$,可得

$$2r\dot{r}=-2a^2\sin 2\theta\cdot\frac{h}{r^2}$$

即

$$\dot{r}=-\frac{a^2h\sin 2\theta}{r^3}$$

$$\ddot{r} = -\frac{2a^2h\cos 2\theta}{r^3}\frac{h}{r^2} + \frac{3a^2h\sin 2\theta}{r^4}\left(-\frac{a^2h\sin 2\theta}{r^3}\right)$$

$$= -\frac{h^2}{r^7}(2a^2r^2\cos 2\theta + 3a^4\sin^2 2\theta) = \frac{h^2}{r^7}(r^4 - 3a^4)$$

所以
$$F = m(\ddot{r} - r\dot{\theta}^2) = m\left[\frac{h^2}{r^7}(r^4 - 3a^4) - r\frac{h^2}{r^4}\right] = -\frac{3ma^4h^2}{r^7}$$

1.44 质点所受的有心力如果为

$$F = -m\left(\frac{\mu^2}{r^2} + \frac{\nu}{r^3}\right)$$

式中 μ 及 ν 都是常量,并且 $\nu < h^2$,则其轨道方程可写成

$$r = \frac{a}{1 + e\cos k\theta}$$

试证明之. 式中 $k^2 = \frac{h^2 - \nu}{h^2}, a = \frac{k^2h^2}{\mu^2}, e = \frac{Ak^2h^2}{\mu^2}$($A$ 为积分常量).

提示 根据比耐公式

$$h^2u^2\left(\frac{d^2u}{d\theta^2} + u\right) = \mu^2u^2 + \nu u^3$$

得
$$\frac{d^2u}{d\theta^2} + \left(1 - \frac{\nu}{h^2}\right)u = \frac{\mu^2}{h^2}$$

因 $\nu < h^2$,可令 $k^2 = 1 - \frac{\nu}{h^2} = \frac{h^2 - \nu}{h^2}$,则上式的通解为

$$u = A\cos(k\theta + \varphi) + \frac{\mu^2}{k^2h^2}$$

A、φ 为积分常量,适当选取极坐标极轴方向使 $\varphi = 0$,则

$$r = \frac{a}{1 + e\cos k\theta} \quad \left(a = \frac{k^2h^2}{\mu^2}, \quad e = \frac{Ak^2h^2}{\mu^2}\right)$$

1.45 如 $\dot{s}_{远}$ 及 $\dot{s}_{近}$ 为质点在远日点及近日点处的速率,试证明

$$\dot{s}_{近} : \dot{s}_{远} = (1 + e) : (1 - e)$$

提示 取极坐标极轴方向指向轨道近日点,则质点轨道方程为

$$r = \frac{p}{1 + e\cos\theta}$$

故可知 $r_{近} = \frac{p}{1 + e}, r_{远} = \frac{p}{1 - e}$. 由于在近、远日点 $\boldsymbol{v} \perp \boldsymbol{r}$,由角动量守恒可知

$$\dot{s}_{远}r_{远} = \dot{s}_{近}r_{近}$$

所以 $$\dot{s}_{近}:\dot{s}_{远}=r_{远}:r_{近}=(1+e):(1-e)$$

1.46 质点在有心力作用下运动．此力的量值为质点到力心距离 r 的函数，而质点的速率则与此距离成反比，即 $v=\dfrac{a}{r}$．如果 $a^2>h^2(h=r^2\dot{\theta})$，求质点的轨道方程．设当 $r=r_0$ 时，$\theta=0$．

提示 已知
$$\dot{r}^2+r^2\dot{\theta}^2=\frac{a^2}{r^2}$$
由于 $h=r^2\dot{\theta}$，知 $\dot{r}=\dfrac{\mathrm{d}r}{\mathrm{d}\theta}\dot{\theta}=\dfrac{\mathrm{d}r}{\mathrm{d}\theta}\dfrac{h}{r^2}$，所以上式化为
$$\left(\frac{\mathrm{d}r}{\mathrm{d}\theta}\right)^2\frac{h^2}{r^4}+\frac{h^2}{r^2}=\frac{a^2}{r^2}$$
考虑到 $a^2>h^2$，则
$$\frac{\mathrm{d}r}{\mathrm{d}\theta}=\pm r\frac{\sqrt{a^2-h^2}}{h}$$
分离变量，积分，并用 $\theta=0$ 时 $r=r_0$ 确定积分常量，得到轨道方程为对数螺线，有
$$r=r_0\mathrm{e}^{\pm\alpha\theta}$$
式中 $\alpha=\dfrac{\sqrt{a^2-h^2}}{h}$．

1.47 （1）某彗星的轨道为抛物线，其近日点距离为地球轨道（假定为圆形）半径的 $\dfrac{1}{n}$．则此彗星运行时，在地球轨道内停留的时间为一年的
$$\frac{2}{3\pi}\frac{n+2}{n}\sqrt{\frac{n-1}{2n}}\text{ 倍}$$
试证明之．

（2）试再证任何抛物线轨道的彗星停留在地球轨道（仍假定为圆形）内的最长时间为一年的 $\dfrac{2}{3\pi}$，或约为 76 天．

提示 （1）令 $u=\dfrac{1}{r}$，由 $h=r^2\dot{\theta}$ 可知
$$\frac{\mathrm{d}u}{\mathrm{d}t}=\dot{\theta}\frac{\mathrm{d}u}{\mathrm{d}\theta}=hu^2\frac{\mathrm{d}u}{\mathrm{d}\theta}\tag{1}$$
由抛物线轨道方程 $r=\dfrac{p}{1+\cos\theta}$，即 $u=\dfrac{1+\cos\theta}{p}$，得
$$\frac{\mathrm{d}u}{\mathrm{d}\theta}=\frac{-\sin\theta}{p}=-\frac{1}{p}\sqrt{1-\cos^2\theta}=-\frac{1}{p}\sqrt{2pu-p^2u^2}\tag{2}$$
设地球轨道半径为 R，彗星近日点 $r=\dfrac{p}{2}=\dfrac{R}{n}$，$p=\dfrac{2R}{n}$，又因 $p=\dfrac{h^2}{k^2}$，故

$$h = k\sqrt{\frac{2R}{n}} \tag{3}$$

把(2)式、(3)式代入(1)式得

$$\frac{\mathrm{d}u}{\mathrm{d}t} = -k\sqrt{\frac{2R}{n}}u^2\sqrt{\frac{nu}{R} - u^2}$$

即

$$\mathrm{d}t = -\frac{1}{k}\sqrt{\frac{n}{2R}}\frac{\mathrm{d}u}{u^2\sqrt{\frac{nu}{R} - u^2}}$$

彗星到近地点时 $u = \frac{n}{R}$，穿出地球轨道时 $u = \frac{1}{R}$，在地球轨道内停留的时间为

$$t = -\frac{2}{k}\sqrt{\frac{n}{2R}}\int_{\frac{n}{R}}^{\frac{1}{R}}\frac{\mathrm{d}u}{u^2\sqrt{\frac{nu}{R} - u^2}} \quad \text{（可参阅积分表）}$$

$$= -\frac{2}{k}\sqrt{\frac{n}{2R}}\left(-\frac{2Rn + 4R^2u}{3n^2u^2}\sqrt{\frac{nu}{R} - u^2}\right)\Bigg|_{\frac{n}{R}}^{\frac{1}{R}}$$

$$= \frac{4R^{\frac{3}{2}}(n+2)}{3kn}\sqrt{\frac{n-1}{2n}}$$

地球轨道半径 $R = \frac{p}{1 + 0 \times \cos\theta} = p = \frac{h^2}{k^2}$，故 $h = k\sqrt{R}$. 地球轨道包围的面积为 πR^2，地球掠面速度为 $\dot{A} = \frac{h}{2} = \frac{k\sqrt{R}}{2}$，所以地球的一年 $T = \frac{\pi R^2}{\dot{A}} = \frac{2\pi R^{\frac{3}{2}}}{k}$.

于是求出

$$\frac{t}{T} = \frac{2}{3\pi}\frac{(n+2)}{n}\sqrt{\frac{n-1}{2n}}$$

（2）由

$$\frac{\mathrm{d}}{\mathrm{d}n}\left(\frac{t}{T}\right) = \frac{2}{3\pi}\left(\frac{-2}{n^2}\sqrt{\frac{n-1}{2n}} + \frac{n+2}{n}\frac{1}{2}\sqrt{\frac{2n}{n-1}}\frac{2}{4n^2}\right) = 0$$

可知 $n=2$ 时，$\frac{t}{T}$ 取极值. 由于 $\frac{\mathrm{d}^2}{\mathrm{d}n^2}\left(\frac{t}{T}\right)\Big|_{n=2} < 0$，故 $\frac{t}{T}$ 当 $n=2$ 时取极大值 $\frac{t}{T}\Big|_{\max} = \frac{2}{3\pi}$，因此 $t_{\max} = \frac{2}{3\pi}$（年），或约为 76 天.

1.48 我国第一颗人造地球卫星近地点高度为 439 km，远地点高度为 2 384 km，求此卫星在近地点和远地点的速率 v_1 及 v_2 以及它绕地球运行的周期 τ.

提示 近地点到地心的距离 $r_1 = (439 + 6\ 378)$ km $= 6\ 817$ km，远地点到地心的距离 $r_2 =$

$(2\ 384+6\ 378)$ km $=8\ 762$ km，轨道半长轴 $a=\dfrac{r_1+r_2}{2}=7\ 790$ km. 由机械能守恒

$$\frac{1}{2}v_1^2-\frac{Gm_E}{r_1}=-\frac{Gm_E}{2a},\quad \frac{1}{2}v_2^2-\frac{Gm_E}{r_2}=-\frac{Gm_E}{2a}$$

即可求出 $v_1=\sqrt{Gm_E\left(\dfrac{2}{r_1}-\dfrac{1}{a}\right)}=8.15$ km/s，$v_2=6.34$ km/s.

卫星运动周期 $\tau=\dfrac{2\pi a^{\frac{3}{2}}}{k}=114$ min.

1.49　在行星绕太阳的椭圆运动中，如令 $a-r=ae\cos E$，$\int\dfrac{2\pi}{\tau}\mathrm{d}t=T$，式中 τ 为周期，a 为半长轴，e 为偏心率，E 为一个新的参量，在天文学上称为**偏近点角**. 试由能量方程推出下面的**开普勒方程**：

$$T=E-e\sin E$$

提示　因 $p=a(1-e^2)=\dfrac{h^2}{k^2}$，故 $h^2=k^2a(1-e^2)$. 所以

$$r^2\dot{\theta}^2=\frac{h^2}{r^2}=\frac{k^2a(1-e^2)}{r^2}$$

由能量方程

$$\frac{1}{2}m(\dot{r}^2+r^2\dot{\theta}^2)-\frac{mk^2}{r}=-\frac{mk^2}{2a}$$

可得

$$\begin{aligned}\dot{r}^2&=\frac{2k^2}{r}-\frac{k^2}{a}-\frac{k^2a(1-e^2)}{r^2}=k^2\frac{a^2e^2-(a-r)^2}{ar^2}\\&=k^2\frac{a^2e^2-a^2e^2\cos^2E}{a^3(1-e\cos E)^2}=k^2\frac{e^2\sin^2E}{a(1-e\cos E)^2}\end{aligned}$$

由 $a-r=ae\cos E$ 可知 $\dot{r}=ae\dot{E}\sin E$，所以

$$a^2e^2\dot{E}^2\sin^2E=k^2\frac{e^2\sin^2E}{a(1-e\cos E)^2}$$

由上式可得 $k=a^{\frac{3}{2}}(1-e\cos E)\dot{E}$. 因为 $\tau=\dfrac{2\pi a^{\frac{3}{2}}}{k}$，故

$$\frac{2\pi}{\tau}=\frac{k}{a^{\frac{3}{2}}}=(1-e\cos E)\frac{\mathrm{d}E}{\mathrm{d}t}$$

而 $T=\int\dfrac{2\pi}{\tau}\mathrm{d}t$，因此

$$T=\int_0^E(1-e\cos E)\mathrm{d}E=E-e\sin E$$

1.50 质量为 m 的质点在有心斥力场 $\frac{mc}{r^3}$ 中运动，式中 r 为质点到力心 O 点的距离，c 为常量．当质点离 O 点很远时，质点的速度为 v_∞，而其渐近线与 O 点的垂直距离为 ρ（即瞄准距离）．试求质点与 O 点的最近距离 a．

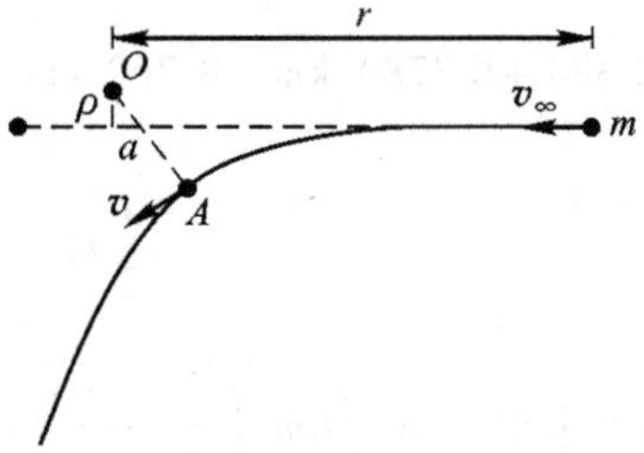

X1.50 图

提示 参见 X1.50 图，根据机械能守恒定律和角动量守恒定律，有

$$V = -\int_\infty^r \frac{mc}{r^3}\mathrm{d}r = \frac{mc}{2r^2}$$

所以

$$\frac{1}{2}mv_a^2 + \frac{mc}{2a^2} = \frac{1}{2}mv_\infty^2$$

$$mv_a a = mv_\infty \rho$$

由上二式可得

$$\left(\frac{v_\infty \rho}{a}\right)^2 + \frac{c}{a^2} = v_\infty^2$$

所以

$$a = \left(\rho^2 + \frac{c}{v_\infty^2}\right)^{\frac{1}{2}}$$

§1.5 补充习题及提示

1.1 质点做平面曲线运动，其径向速度为正值常量，$v_r = c\,(c>0)$；其径向加速度为负值，并与到极点的距离的三次方成反比，$a_r = -\frac{b^2}{r^3}\,(b>0)$，求质点的运动学方程．设 $t=0$ 时 $r=r_0$，$\theta=\theta_0$，且运动中 $\dot{\theta}>0$．

提示 由 $\dot{r}=c$，即 $\mathrm{d}r = c\mathrm{d}t$，积分得 $r = ct + r_0$．代入 $\ddot{r} - r\dot{\theta}^2 = -\frac{b^2}{r^3}$，求出

$$\dot{\theta}^2 = \frac{b^2}{(ct+r_0)^4}$$

因 $\dot{\theta}>0$，故 $\dot{\theta} = \frac{b}{(ct+r_0)^2}$，积分 $\mathrm{d}\theta = \frac{b}{(ct+r_0)^2}\mathrm{d}t$，得 $\theta = \theta_0 + \frac{b}{c}\left(\frac{1}{r_0} - \frac{1}{ct+r_0}\right)$．

1.2 （质点运动学习题）已知质点运动的轨道为圆锥曲线 $r = \frac{p}{1+e\cos\theta}$，如 BX1.2 图所示，$p$ 和 e 为正值常量．已知 $r^2\dot{\theta} = c$，c 亦为正值常量．试证质点加速度的方向必指向原点（即圆锥曲线的一个焦点），其大小与 r^2 成反比．

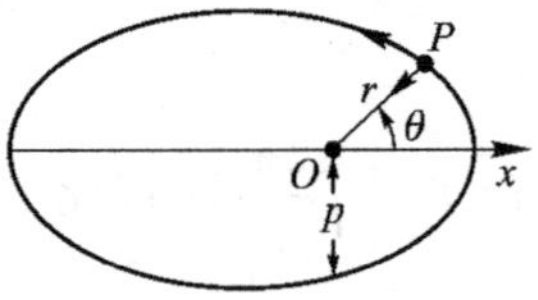

BX1.2 图

提示 因为 $a_\theta = r\ddot{\theta} + 2\dot{r}\dot{\theta} = \dfrac{1}{r}\dfrac{\mathrm{d}(r^2\dot{\theta})}{\mathrm{d}t}$，$r^2\dot{\theta} = c$，故 $\boldsymbol{a} = a_r\boldsymbol{e}_r$.

对 $\dfrac{p}{r} = 1 + e\cos\theta$ 求导，得 $-\dfrac{p}{r^2}\dot{r} = -e\dot{\theta}\sin\theta$，进而可得 $\dot{r} = \dfrac{e}{p}c\sin\theta$，再求导得

$$\ddot{r} = \frac{ec}{p}\dot{\theta}\cos\theta = \frac{ec}{p}r^2\dot{\theta}\frac{\cos\theta}{r^2} = \frac{ec^2}{p}\frac{\cos\theta}{r^2}$$

把 $\ddot{r}$ 代入 $a_r = \ddot{r} - r\dot{\theta}^2$，即可求出

$$a_r = \frac{ec^2}{p}\frac{\cos\theta}{r^2} - \frac{c^2}{r^3} = \frac{c^2}{p}\frac{1}{r^2}\left(e\cos\theta - \frac{p}{r}\right) = -\frac{c^2}{p}\frac{1}{r^2}$$

1.3 以很大的初速度 $\boldsymbol{v}_0$ 自地球表面竖直上抛一质点，设地球无自转并忽略空气阻力，求质点能达到的最大高度．已知地球半径为 R，地球表面处重力加速度为 g.

提示 以地心为原点 O，建立 Ox 轴经抛出点指向天顶．则

$$m\ddot{x} = m\dot{x}\frac{\mathrm{d}\dot{x}}{\mathrm{d}x} = m\frac{\mathrm{d}}{\mathrm{d}x}\left(\frac{\dot{x}^2}{2}\right) = -\frac{Gm_{\mathrm{E}}m}{x^2} = -\frac{R^2gm}{x^2}$$

所以

$$\dot{x}\mathrm{d}\dot{x} = \mathrm{d}\left(\frac{\dot{x}^2}{2}\right) = -\frac{R^2g}{x^2}\mathrm{d}x$$

$$\int_{v_0}^{0}\dot{x}\mathrm{d}\dot{x} = -\int_R^{H+R}\frac{R^2g}{x^2}\mathrm{d}x$$

即可求出 $H = \dfrac{v_0^2}{2g}\left(1 - \dfrac{v_0^2}{2Rg}\right)^{-1}$.

讨论：(1) 令 $H = \infty$，对应 $v_0 = \sqrt{2Rg}$ 为第二宇宙速度；(2) 若 $v_0^2 \ll 2Rg$，则回归到重力场；(3) 题中未考虑地球自转及空气阻力，不合理．

1.4 小球质量为 m，系在不可伸长的轻绳之一端，可在光滑水平桌面上滑动．绳的另一端穿过桌面上的小孔，握在一个人的手中使它向下做匀速运动，速率为 v_{T}，如 BX1.4 图所示．设初始时绳是拉直的，小球与小孔的距离为 R，其初速度在垂直绳方向上的投影为 v_0．试求小球的运动规律及绳的张力．

提示 小球运动微分方程为

$$m(\ddot{r} - r\dot{\theta}^2) = -F_{\mathrm{T}} \qquad (1)$$

$$m(r\ddot{\theta} + 2\dot{r}\dot{\theta}) = 0 \qquad (2)$$

$$\dot{r} = -v_{\mathrm{T}} \qquad (3)$$

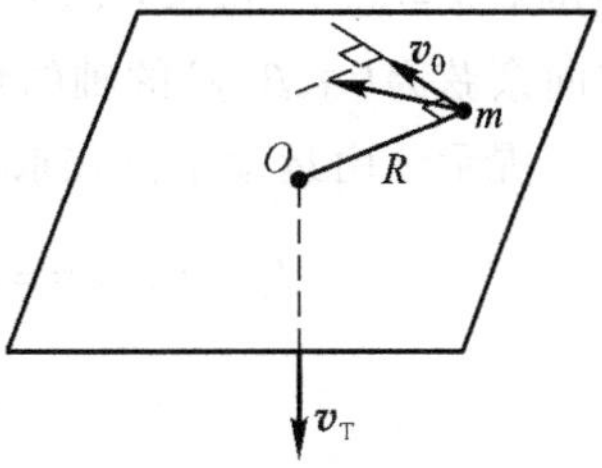

BX1.4 图

由(3)式求出 $r = R - v_{\mathrm{T}}t$，代入(2)式求出 $\theta = \dfrac{v_0t}{R - v_{\mathrm{T}}t}$，再由(1)式求出 $F_{\mathrm{T}} = \dfrac{mv_0^2R^2}{(R - v_{\mathrm{T}}t)^3}$.

1.5 质量为 m 的珠子串在铁丝做成的半径为 R 的圆环上，圆环水平放置. 设珠子的初始速率为 v_0，珠子与圆环间动摩擦因数为 μ，求珠子经过多少弧长后停止运动.（根据牛顿第二定律求解.）

提示 珠子的运动微分方程为

$$m\frac{\mathrm{d}v_t}{\mathrm{d}t} = -\mu\sqrt{F_{\mathrm{N}n}^2 + F_{\mathrm{N}b}^2} \tag{1}$$

$$\frac{mv^2}{\rho} = F_{\mathrm{N}n} \tag{2}$$

$$0 = F_{\mathrm{N}b} - mg \tag{3}$$

$$\rho = R(\text{约束方程}) \tag{4}$$

把(2)式、(3)式、(4)式代入(1)式，作变换 $\frac{\mathrm{d}v_t}{\mathrm{d}t} = \mathrm{d}\left(\frac{1}{2}v^2\right)\frac{1}{\mathrm{d}s}$，可求出

$$s = \frac{R}{2\mu}\ln\frac{v_0^2 + \sqrt{v_0^4 + R^2g^2}}{Rg}$$

1.6 力 $\boldsymbol{F}_1$ 和 $\boldsymbol{F}_2$ 分别作用在长方体的顶角 A 和 B 上，长方体的尺寸和坐标系如 BX1.6 图所示. 试计算 $\boldsymbol{F}_1$ 和 $\boldsymbol{F}_2$ 对原点 O 及 3 个坐标轴的力矩.

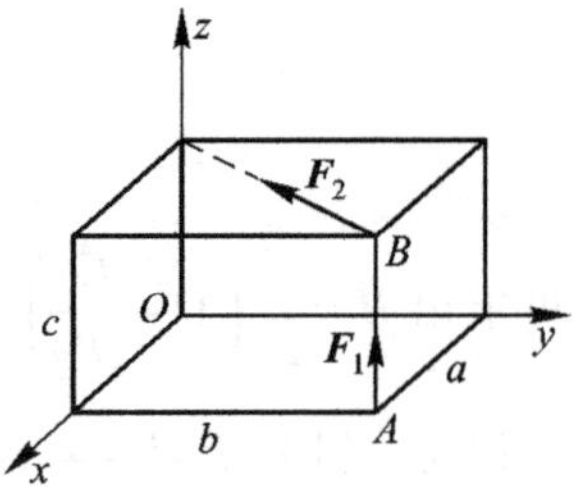

BX1.6 图

提示 $\boldsymbol{M}_{O1} = bF_1\boldsymbol{i} - aF_1\boldsymbol{j}, M_{x1} = bF_1, M_{y1} = -aF_1, M_{z1} = 0.$

$$\boldsymbol{M}_{O2} = \frac{bcF_2}{\sqrt{a^2+b^2}}\boldsymbol{i} - \frac{acF_2}{\sqrt{a^2+b^2}}\boldsymbol{j}$$

$$M_{x2} = \frac{bcF_2}{\sqrt{a^2+b^2}},\quad M_{y2} = -\frac{acF_2}{\sqrt{a^2+b^2}},\quad M_{z2} = 0$$

1.7 已知质量为 m 的质点做螺旋运动，其运动学方程为 $x = r_0\cos\omega t, y = r_0\sin\omega t, z = kt$（$r_0$、$\omega$ 和 k 为常量）. 试求：(1) t 时刻质点对坐标原点的角动量；(2) t 时刻质点对过 $P(a,b,c)$ 点，方向余弦为 (α,β,γ) 的轴的角动量.

提示 由运动学方程求出 $\boldsymbol{v}$，根据定义即可求出

$$\boldsymbol{J}_O = m\boldsymbol{r}\times\boldsymbol{v} = kmr_0(\sin\omega t - \omega t\cos\omega t)\boldsymbol{i} - kmr_0(\cos\omega t + \omega t\sin\omega t)\boldsymbol{j} + mr_0^2\omega\boldsymbol{k}$$

$$J_{(\alpha,\beta,\gamma)} = m\alpha[k(r_0\sin\omega t - b) - (kt-c)r_0\omega\cos\omega t] - m\beta[(kt-c)(r_0\omega\sin\omega t) + k(r_0\cos\omega t - a)] + m\gamma(r_0^2\omega - ar_0\omega\cos\omega t - br_0\omega\sin\omega t)$$

1.8　如 BX1.8 图所示，质量为 m 的小球安装在长为 l 的细轻杆的 A 端，杆的 B 端与轴 O_1O_2 垂直地固连．小球在液体中可绕 O_1O_2 轴做定轴转动，轴承 O_1 和 O_2 是光滑的．转动中小球所受液体阻力与角速度成正比，$F=\alpha m\omega$（α 为常量）．设初始角速度为 ω_0，试求经多少时间后，角速度减小为初始值的一半，以及在这段时间内小球所转圈数．（忽略杆的质量及所受阻力．）

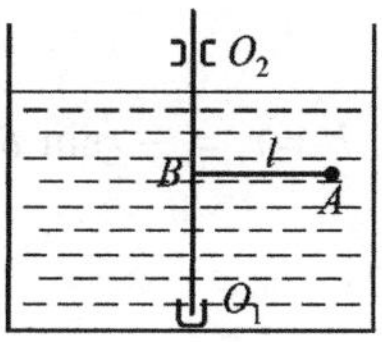

BX1.8 图

提示　由对 O_1O_2 轴的角动量定理

$$\frac{\mathrm{d}}{\mathrm{d}t}(ml^2\omega) = -l\alpha m\omega$$

积分得 $\omega=\omega_0\mathrm{e}^{-\alpha t/l}$，求出 $t=\dfrac{l\ln 2}{\alpha}$.

将角动量定理化为

$$\mathrm{d}\omega = -\frac{\alpha\mathrm{d}\theta}{l}$$

积分可以求得 $\theta=\dfrac{l\omega_0}{2\alpha}$（rad）$=\dfrac{l\omega_0}{4\pi\alpha}$（圈）.

1.9　质量为 m 的质点沿椭圆轨道运动，其运动学方程为 $x=a\cos kt$，$y=b\sin kt$（a、b 和 k 为常量）．用两种方法计算质点所受合力在 $t=0$ 到 $t=\dfrac{\pi}{4k}$ 时间内所做的功．

提示　（1）由动能定理，$W=\dfrac{1}{2}mv_2^2-\dfrac{1}{2}mv_1^2=\dfrac{1}{4}mk^2(a^2-b^2)$.

（2）用曲线积分算，$W=\int_1^2 \boldsymbol{F}\cdot\mathrm{d}\boldsymbol{r}=\int_1^2(m\ddot{x}\mathrm{d}x+m\ddot{y}\mathrm{d}y)$，把轨道参量方程 $x=a\cos kt$，$y=b\sin kt$ 代入，则曲线积分化为对 t 的积分，可得同样结果．

1.10　有一小球质量为 m，沿如 BX1.10 图所示的光滑的水平的对数螺旋线轨道滑动．螺旋线轨道方程为 $r=r_0\mathrm{e}^{-\alpha\theta}$，$\alpha$ 为常量．已知当极角 $\theta=0$ 时，小球初速为 $\boldsymbol{v}_0$．求轨道对小球的水平约束力 $\boldsymbol{F}_{\mathrm{N}}$ 的大小．（用角动量及动能定理求解，图中 δ 为 $\boldsymbol{e}_\theta$ 与 $\boldsymbol{v}$ 方向间夹角．）

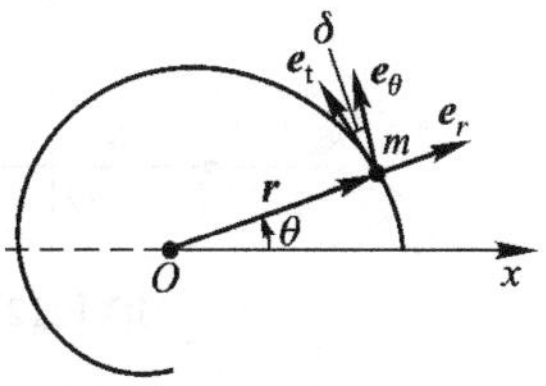

BX1.10 图

提示　因机械能守恒，小球动能不变，因此 $v=v_0$．过 O 点作 Oz 轴竖直向上（垂直纸面向外），质点对 Oz 轴的角动量 $J_z=rmv\cos\delta$，质点所受对 Oz 轴力矩 $M_z=-rF_{\mathrm{N}}\sin\delta$.

由对 Oz 轴的角动量定理得

$$\frac{\mathrm{d}}{\mathrm{d}t}(rmv_0\cos\delta) = -rF_{\mathrm{N}}\sin\delta \tag{1}$$

由于

$$v_r = \dot{r} = \frac{\mathrm{d}r}{\mathrm{d}\theta}\frac{\mathrm{d}\theta}{\mathrm{d}t} = -\alpha r_0\mathrm{e}^{-\alpha\theta}\dot{\theta} = -\alpha r\dot{\theta}$$

且 $v_\theta=r\dot{\theta}$，故 $\tan\delta=\dfrac{-v_r}{v_\theta}=\alpha$．代入（1）式，得到

$$mv_0\dot{r} = -rF_N\tan\delta = -\alpha rF_N$$

而 $\dot{r} = v_r = -v\sin\delta = -v_0\sin\delta$，所以

$$F_N = \frac{mv_0^2}{\alpha r}\sin\delta = \frac{mv_0^2}{\alpha r}\sqrt{\frac{\tan^2\delta}{1+\tan^2\delta}} = \frac{mv_0^2}{r_0\sqrt{1+\alpha^2}}e^{\alpha\theta}$$

1.11 带有电荷 q 的质点在电偶极子的场中所受的力为 $F_r = 2pq\cos\theta/r^3$，$F_\theta = pq\sin\theta/r^3$，$p$ 为偶极距，r 为质点到偶极子中心的距离，试证此力为保守力．

提示 $$\boldsymbol{F}\cdot \mathrm{d}\boldsymbol{r} = \boldsymbol{F}\cdot(\mathrm{d}r\boldsymbol{e}_r + r\mathrm{d}\theta\boldsymbol{e}_\theta) = F_r\mathrm{d}r + F_\theta r\mathrm{d}\theta = \mathrm{d}\left(-\frac{pq\cos\theta}{r^2}\right)$$

此力场为稳定力场，且此力元功可表示为标量位置函数的全微分，故此力为保守力．

1.12 如 BX1.12 图所示，质点 M 在 Oxy 平面内运动，静止中心 A 和 B 均以与距离成正比的力吸引质点，比例系数为 k，试证明势能存在并求出质点的势能．

提示 $$\boldsymbol{F}\cdot\mathrm{d}\boldsymbol{r} = [-k(x+b)-k(x-b)]\mathrm{d}x + (-ky-ky)\mathrm{d}y = -2kx\mathrm{d}x - 2ky\mathrm{d}y = -k\mathrm{d}(x^2+y^2)$$

故势能存在．以 O 为势能零点，则 $V = k(x^2+y^2)$．

1.13 如 BX1.13 图所示，彗星离太阳的最近距离是地球圆轨道半径的 $\frac{1}{2}$，而彗星在该点的速度为地球绕太阳的轨道速度的 2 倍，试求彗星与地球轨道相交时的速度和交角，并判断其轨道类型．

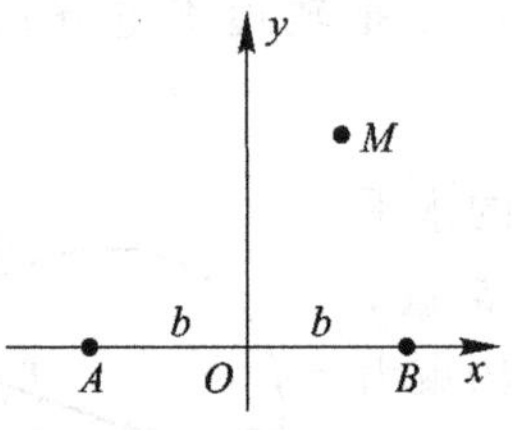

BX1.12 图

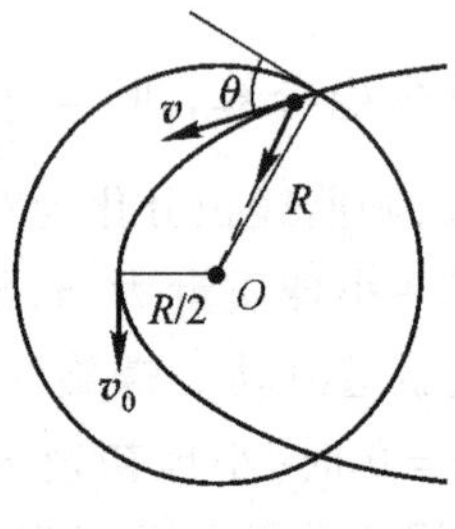

BX1.13 图

提示 地球的轨道速度 v_E，彗星在近日点 $v_0 = 2v_E = 2\sqrt{\frac{Gm_S}{R}}$，彗星的总能量 $E = \frac{1}{2}m\frac{4Gm_S}{R} - \frac{Gm_Sm}{R/2} = 0$，轨道为抛物线．

交点处 $E = \frac{1}{2}mv^2 - \frac{Gm_Sm}{R} = 0$，可求得 $v = \sqrt{2Gm_S/R}$.

由角动量守恒 $vR\cos\theta = v_0R/2$，可知 $\theta = 45°$．

1.14 在距月球中心为 5 倍月球半径处，以速度 $\boldsymbol{v}_0$ 发射一探测器，欲使探测器轨道与月球表面相切，试求发射角 θ（θ 角为 $\boldsymbol{v}_0$ 与探测器和月心连线的夹角）．

提示 设 m_M 为月球质量，利用两个守恒律

$$\frac{1}{2}mv_0^2-\frac{Gm_{\mathrm{M}}m}{5R}=\frac{1}{2}mv^2-\frac{Gm_{\mathrm{M}}m}{R}$$

$$5Rv_0\sin\theta=vR$$

可得 $\sin\theta=\pm\frac{1}{5}\sqrt{1+\frac{8}{5}\frac{GM}{Rv_0^2}}$.

1.15 氢原子中,带正电的核和带负电的电子之间的吸引力为 $F=-\frac{ke^2}{r^2}$,设核固定不动,原来在半径为 R_1 的圆轨道上绕核运动的电子,突然跳入较小的半径为 R_2 的圆轨道上运动,试求在这个过程中原子总能量减少的值.

提示 电子在半径为 R 的圆轨道上运动时,$mR\dot{\theta}^2=-F=\frac{ke^2}{R^2}$. 总能量为

$$E=T+V=\frac{1}{2}mR^2\dot{\theta}^2+\left(-\int_\infty^R-\frac{ke^2}{r^2}\mathrm{d}r\right)=\frac{ke^2}{2R}-\frac{ke^2}{R}=-\frac{ke^2}{2R}$$

电子由半径为 R_1 的轨道跳入半径为 R_2 的轨道的过程中,总能量减少了$\left(\frac{1}{R_2}-\frac{1}{R_1}\right)\frac{ke^2}{2}$.

1.16 质量为 m 的质点受到静止中心引力 $F=-\frac{2m}{r^3}$的作用,r 是质点到引力中心的距离.初始时 $r_0=1,\theta_0=0,v_0=\sqrt{2}$(SI 单位),且初速度方向与径向成 45°角,试求质点的轨道.

提示 由角动量守恒可知 $h=r_0v_0\sin 45°=1$. 比耐公式成为

$$-mh^2u^2\left(\frac{\mathrm{d}^2u}{\mathrm{d}\theta^2}+u\right)=-2mu^3$$

得

$$\frac{\mathrm{d}^2u}{\mathrm{d}\theta^2}-u=0$$

方程的通解为

$$u=C_1\mathrm{e}^{\theta}+C_2\mathrm{e}^{-\theta}$$

$$\frac{\mathrm{d}u}{\mathrm{d}\theta}=C_1\mathrm{e}^{\theta}-C_2\mathrm{e}^{-\theta}$$

因$\frac{\mathrm{d}u}{\mathrm{d}\theta}=\frac{\mathrm{d}}{\mathrm{d}\theta}\left(\frac{1}{r}\right)=-\frac{1}{r^2}\frac{\mathrm{d}r}{\mathrm{d}\theta}=-\frac{\dot{r}}{r^2\dot{\theta}}=-\frac{\dot{r}}{h}=-\dot{r}$,根据初始条件 $t=0$ 时 $u_0=1,\theta_0=0$和$\left(\frac{\mathrm{d}u}{\mathrm{d}\theta}\right)_0=-\dot{r}_0=-1$,可定出积分常量 $C_1=0$ 和 $C_2=1$,故质点的轨道方程为 $r=\mathrm{e}^{-\theta}$.

1.17 一个质点在有心力场 $F(r)=-kr^{-2}+Cr^{-3}$中运动,k 和 C 都是常量,其轨道方程可以写成 $r=\frac{p}{1+e\cos\alpha\theta}$(参见主教材习题提示第 1.44 题). 当 $\alpha=1$ 时,轨道是椭圆;当 $\alpha\neq1$ 时,轨道是一个进动的椭圆. 当 $\alpha\neq1$ 时,试求轨道在后一个近日点比前一个近日点进动了多少角度.

提示 根据 $-mh^2u^2\left(\frac{\mathrm{d}^2u}{\mathrm{d}\theta^2}+u\right)=-k^2u^2+Cu^3$,解出轨道方程 $r=\frac{p}{1+e\cos(\alpha\theta+\beta)}$,其中 $\alpha^2=$

$1+\frac{C}{mh^2}$，$p=\frac{mh^2+C}{k}$. 选取极轴过近日点，则 $\beta=0$，$r=\frac{p}{1+e\cos\alpha\theta}$.

因为$\frac{\mathrm{d}r}{\mathrm{d}\theta}=\frac{pe\alpha\sin\alpha\theta}{(1+e\cos\alpha\theta)^2}$，故当 $\alpha\theta=2n\pi$ 即 $\theta=2\pi\frac{n}{\alpha}(n=1,2,3,\cdots)$时，$r=r_{\min}$对应近日点. 由于非进动的椭圆两个近日点的夹角为 2π，所以后一个近日点比前一个近日点进动的角度为

$$\Delta\theta=\left(2\pi\frac{n+1}{\alpha}-2\pi\frac{n}{\alpha}\right)-2\pi=2\pi\left(\frac{1}{\alpha}-1\right)$$

1.18　质量为 m 的人造地球卫星原在圆轨道上运行，因受稀薄气体阻力 $F=Av^{\alpha}$ 的作用（v 为卫星的速率，A 和 α 为常量），卫星与地心距离 r 的变化率为$\frac{\mathrm{d}r}{\mathrm{d}t}=-c$（$c$ 是一足够小的正常量，说明卫星运行一周损失的能量与总能量相比是小量）. 设地球质量为 m_{E}，试求 A 和 α 的表示式.

提示　由于 c 为小量，所以在卫星运行一周内，其运动仍可按圆运动处理，因此

$$T=\frac{1}{2}mv^2=E-V=-\frac{Gm_{\mathrm{E}}m}{2r}-\left(-\frac{Gm_{\mathrm{E}}m}{r}\right)=\frac{Gm_{\mathrm{E}}m}{2r}$$

求出 $v=\sqrt{\frac{Gm_{\mathrm{E}}}{r}}$. 根据机械能定理，有

$$\frac{\mathrm{d}E}{\mathrm{d}t}=\boldsymbol{F}\cdot\boldsymbol{v}=-Av^{\alpha+1}=-A\left(\frac{Gm_{\mathrm{E}}}{r}\right)^{\frac{\alpha+1}{2}}$$

比较

$$\frac{\mathrm{d}E}{\mathrm{d}t}=\frac{\mathrm{d}}{\mathrm{d}r}\left(-\frac{Gm_{\mathrm{E}}m}{2r}\right)\cdot\frac{\mathrm{d}r}{\mathrm{d}t}=-c\frac{Gm_{\mathrm{E}}m}{2r^2}$$

可得 $r^{-2}=r^{-\frac{\alpha+1}{2}}$，即 $\alpha=3$. 从而有

$$\frac{\mathrm{d}E}{\mathrm{d}t}=-A\left(\frac{Gm_{\mathrm{E}}}{r}\right)^2=-c\frac{Gm_{\mathrm{E}}m}{2r^2}$$

所以 $A=\frac{cm}{2Gm_{\mathrm{E}}}$.

第二章　质点系力学

理论力学课程是在普通物理力学的基础上学习的,在普通物理力学中简单的刚体定轴转动问题是所有读者都能掌握的,所以在本章的补充思考题、例题和补充习题中,质点系可能包括定轴转动的刚体,这样可以使我们的讨论更为丰富和深刻. 请读者复习普通物理力学中有关定轴转动的相关内容,这对于进一步学习刚体力学也是有利的.

§2.1 补充思考题及提示

一、补充思考题

2.1 将一个半圆柱置于一光滑水平面上,初始时半圆柱静止于如BS2.1图(横截面图)所示位置,求质心 C 的运动轨迹.

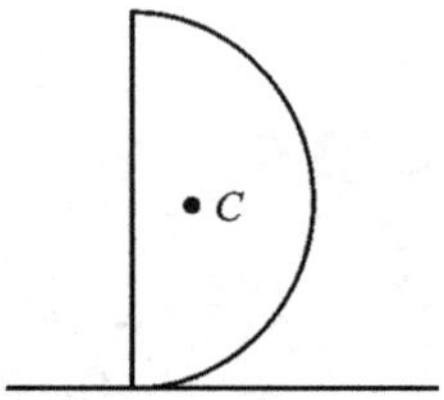

BS2.1 图

2.2 两个质点 A 和 B 质量均为 m,初始时位于同一竖直线上,质点 A 有水平初速度 $\boldsymbol{v}_0$,质点 B 静止;B 高度为 h,A 在 B 的上方,A 和 B 间距离为 l. 分析在以下 3 种情况中质点 A 和 B 的质心的运动情况. (1) A 和 B 间没有相互作用;(2) A 和 B 以万有引力相互作用;(3) A 和 B 以轻杆相连.

2.3 自行车沿水平直线轨道由静止到运动,其动量变化是地面对车轮的摩擦力作用的结果. 设地面对后轮向前的摩擦力 $\boldsymbol{F}_{\mathrm{f}}$ 为常矢量,自行车移动的距离为 d,车轮不打滑,问 $\boldsymbol{F}_{\mathrm{f}}$ 对自行车做的功是否为 $W=F_{\mathrm{f}}d$?

2.4 设 $\boldsymbol{J}_{CO}$ 为位于质心的假想质点对 O 点的角动量,$\boldsymbol{J}'_C$ 为质点系在质心系中相对质心 C 的角动量,则有一个重要关系式 $\boldsymbol{J}_O=\boldsymbol{J}_{CO}+\boldsymbol{J}'_C=\boldsymbol{r}_C\times m_{\mathrm{t}}\boldsymbol{v}_C+\sum\limits_{i=1}^{n}\boldsymbol{r}'_i\times m_i\boldsymbol{v}'_i$,请证明之.

2.5 有一水平圆台,可绕过其圆心的竖直轴 Oz 转动,轴承处有较小但不可忽略的摩擦力. 有人站在台边上,初始时圆台与人均静止,如 BS2.5 图所示. 之后人沿台边跑一段时间后,又停止跑动. 问人停止跑动后,人与圆台将如何运动? 在整个过程中,以人、圆台和轴为质点系,系统对 Oz 轴的总角动量如何变化?

2.6 补充思考题 2.5 中,把轴包括在质点系内,这样做有什么好处?

2.7 在光滑水平面上有一长为 l、质量为 m 的均质细杆,绕过其中点的竖直轴以角速度 $\boldsymbol{\omega}_0$ 转动,但其中心不固定,如 BS2.7 图所示. 现突然将杆的 A 端按住,以杆为研究对象,有人认为:"用手按住 A 点,系统在 A 点受外力作用,但在按住 A 点的过程中 A 点无位移,故该外力不做功,所以杆的机械能守恒."你认为这样的看法正确吗?

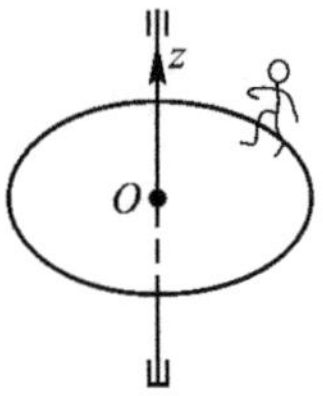

BS2.5 图

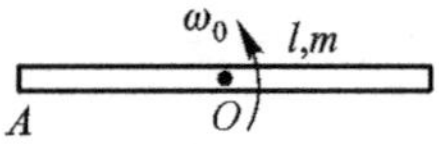

BS2.7 图

二、补充思考题提示

2.1 评述　质点系力学的三个定理一般并不能完全确定质点系内每一个质点的运动情况，所以从质点系力学的三个定理出发研究质点系运动要把握"从整体上进行研究"的原则，即特别关注质心的运动和质点系相对质心系的运动．正确理解和运用质心运动定理很重要．

提示　质点系（半圆柱）沿水平方向不受外力，沿水平方向动量守恒．初始时静止，根据质心运动定律可知，质心水平位置不变．质心轨迹为竖直线段，如 BST2.1 图所示．

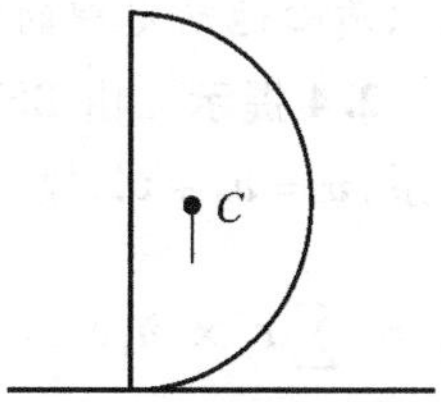

BST2.1 图

2.2 评述　设 m_t 为质点系总质量，$\boldsymbol{r}_C$、$\boldsymbol{v}_C$ 和 $\boldsymbol{a}_C$ 分别为质心的位置矢量、速度和加速度．质心运动定理 $m_t\boldsymbol{a}_C = m_t\dot{\boldsymbol{v}}_C = m_t\ddot{\boldsymbol{r}}_C = \sum \boldsymbol{F}_i^{(e)}$，是质点系动量定理的另一种表述，与内力不直接相关．

质心运动定理表明，可以设想有一个"假想质点"，该假想质点的质量为 m_t，位于质心，速度和加速度为 $\boldsymbol{v}_C$ 和 $\boldsymbol{a}_C$，受到质点系所受到的所有外力的作用，决定该假想质点运动规律的动力学方程与牛顿第二定律形式相同．当把一个平动刚体当成质点处理时，使用的牛顿第二定律实际就是质心运动定理．

有时候，虽然还可以称 $\boldsymbol{r}_C\times m_t\boldsymbol{v}_C$ 为质心对 O 点的角动量，$\dfrac{1}{2}m_t v_C^2$ 为质心的动能．但是要特别注意，质心只是一个空间点，不是质点．质心处可以没有物质，质心也不是外力的作用点，如圆环的质心处就没有质点，也不可能受力．

提示　以 A 和 B 构成质点系．根据质心运动定理可知：A 和 B 间的相互作用力为内力，对质心的运动无影响；A 和 B 的质心从高度 $h+\dfrac{l}{2}$ 处，做初速为 $\dfrac{v_0}{2}$ 的平抛运动．

2.3 提示　在无滑情况下，地面对车轮的摩擦力的受力质点不动（速度为零），所以摩擦力不做功．

评述　以人和自行车为质点系．质点系动量变化的确是地面对车轮的摩擦力作用的结果，但是，质点系获得的动能却是人提供的内力做功的结果．自行车由静止到运动当然是由于人蹬自行车的结果，但是人肌肉收缩和人与自行车间的力都是内力，质点系动量的变化与内力不直接相关，可见质点系力学比质点力学复杂．在力学中，问题"自行车为什么会向前动？"是不明确的．

把质心运动定理 $m_t\dot{\boldsymbol{v}}_C = \sum \boldsymbol{F}_i^{(e)}$ 两侧点乘 $\mathrm{d}\boldsymbol{r}_C = \boldsymbol{v}_C\mathrm{d}t$，可得

$$m_t\frac{\mathrm{d}\boldsymbol{v}_C}{\mathrm{d}t}\cdot\boldsymbol{v}_C\mathrm{d}t = \sum \boldsymbol{F}_i^{(e)}\cdot\mathrm{d}\boldsymbol{r}_C$$

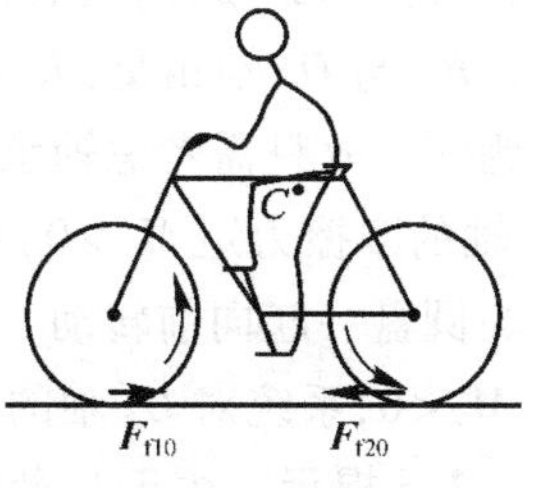

BST2.3 图

由于 $\boldsymbol{v}_C\cdot\mathrm{d}\boldsymbol{v}_C = \mathrm{d}\left(\dfrac{1}{2}v_C^2\right)$，所以

$$\mathrm{d}\left(\frac{1}{2}m_t v_C^2\right) = \sum \boldsymbol{F}_i^{(e)}\cdot\mathrm{d}\boldsymbol{r}_C$$

上式称为赝动能定理．赝动能定理与质点的动能定理形式相同，当

把一个平动刚体当成质点处理时，使用的动能定理实际就是赝动能定理．

质心运动定理和赝动能定理都能正确地描述质心的运动，但与真实的物理过程都有差异．比如 BST2.3 图，以人与自行车为质点系，在质心运动定理和赝动能定理中，人与车的总质量 m_t 集中于质心 C，地面对车轮的静摩擦力 $\boldsymbol{F}_{f10}$ 和 $\boldsymbol{F}_{f20}$ 作用于质心 C，在自行车沿直线向前移动距离 d 的过程中，$\boldsymbol{F}_{f10}$ 和 $\boldsymbol{F}_{f20}$ 做功，$\Delta\left(\frac{1}{2}m_t v_C^2\right) = -F_{f10}d + F_{f20}d$，由此得出的结果可以正确地描述质心的运动，但是，在真实情况中质心 C 处可能并无质点，$\boldsymbol{F}_{f10}$ 和 $\boldsymbol{F}_{f20}$ 作用于车轮边缘且不做功．读者要认识质心运动定理的重要性，又要留心它的假想性．

2.4 提示 由 BST2.4－1 图可见 $\boldsymbol{r}_i = \boldsymbol{r}_C + \boldsymbol{r}'_i$，质心系为平动参考系，$\boldsymbol{v}_i = \boldsymbol{v}_C + \boldsymbol{v}'_i$．故

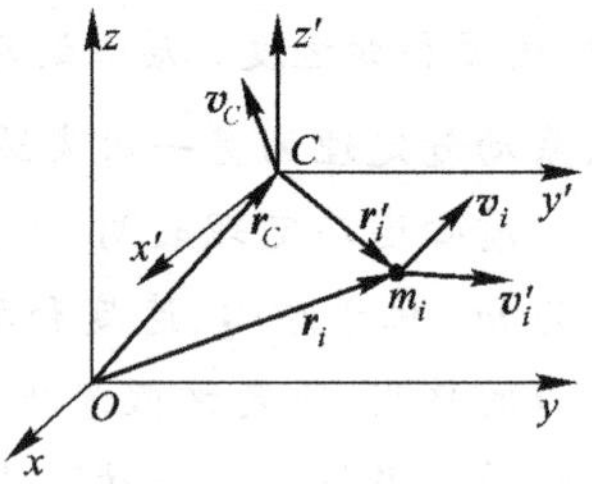

BST2.4－1 图

$$\boldsymbol{J}_O = \sum \boldsymbol{r}_i \times m_i\boldsymbol{v}_i = \sum(\boldsymbol{r}_C + \boldsymbol{r}'_i) \times m_i(\boldsymbol{v}_C + \boldsymbol{v}'_i)$$

$$= \sum \boldsymbol{r}_C \times m_i\boldsymbol{v}_C + \sum \boldsymbol{r}_C \times m_i\boldsymbol{v}'_i + \sum \boldsymbol{r}'_i \times m_i\boldsymbol{v}_C + \sum \boldsymbol{r}'_i \times m_i\boldsymbol{v}'_i$$

由于 $\sum_{i=1}^{n} m_i\boldsymbol{v}'_i = m_t\boldsymbol{v}'_C = \boldsymbol{0}$，$\sum_{i=1}^{n} m_i\boldsymbol{r}'_i = m_t\boldsymbol{r}'_C = \boldsymbol{0}$，于是

$$\boldsymbol{J}_O = \boldsymbol{J}_{CO} + \boldsymbol{J}'_C = \boldsymbol{r}_C \times m_t\boldsymbol{v}_C + \sum_{i=1}^{n} \boldsymbol{r}'_i \times m_i\boldsymbol{v}'_i$$

评述 上述关系式和柯尼希定理类似，在计算质点系在惯性系中对定点的角动量时可能很有用．如 BST2.4－2 图所示问题，半径为 R、质量为 m 的均匀细圆环，在 Oxy 面内沿 x 轴做无滑滚动，环心速度为 $\boldsymbol{v}_0$，求圆环对 O 点的角动量．环心为圆环质心，建立质心系 $Cx'y'$，在质心系中圆环绕 Cz' 轴做定轴转动，转动惯量 $I = mR^2$，圆环对 Cz' 轴的角动量为 $-I\omega$，则

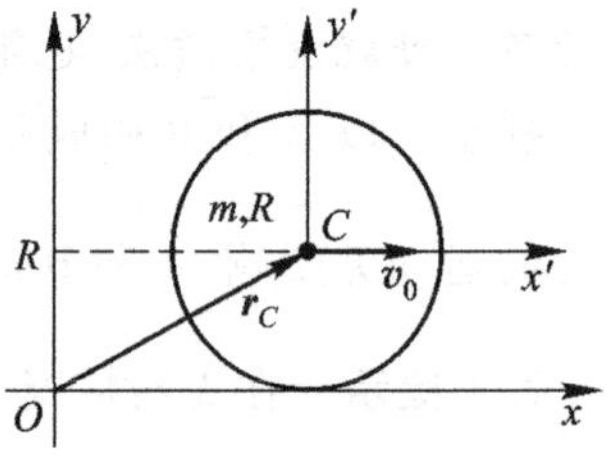

BST2.4－2 图

$$\boldsymbol{J}_O = \boldsymbol{r}_C \times m\boldsymbol{v}_C + I\omega(-\boldsymbol{k}) = Rmv_0(-\boldsymbol{k}) + I\omega(-\boldsymbol{k})$$

$$= -Rmv_0\boldsymbol{k} - mR^2(v_0/R)\boldsymbol{k} = -2Rmv_0\boldsymbol{k}$$

2.5 提示 如 BST2.5 图所示，上方轴承为“径向轴承”，轴承对轴的约束力沿轴的半径方向；下方轴承为“止推轴承”，轴承对轴的约束力除有沿轴的半径方向的分量外，还有沿轴方向的分量．质点系所受外力中，轴承约束力 $\boldsymbol{F}_{N1}$、$\boldsymbol{F}_{N2}$ 与 Oz 轴相交，人、圆盘和轴的重力 $\boldsymbol{W}_1$、$\boldsymbol{W}_2$ 与 Oz 轴平行，对 Oz 轴力矩均为零．故只需考虑轴承对轴的摩擦力矩．当人跑动时，盘向后转动，轴承对 Oz 轴的摩擦力矩 $M_z>0$，系统对 Oz 轴的总角动量增加，所以当人停止跑动后人与圆盘一起向前转动．当人与圆盘一起向前转动时，轴承对 Oz 轴的摩擦力矩 $M_z<0$，系统对 Oz 轴的总角动量减少，系统逐渐趋于静止．

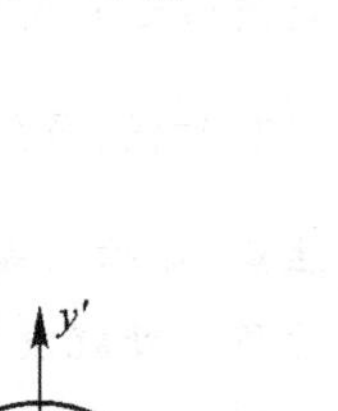

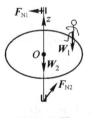

BST2.5 图

2.6 提示 由于圆盘与轴之间在 O 点的相互作用比较复杂，把轴包括在质点系内，轴和盘之间的相互作用力就是内力．分析外力时只需分析轴受轴承的力和力矩，较为简单．

2.7 提示　在按住 A 点的过程中，A 点不可能没有位移，如果 A 点位移非常小则外力必然非常大．当 A 点位移非常小时，可以忽略其位移而认为"按住 A 点"，但外力所做的负功不可忽略．因此杆的机械能不守恒．

§2.2　主教材思考题提示

2.1　假如一均匀物体是由几个有规则的物体并合（或挖去）而成的，你觉得怎样来求它的质心？

提示　设物体由 n 个质点组成，其中质点 $i=1,\cdots,l(l<n)$ 为物体的第一部分，质点 $i=l+1,\cdots,n$ 为物体的第二部分，物体质心的位置矢量为

$$\boldsymbol{r}_C=\frac{\sum_{i=1}^{n}m_i\boldsymbol{r}_i}{\sum_{i=1}^{n}m_i}=\frac{\sum_{i=1}^{l}m_i\boldsymbol{r}_i+\sum_{i=l+1}^{n}m_i\boldsymbol{r}_i}{\sum_{i=1}^{l}m_i+\sum_{i=l+1}^{n}m_i}=\frac{\sum_{i=1}^{l}m_i\dfrac{\sum_{i=1}^{l}m_i\boldsymbol{r}_i}{\sum_{i=1}^{l}m_i}+\sum_{i=l+1}^{n}m_i\dfrac{\sum_{i=l+1}^{n}m_i\boldsymbol{r}_i}{\sum_{i=l+1}^{n}m_i}}{\sum_{i=1}^{l}m_i+\sum_{i=l+1}^{n}m_i}$$

由于，物体第一部分的质量 $m_{t1}=\sum_{i=1}^{l}m_i$，第一部分质心的位置矢量 $\boldsymbol{r}_{C1}=\dfrac{\sum_{i=1}^{l}m_i\boldsymbol{r}_i}{\sum_{i=1}^{l}m_i}$；第二部分的质量 $m_{t2}=\sum_{i=l+1}^{n}m_i$，第二部分质心的位置矢量 $\boldsymbol{r}_{C2}=\dfrac{\sum_{i=l+1}^{n}m_i\boldsymbol{r}_i}{\sum_{i=l+1}^{n}m_i}$；所以

$$\boldsymbol{r}_C=\frac{m_{t1}\boldsymbol{r}_{C1}+m_{t2}\boldsymbol{r}_{C2}}{m_{t1}+m_{t2}}$$

这就证明了：若物体由两个部分 A、B 组成，则物体的质心是在 A 质心的质量为 m_A 的质点和在 B 质心的质量为 m_B 的质点的质心．

2.2　一均匀物体如果有三个对称面，并且此三对称面交于一点，则此点即均匀物体的质心，何故？

提示　均质物体如果有对称面，则质心必在对称面上．因此，3 个对称面的交点即为物体的质心．

2.3　在质点系动力学中，能否计算每一质点的运动情况？假如质点系不受外力作用，每一质点是否都将静止不动或做匀速直线运动？

提示　质点系动力学的出发点为质点系的 3 个定理，3 个定理最多可以提供 7 个独立的标量方程．

对于用 6 个变量即可确定其运动情况的质点系，比如由两个质点构成的二体问题和刚体问

题,则由质点系的3个定理可以完全确定其运动情况.对于质点数 $n \geqslant 3$ 的非刚体情况,则质点系的3个定理不能完全确定其中每个质点的运动情况.

虽然质点系的动量定理和角动量定理表观上与内力无关,但质点系依然是在内力和外力的共同作用下运动的.质点系不受外力时仍受内力作用,不能表明每个质点做惯性运动.

2.4 两球相碰撞时,如果把此两球当成质点系看待,作用的外力如何?其动量的变化如何?如仅考虑任意一球,则又如何?

提示 两球相碰撞时,若把此两球当成质点系,则两质点间的内力为数值巨大的冲击力.如果质点系所受的外力是一般大小的非冲击性的力,则在碰撞过程中外力与冲击性内力相比可以忽略不计,质点系的动量在碰撞过程中守恒.

如果碰撞过程中外力也是数值巨大的冲击力,则外力不可忽略,质点系动量不守恒.比如,如S2.4图所示,质量为 m 的小球经不可伸长的绳系于水平面上的 O 点,并在水平面内做匀速率圆周运动;另一质量为 m 的小球在同一水平面上以速度 $\boldsymbol{v}$ 飞来;两球发生碰撞;以两球为质点系,绳的张力为外力,此外力在碰撞过程中就不可忽略,质点系的动量不守恒.

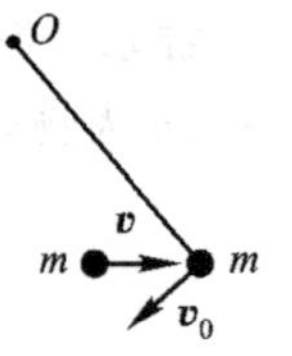

S2.4 图

两球相碰撞时,如仅考虑一球,则一般此球所受合力不为零,动量不守恒.

2.5 水面上浮着一只小船.船上一人如果向船尾走去,则船将向前移动.这是不是与质心运动定理相矛盾?试解释之.

提示 在忽略水对小船的阻力的情况下,以小船和人构成质点系,在水平方向上不受外力,质点系沿水平方向动量守恒.如果初始时小船和人均静止,则根据质心运动定律可知,质心水平位置不变.人如果向船尾走去,船必将向前移动,以保证质心水平位置不变.

若不忽略水对小船的阻力,船仍将向前移动,小船所受水的阻力指向船尾方向,所以船向前移动的距离比忽略水阻力的情况较小.

2.6 为什么在一般的两结点碰撞过程中,动量守恒而能量不一定守恒?所损失的能量到什么地方去了?又在什么情况下能量也守恒?

评述 参见主教材思考题2.4提示,如果碰撞过程中外力也是数值巨大的冲击力,则质点系动量不守恒.

对于涉及定轴转动刚体的碰撞过程,系统动量经常会不守恒.例如,如S2.6图所示,一根直杆可绕过上端的 O 轴转动,初始时静止于竖直位置;另有一小球沿水平方向飞来并与杆发生碰撞;以直杆和小球为系统,杆于 O 点受到的约束力为外力,此外力在碰撞过程中不可忽略,系统动量不守恒;由于杆在 O 点受到的约束力存在水平分量,系统沿水平方向的动量亦不守恒!

S2.6 图

提示 质点系的动能定理不仅与外力有关,与内力也有关系.如果外力和内力不全是保守力,则会耗散机械能做负功,系统损失的机械能一般转化为内能.

仅在完全弹性碰撞的情况下能量才守恒.如果在碰撞过程中外力可以忽略,则要求内力均为保守力;如外力不可忽略,则要求不可忽略的外力和内力均为保守力.

2.7 选用质心坐标系,在动量定理中是否需要计入惯性力?

提示 质心运动定理是质点系动量定理的另一种表达形式.

在质心系中,质心永远不动,质点系的动量永远为零,$\boldsymbol{p}' \equiv \boldsymbol{0}$.

质心系一般是非惯性系，在质心系中应考虑惯性力．惯性力没有反作用力，应归属于外力．在质心系中，质点系的动量定理为

$$\frac{\mathrm{d}\boldsymbol{p}'}{\mathrm{d}t}=\sum \boldsymbol{F}_i^{(\mathrm{e})}+\sum(-m_i\boldsymbol{a}_C)=\sum \boldsymbol{F}_i^{(\mathrm{e})}-m\boldsymbol{a}_C$$

由于 $\boldsymbol{p}'\equiv \boldsymbol{0}$，所以在质心系中质点系的动量定理表现为 $\sum \boldsymbol{F}_i^{(\mathrm{e})}=m\boldsymbol{a}_C$.

2.8　轮船以速度 u 行驶．一人在船上将一质量为 m 的铁球以速度 v 向船首抛去. 有人认为：这时人做的功为

$$\frac{1}{2}m(u+v)^2-\frac{1}{2}mu^2=\frac{1}{2}mv^2+mvu$$

你觉得这种看法对吗？如不正确，错在什么地方？

提示　由于轮船的质量远远大于铁球的质量 m，所以人在船上抛铁球对轮船运动的影响可以忽略不计，船依然是惯性系．以轮船为参考系，显然人做的功为 $\frac{1}{2}mv^2$.

若以地面为参考系，忽略水的阻力，设轮船和人的质量为 $m_{总}$，根据动量守恒

$$(m_{总}+m)u=m_{总}u'+m(u'+v)$$

可得 $u'=u-\dfrac{mv}{m_{总}+m}$，代入动能定理得

$$\begin{aligned}W&=\frac{1}{2}m_{总}u'^2+\frac{1}{2}m(u'+v)^2-\frac{1}{2}(m_{总}+m)u^2\\&=\frac{1}{2}m_{总}\left(u-\frac{mv}{m_{总}+m}\right)^2+\frac{1}{2}m\left(u-\frac{mv}{m_{总}+m}+v\right)^2-\frac{1}{2}(m_{总}+m)u^2\\&=\frac{1}{2}m_{总}\left(\frac{mv}{m_{总}+m}\right)^2+\frac{1}{2}m\left(\frac{m_{总}v}{m_{总}+m}\right)^2\end{aligned}$$

考虑到 $m_{总}\gg m$，上式第一项可略去，同样可知人做的功为 $\frac{1}{2}mv^2$.

2.9　秋千为何能越荡越高？这时增长的能量是从哪里来的？

提示　人荡秋千可以简化为做周期性变化的单摆，称为参量振动，可参阅《普通物理学教程　力学（第四版）》（漆安慎、杜婵英）.

秋千越荡越高，能量的增加是人反复下蹲起立过程中内力做功的结果．

2.10　在火箭里的燃料全部烧完后，§2.7(2)节中的诸公式是否还能应用？为什么？

提示　在火箭里的燃料全部烧完后，就不再是变质量物体的运动问题了，主教材§2.7(2)中的公式不再能适用，火箭将做质量不变的抛体运动．

2.11　多级火箭和单级火箭比起来，有哪些优越的地方？

提示　多级火箭在喷射飞行过程中，当某一级火箭的燃料烧完以后，就把这一级火箭丢掉，这样就减小了火箭的无效载荷，有利于提高火箭可达到的速度，或增加火箭的有效载荷．

§2.3 补充例题

例题 2.1 如 BL2.1 图所示,绞车安装在水平梁上,梁的两端搁在支座 A 和 B 上．质量为 m_1 的重物向下做加速运动,并通过不可伸长的轻绳带动滑轮转动．滑轮质量为 m_2,半径为 R,可视为均质圆盘,其轴承光滑,绳与滑轮间无滑动．梁及支架总质量为 m_3,质心 C 在 AB 的中垂线上．设初始时各物体均静止,$AB=2l$,$AD=d$. 试求:(1) m_1 的加速度;(2) 支座 A 对梁的作用力.

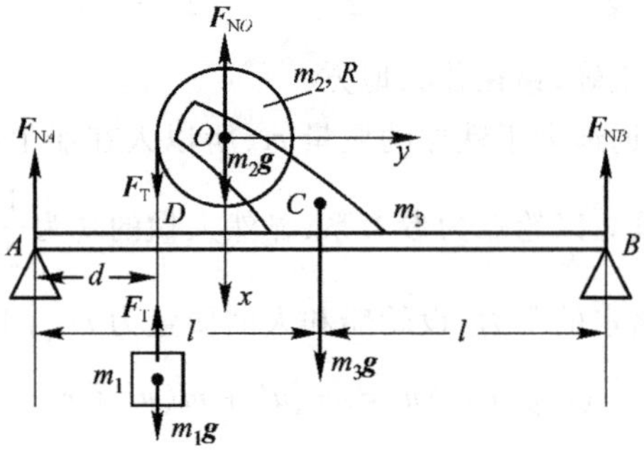

BL2.1 图

解 以 m_2 和 m_3 为质点系,水平方向所受外力只可能是 A 和 B 施加的摩擦力 $\boldsymbol{F}_{fA}$和 $\boldsymbol{F}_{fB}$. 由于梁是刚性的,故梁相对 A 和 B 的运动趋势必然同向,所以 $\boldsymbol{F}_{fA}$和 $\boldsymbol{F}_{fB}$必同向．因为 $\boldsymbol{F}_{fA}$和 $\boldsymbol{F}_{fB}$为约束力,单靠约束力不能引起被约束物与约束物的相对运动,故可知支座对梁的作用力 $\boldsymbol{F}_{NA}$和 $\boldsymbol{F}_{NB}$沿竖直方向(即 $\boldsymbol{F}_{fA}=\boldsymbol{F}_{fB}=\boldsymbol{0}$),在重物下落过程中梁固定不动.

(1) 以 m_1、绳和 m_2 为质点系,受外力 $\boldsymbol{W}_1=m_1\boldsymbol{g}$,$\boldsymbol{W}_2=m_2\boldsymbol{g}$ 和 $\boldsymbol{F}_{NO}$(因为系统质心在水平方向无运动,$\boldsymbol{W}_1$ 和 $\boldsymbol{W}_2$ 沿竖直方向,由质心运动定理可知 $\boldsymbol{F}_{NO}$沿竖直方向). 建立坐标系 $Oxyz$ 如图所示(Oz 轴垂直纸面向外),由对 Oz 轴的角动量定理,滑轮对 Oz 轴的转动惯量 $I=\dfrac{1}{2}m_2R^2$,得

$$\frac{\mathrm{d}}{\mathrm{d}t}\left(Rm_1\dot{x}+\frac{1}{2}m_2R^2\ \frac{\dot{x}}{R}\right)=Rm_1g$$

所以 $\ddot{x}=\dfrac{2m_1g}{2m_1+m_2}$.

(2) 以 m_1、绳、m_2 和 m_3 为质点系,受外力 $\boldsymbol{W}_1=m_1\boldsymbol{g}$、$\boldsymbol{W}_2=m_2\boldsymbol{g}$、$\boldsymbol{W}_3=m_3\boldsymbol{g}$、$\boldsymbol{F}_{NA}$和 $\boldsymbol{F}_{NB}$,建立 BZ 轴与 Oz 轴同向．由于滑轮 m_2 质心静止,因此它对 BZ 轴的角动量为$\dfrac{1}{2}m_2R^2\ \dfrac{\dot{x}}{R}$(参见补充思考题 2.4),$m_3$ 对 BZ 轴角动量为零．由对 BZ 轴的角动量定理

$$\frac{\mathrm{d}}{\mathrm{d}t}\left[(2l-d)m_1\dot{x}+\frac{1}{2}m_2R^2\ \frac{\dot{x}}{R}\right]$$

$$=(2l-d)m_1g+(2l-d-R)m_2g+lm_3g-2lF_{NA}$$

可得
$$F_{NA}=\frac{1}{2l}\Big\{(2l-d)(m_1+m_2)g-Rm_2g+lm_3g-\frac{m_1g}{(2m_1+m_2)}[2(2l-d)m_1+m_2R]\Big\}$$

评述 (1) 用角动量定理求 $\ddot{x}$. 若以 m_1 为系统,有两个未知量($\ddot{x},F_T$) 而只有一个方程, 无法求解. 当把系统扩大为 m_1、绳和 m_2 的质点系后, 未知量仍有两个($\ddot{x},F_{NO}$),但选 Oz 轴为参考轴则可使 $\boldsymbol{F}_{NO}$ 不在方程中出现, 于是可求出 $\ddot{x}$. 若再把系统扩大为 m_1、绳、m_2 和 m_3 的质点系,则可发现不管如何选择参考轴均无法求解.

请读者注意,质点系是人为选定的. 适当扩大系统,可使未知力成为内力,对使用动量定理和角动量定理有利. 使用角动量定理时可以适当地选择参考点或参考轴,使未知力的力矩为零,有利于求解.

(2) 用动量定理无法求出 $\ddot{x}$. 以 m_1 为系统,动量定理为 $m_1\ddot{x}=m_1g-F_T$;以 m_1、绳和 m_2 为质点系,动量定理为 $m_1\ddot{x}=m_1g+m_2g-F_{NO}$;以 m_1、绳、m_2 和 m_3 为质点系,动量定理为 $m_1\ddot{x}=m_1g+m_2g+m_3g-F_{NA}-F_{NB}$;方程数均小于未知量个数,无法求解.

(3) 求出 $\ddot{x}$ 后,可用动量定理 $m_1\ddot{x}=m_1g+m_2g-F_{NO}$ 求出 F_{NO}. 再以 m_3 为系统,用静力学方法求出 F_{NA}.

(4) 可以根据动能定理求 $\ddot{x}$. 以 m_1、绳和 m_2 为质点系,运动中只有保守力 W_1 做功,系统机械能守恒,以 O 为重力势能零点, 则
$$\frac{1}{2}m_1\dot{x}^2+\frac{1}{2}\times\frac{1}{2}m_2R^2\left(\frac{\dot{x}}{R}\right)^2-m_1gx=-m_1gx_0$$
x_0 为重物初始位置,把上式对时间求导数即可求出 $\ddot{x}$.

质点力学中牛顿第二定律或三个定理均可解题,有异曲同工之妙. 但在质点系力学中,选取合适的系统(质点系),选用合适的定理,对角动量定理选择合适的参考点(轴),是解决问题的重要技巧;选取得适当,可简化求解过程;选取不当,可能无法求解. 选取系统、定理和参考点(轴)的原则是: 尽量减少在方程中出现的未知量个数;特别是那些不必求出的未知量,最好使它们不在方程中出现. 减少未知量的依据是: ① 选用动量和角动量定理时,内力不在方程中出现; ② 选用角动量定理时,对参考点(轴)力矩为零的外力不在方程中出现;③ 应用动能定理时,不做功的外力及内力不在方程中出现.

例题 2.2 水平均质光滑细管长为 L,质量为 m_0,能绕过管一端并与其固连的竖直轴转动. 轴质量可忽略,轴承处光滑. 管内放有一个质量为 m 的小球,如 BL2.2 图所示. 初始时,管的角速度为 ω_0,小球位于管的中点,相对管的速度为零. 试求小球出口时的速率.

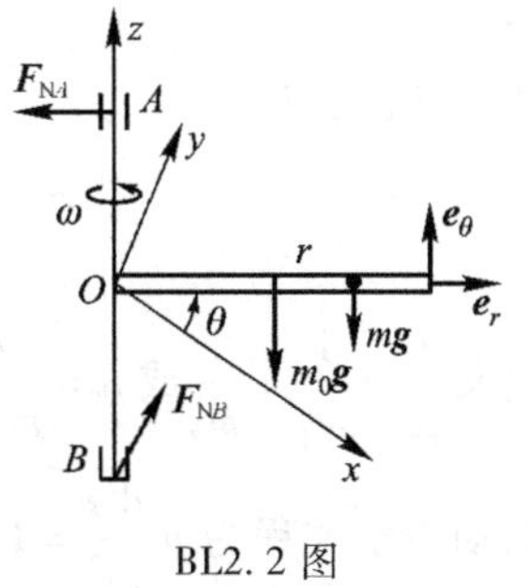

BL2.2 图

评述 质点力学中,牛顿第二定律是解决问题的基本方法,三个定理和三个守恒定律是辅助方法,但是辅助方法有可能更为有效;守恒定律是质点动力学方程的第一积分,解题更具优势,在可能的情况下应优选守恒定律解决问题. 在质点系力学中,质点系力学的三个

定理是解决问题的基本方法，但在可能时，仍应优先选用守恒定律解决问题.

解 以小球、管和轴构成质点系，建立柱坐标系(r,θ,z)如图所示，极轴沿管的初始位置. 系统所受外力中，重力$m_0\boldsymbol{g}$和$m\boldsymbol{g}$与Oz轴平行，轴承约束力$\boldsymbol{F}_{NA}$和$\boldsymbol{F}_{NB}$与Oz轴相交，对Oz轴力矩均为零，故系统对Oz轴角动量守恒. 管对Oz轴的转动惯量$I=\dfrac{1}{3}m_0L^2$，设小球出口时速度为$\boldsymbol{v}$，管的角速度为ω，则

$$\frac{1}{3}m_0L^2\omega+mL^2\omega=\frac{1}{3}m_0L^2\omega_0+m\left(\frac{L}{2}\right)^2\omega_0$$

所以$\omega=\dfrac{4m_0+3m}{4(m_0+3m)}\omega_0$.

由于$m_0\boldsymbol{g}$和$m\boldsymbol{g}$与受力质点位移垂直，$\boldsymbol{F}_{NA}$和$\boldsymbol{F}_{NB}$受力质点不动，系统所受外力均不做功；小球与管之间的相互作用力与它们之间的相对位移垂直，系统内力不做功；所以系统机械能守恒

$$\frac{1}{2}\times\frac{1}{3}m_0L^2\omega^2+\frac{1}{2}mv^2=\frac{1}{2}\times\frac{1}{3}m_0L^2\omega_0^2+\frac{1}{2}m\left(\frac{L}{2}\omega_0\right)^2$$

故$v=\dfrac{L\omega_0}{4(m_0+3m)}\sqrt{28m_0^2+69m_0m+36m^2}$.

请读者思考：若小球与管壁间有摩擦，对小球出口速度$\boldsymbol{v}$及径向速率v_r有何影响？

例题 2.3 试讨论通过引入折合质量（约化质量）μ研究二体相对运动问题的条件，并探讨主教材习题 2.6 的二体问题解法.

解 一般情况下，把研究两个质点仅在相互作用下的运动称为二体问题，二体是不受外力的孤立系统. 实际上，可以把条件放宽为“两个质点在与质量成正比的同向平行力的作用下的相对运动问题”，最常见的情况是“两个质点在重力场中的相对运动问题”.

下面对重力场中二体相对运动问题作证明：如 BL2.3 图所示，设质点m_1和m_2在重力场中，分别受重力$m_1\boldsymbol{g}$和$m_2\boldsymbol{g}$，两个质点的质心C以$\boldsymbol{g}$做加速运动，质心系为非惯性系（与孤立系情况中质心系为惯性系不同）. 在质心系中，m_1和m_2除受重力和二者间相互作用力外，还分别受惯性力$-m_1\boldsymbol{g}$和$-m_2\boldsymbol{g}$. 考虑一般情况，对两个质点间的相互作用力不作规定，设质点m_2受力为$\boldsymbol{F}$. 两个质点相对质心系的动力学方程为

$$m_1\frac{\mathrm{d}^2\boldsymbol{r}_1'}{\mathrm{d}t^2}=-\boldsymbol{F}\quad\text{和}\quad m_2\frac{\mathrm{d}^2\boldsymbol{r}_2'}{\mathrm{d}t^2}=\boldsymbol{F}$$

即

$$\frac{\mathrm{d}^2\boldsymbol{r}_1'}{\mathrm{d}t^2}=-\frac{\boldsymbol{F}}{m_1}\quad\text{和}\quad\frac{\mathrm{d}^2\boldsymbol{r}_2'}{\mathrm{d}t^2}=\frac{\boldsymbol{F}}{m_2}$$

两式相减，得

$$\frac{\mathrm{d}^2}{\mathrm{d}t^2}(\boldsymbol{r}_2'-\boldsymbol{r}_1')=\left(\frac{1}{m_1}+\frac{1}{m_2}\right)\boldsymbol{F}$$

定义$\dfrac{1}{\mu}=\dfrac{1}{m_1}+\dfrac{1}{m_2}$或$\mu=\dfrac{m_1m_2}{m_1+m_2}$，令$m_2$相对$m_1$的位置矢量为$\boldsymbol{r}=\boldsymbol{r}_2'-\boldsymbol{r}_1'=\boldsymbol{r}_2-\boldsymbol{r}_1$，则$m_2$相对$m_1$的动力学方程为$\mu\dfrac{\mathrm{d}^2\boldsymbol{r}}{\mathrm{d}t^2}=\boldsymbol{F}$.

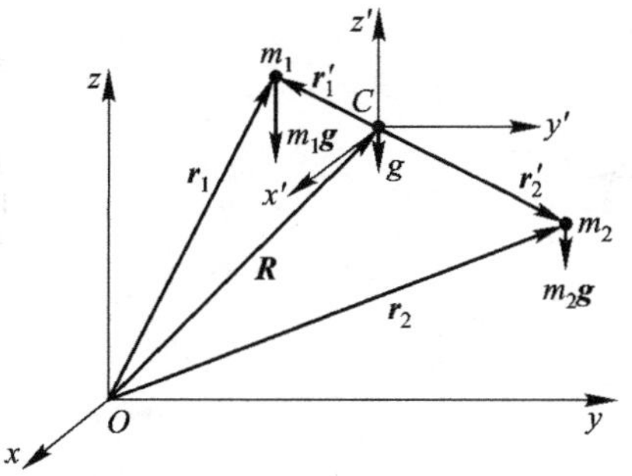

BL2.3 图

m_2 相对 m_1 的速度 $\boldsymbol{v}=\dfrac{\mathrm{d}\boldsymbol{r}}{\mathrm{d}t}$，把 $\mu\dfrac{\mathrm{d}^2\boldsymbol{r}}{\mathrm{d}t^2}=\boldsymbol{F}$ 点乘 $\mathrm{d}\boldsymbol{r}=\boldsymbol{v}\mathrm{d}t$，得 $\mu\dfrac{\mathrm{d}\boldsymbol{v}}{\mathrm{d}t}\cdot\boldsymbol{v}\mathrm{d}t=\boldsymbol{F}\cdot\mathrm{d}\boldsymbol{r}$，可知

$$\mathrm{d}\left(\frac{1}{2}\mu v^2\right)=\boldsymbol{F}\cdot\mathrm{d}\boldsymbol{r}$$

对主教材习题 2.6，利用上式即可求得两个质点相对运动速率 $v=\sqrt{\dfrac{2E}{\mu}}=\sqrt{\dfrac{2E(m_1+m_2)}{m_1m_2}}$，由于两个质点落地的时间为$\dfrac{v}{g}$，所以它们落地时的距离为$\dfrac{v}{g}\sqrt{\dfrac{2E(m_1+m_2)}{m_1m_2}}$.

§2.4　主教材习题提示

2.1　求均匀扇形薄片的质心，此扇形的半径为 a，所对的圆心角为 2θ. 并证明半圆片的质心离圆心的距离为 $\dfrac{4}{3}\dfrac{a}{\pi}$.

提示　如 X2.1 图所示，以扇形对称轴为 Ox 轴，质心在 Ox 轴上．

利用极坐标系切割出如图所示小质元，设薄片质量面密度为 σ，则小质元的质量 $\mathrm{d}m=\sigma r\mathrm{d}\theta\mathrm{d}r$. 薄片的质心坐标为

$$x_C=\frac{\int x\mathrm{d}m}{\int \mathrm{d}m}=\frac{\int_{-\theta}^{\theta}\int_0^a r\cos\theta\sigma r\mathrm{d}\theta\mathrm{d}r}{\int_{-\theta}^{\theta}\int_0^a \sigma r\mathrm{d}\theta\mathrm{d}r}=\frac{2}{3}a\frac{\sin\theta}{\theta}$$

如薄片为半圆，$\theta=\dfrac{\pi}{2}$，则 $x_C=\dfrac{4a}{3\pi}$.

2.2　自半径为 a 的球上，用一与球心相距 b 的平面，切出一球形帽，求此球形帽的质心.

提示　如 X2.2 图所示，过球心 O，垂直于平面建立 Oz 轴，球形帽对 Oz 轴是轴对称的，质心在 Oz 轴上．用垂直于 Oz 轴的平面把球形帽切割成等厚度薄片，设球形帽密度为 ρ，位于 z 处，厚度为 $\mathrm{d}z$ 的薄片质量为 $\mathrm{d}m=\rho\pi(a^2-z^2)\mathrm{d}z$. 球形帽的质心坐标为

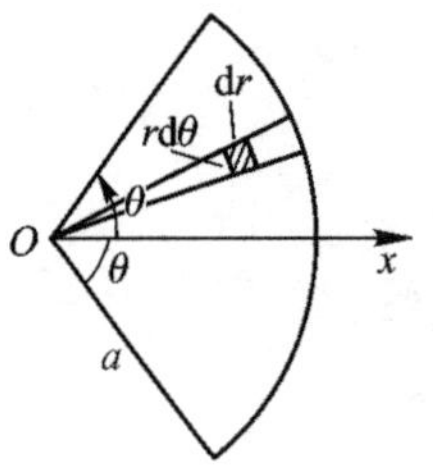

X2.1 图

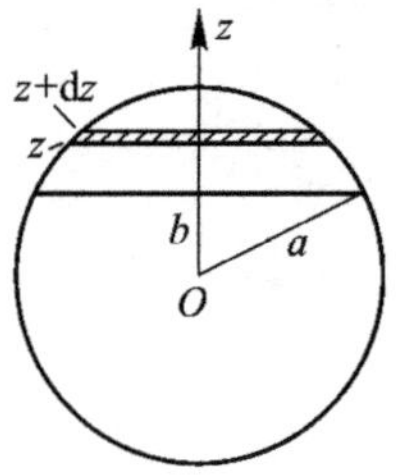

X2.2 图

$$z_C=\frac{\int z\mathrm{d}m}{\int \mathrm{d}m}=\frac{\int_b^a z\rho\pi(a^2-z^2)\mathrm{d}z}{\int_b^a \rho\pi(a^2-z^2)\mathrm{d}z}=\frac{3}{4}\frac{(a+b)^2}{2a+b}$$

2.3 重为 W 的人,手里拿着一个重为 w 的物体. 此人用与地平线成 α 角的速度 $\boldsymbol{v}_0$ 向前跳去. 当他达到最高点时,将物体以相对速度 $\boldsymbol{u}$ 水平向后抛出. 问由于物体的抛出,跳的距离增加了多少?

提示 设人达到最高点时水平速度为 v_x,人抛出物体后水平速度增加 Δv_x. 在人抛出物体的过程中,人和物体沿水平方向动量守恒

$$\frac{W+w}{g}v_x=\frac{W}{g}(v_x+\Delta v_x)+\frac{w}{g}(v_x+\Delta v_x-u)$$

求出 $\Delta v_x=\frac{w}{W+w}u$. 在斜抛运动中,物体由最高点落地的时间为 $\Delta t=\frac{v_0\sin\alpha}{g}$,所以人抛出物体后跳的距离增加了

$$\Delta v_x\Delta t=\frac{w}{(W+w)g}uv_0\sin\alpha$$

2.4 质量为 m_1 的质点,沿倾角为 θ 的光滑直角劈滑下,劈的本身,质量为 m_2,又可在光滑水平面上自由滑动. 试求:

(1) 质点水平方向的加速度 $\ddot{x}_1$;

(2) 劈的加速度 $\ddot{x}_2$;

(3) 劈对质点的反作用力 $\boldsymbol{F}_1$;

(4) 水平面对劈的反作用力 $\boldsymbol{F}_2$.

提示 设初始时质点 m_1 和尖劈 m_2 均静止. 在水平面上建立坐标系 Oxy,分析 m_1 和 m_2 受力如 X2.4 图所示.

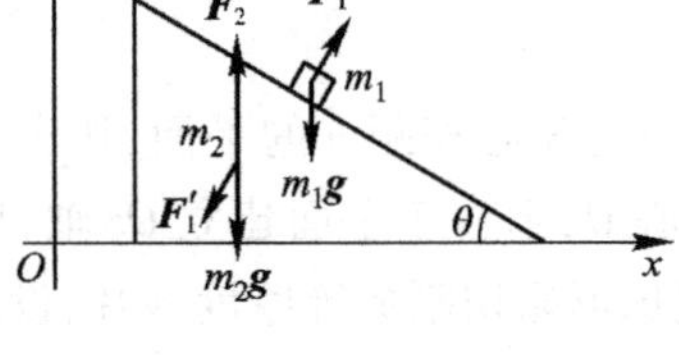

X2.4 图

以 m_1 和 m_2 为质点系，沿水平 Ox 方向不受外力，由 Ox 方向动量守恒

$$m_1\dot{x}_1 + m_2\dot{x}_2 = 0$$

得

$$m_1\ddot{x}_1 + m_2\ddot{x}_2 = 0 \tag{1}$$

分别对 m_1 和 m_2，因 $F_1' = F_1$，由牛顿第二定律，得

$$m_1\ddot{x}_1 = F_1\sin\theta \tag{2}$$

$$m_1\ddot{y}_1 = F_1\cos\theta - m_1 g \tag{3}$$

$$m_2\ddot{x}_2 = -F_1\sin\theta \tag{4}$$

$$m_2\ddot{y}_2 = 0 = F_2 - F_1\cos\theta - m_2 g \tag{5}$$

且可知

$$-(\dot{y}_1 - \dot{y}_2) = (\dot{x}_1 - \dot{x}_2)\tan\theta$$

即

$$\ddot{y}_1 = (\ddot{x}_2 - \ddot{x}_1)\tan\theta \tag{6}$$

由(1)式、(2)式、(3)式、(6)式解出 $\ddot{x}_1 = \dfrac{m_2\sin\theta\cos\theta}{m_2 + m_1\sin^2\theta}g$. 把 $\ddot{x}_1$ 代入(1)式得 $\ddot{x}_2 = -\dfrac{m_1\sin\theta\cos\theta}{m_2 + m_1\sin^2\theta}g$，代入(2)式得 $F_1 = \dfrac{m_1 m_2\cos\theta}{m_2 + m_1\sin^2\theta}g$. 把 F_1 代入(5)式得 $F_2 = \dfrac{m_2(m_1 + m_2)}{m_2 + m_1\sin^2\theta}g$.

如果初始时质点和尖劈以共同速度运动，其结果不变，请读者思考.

2.5 半径为 a，质量为 m 的薄圆片，绕垂直于圆片并通过圆心的竖直轴以匀角速 ω 转动，求绕此轴的动量矩.

提示 薄圆片面密度 $\sigma = \dfrac{m}{\pi a^2}$，用极坐标系切割出如 X2.5 图所示小质元，小质元质量 $\mathrm{d}m = \dfrac{m}{\pi a^2}r\mathrm{d}\theta\mathrm{d}r$. 绕过 O 竖直轴的动量矩

$$J = \int r^2\omega\mathrm{d}m = \int_0^{2\pi}\int_0^a r^2\omega\frac{m}{\pi a^2}r\mathrm{d}\theta\mathrm{d}r = \frac{1}{2}ma^2\omega$$

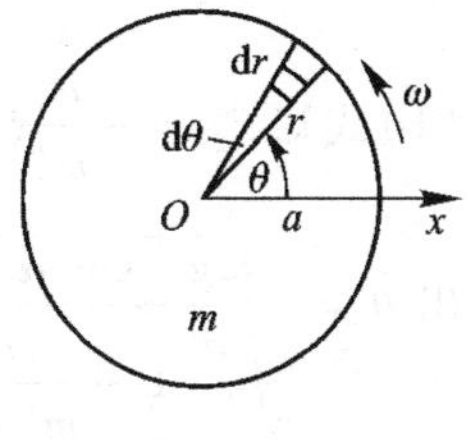

X2.5 图

2.6 一炮弹的质量为 $m_1 + m_2$，射出时的水平及竖直分速度为 u 及 v. 当炮弹达到最高点时，其内部的炸药产生能量 E，使此炸弹分为 m_1 及 m_2 两部分. 在开始时，两者仍沿原方向飞行，试求它们落地时相隔的距离，不计空气阻力.

提示 以整个炸弹为质点系，设爆炸后 m_1 和 m_2 两部分的水平速度分别为 v_1 和 v_2，在最高点的爆炸过程中外力沿竖直方向，故沿水平方向动量守恒，有

$$(m_1 + m_2)u = m_1 v_1 + m_2 v_2$$

由动能定理可得

$$E = \frac{1}{2}m_1 v_1^2 + \frac{1}{2}m_2 v_2^2 - \frac{1}{2}(m_1 + m_2)u^2$$

由上述二式即可求出

$$v_1 = u \pm \sqrt{\frac{2Em_2}{m_1(m_1+m_2)}},\quad v_2 = u \mp \sqrt{\frac{2Em_1}{m_2(m_1+m_2)}}$$

爆炸后 m_1 和 m_2 两部分相对速率 $|v_1 - v_2| = \sqrt{\dfrac{2E(m_1+m_2)}{m_1 m_2}}$，它们落地的时间为 $\dfrac{v}{g}$，所以它们落地时的距离为 $\dfrac{v}{g}|v_1 - v_2| = \dfrac{v}{g}\sqrt{\dfrac{2E(m_1+m_2)}{m_1 m_2}} = \dfrac{v}{g}\sqrt{2E\left(\dfrac{1}{m_1}+\dfrac{1}{m_2}\right)}$.

2.7　质量为 m'，半径为 a 的光滑半球，其底面放在光滑的水平面上．有一质量为 m 的质点沿此半球面滑下．设质点的初位置与球心的连线和竖直方向上的直线间所成夹角为 α，并且起始时此系统是静止的，求此质点滑到它与球心的连线和竖直向上直线间所成夹角为 θ 时 $\dot{\theta}$ 之值.

提示　以半球 m' 和质点 m 为质点系，在竖直面内建立坐标系 Oxy，分析 m' 和 m 受力如 X2.7 图所示．因水平 Ox 方向不受外力，沿 Ox 方向动量守恒

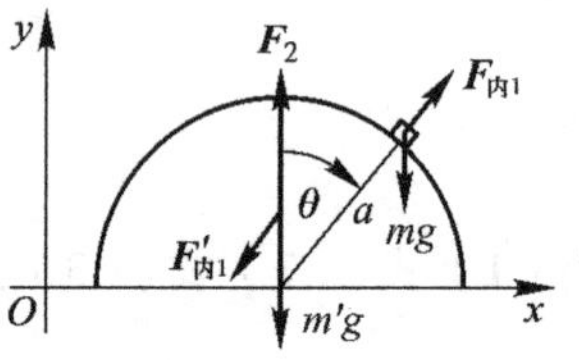

X2.7 图

$$m\dot{x}_1 + m'\dot{x}_2 = 0 \tag{1}$$

由于非保守外力 $\boldsymbol{F}_2$ 不做功，一对非保守内力 $\boldsymbol{F}_{内1}$ 和 $\boldsymbol{F}'_{内1}$ 做功之和为零，机械能守恒

$$mga\cos\theta + \frac{1}{2}m(\dot{x}_1^2 + \dot{y}_1^2) + \frac{1}{2}m'\dot{x}_2^2 = mga\cos\alpha \tag{2}$$

且

$$\dot{x}_1 = \dot{x}_2 + a\dot{\theta}\cos\theta,\quad \dot{y}_1 = -a\dot{\theta}\sin\theta \tag{3}$$

由(1)式知 $\dot{x}_2 = -\dfrac{m}{m'}\dot{x}_1$，代入(3)式求出 $\dot{x}_1 = \dfrac{m'}{m'+m}a\dot{\theta}\cos\theta$. 再把 $\dot{x}_1$、$\dot{y}_1$ 和 $\dot{x}_2$ 代入(2)式即可求出 $\dot{\theta} = \sqrt{\dfrac{2g}{a}\dfrac{\cos\alpha - \cos\theta}{1 - \dfrac{m}{m'+m}\cos^2\theta}}$.

评述　在质点滑动的过程中，$\boldsymbol{F}_{内1}$ 会逐渐减小，当 $\boldsymbol{F}_{内1}$ 为零时质点将离开半球面，质点离开半球面后前述解不能适用．

2.8　一光滑球 A 与另一静止的光滑球 B 发生斜碰．如两者均为完全弹性体，且两球的质量相等，则两球碰撞后的速度互相垂直，试证明之．

提示　以两球为质点系，设碰前 A 球速度为 $\boldsymbol{v}_{01}$，碰后 A 球和 B 球的速度分别为 $\boldsymbol{v}_1$ 和 $\boldsymbol{v}_2$，两球发生完全弹性碰撞，在碰撞过程中动量和机械能守恒

$$m\boldsymbol{v}_1 + m\boldsymbol{v}_2 = m\boldsymbol{v}_{01},\quad 即\ \boldsymbol{v}_1 + \boldsymbol{v}_2 = \boldsymbol{v}_{01}$$

$$\frac{1}{2}mv_1^2 + \frac{1}{2}mv_2^2 = \frac{1}{2}mv_{01}^2,\quad 即\ v_1^2 + v_2^2 = v_{01}^2$$

由上两式可得

$$v_1^2+v_2^2=(\boldsymbol{v}_1+\boldsymbol{v}_2)\cdot(\boldsymbol{v}_1+\boldsymbol{v}_2)=v_1^2+2\boldsymbol{v}_1\cdot\boldsymbol{v}_2+v_2^2$$

可见 $\boldsymbol{v}_1\cdot\boldsymbol{v}_2=0$，即 $\boldsymbol{v}_1\perp\boldsymbol{v}_2$.

评述 题目中所述光滑球的完全弹性碰撞问题，应理解为两个可视为质点的粒子间的弹性散射，具有重要微观意义.

题目所述问题在宏观问题中意义不大. 当两球碰撞时，在两球连心线方向存在数值巨大的冲击性的压力，所以在垂直两球连心线方向的摩擦力也必然数值巨大，因此作两球光滑的假设不能反映实际情况. 当两球间存在摩擦力时，碰撞后两球会发生旋转，两球就不再适宜采用质点模型了.

2.9 一光滑小球与另一相同的静止小球相碰撞. 在碰撞前，第一小球运动的方向与碰撞时两球的连心线成 α 角. 求碰撞后第一小球偏过的角度 β 以及在各种 α 值下 β 角的最大值. 设恢复系数 e 为已知.

提示 在碰撞平面内建立坐标系 Oxy，Ox 轴沿两球连心线方向. 因球光滑，静止球碰后速度 $\boldsymbol{v}_2$ 沿 Ox 轴，设运动球碰前和碰后速度分别为 $\boldsymbol{v}_{01}$ 和 $\boldsymbol{v}_1$，如 X2.9 图所示. 由碰撞过程中动量守恒和恢复系数的定义，可得

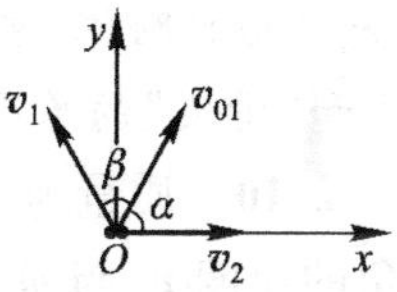

X2.9 图

$$v_1\cos(\alpha+\beta)+v_2=v_{01}\cos\alpha \qquad (1)$$

$$v_1\sin(\alpha+\beta)=v_{01}\sin\alpha \qquad (2)$$

$$v_2-v_1\cos(\alpha+\beta)=ev_{01}\cos\alpha \qquad (3)$$

(1)式减(3)式得 $v_1=\dfrac{(1-e)v_{01}\cos\alpha}{2\cos(\alpha+\beta)}$，再利用(2)式求出 $v_1=\dfrac{v_{01}\sin\alpha}{\sin(\alpha+\beta)}$，则

$$\frac{\sin\alpha}{\sin(\alpha+\beta)}=\frac{(1-e)\cos\alpha}{2\cos(\alpha+\beta)}$$

即

$$\tan(\alpha+\beta)=\frac{2}{1-e}\tan\alpha$$

由于 $\tan(\alpha+\beta)=\dfrac{\tan\alpha+\tan\beta}{1-\tan\alpha\tan\beta}$，所以

$$\tan\beta=\frac{(1+e)\tan\alpha}{1-e+2\tan^2\alpha}$$

即

$$\beta=\arctan\frac{(1+e)\tan\alpha}{1-e+2\tan^2\alpha} \qquad (4)$$

在各种 α 值下 β 取极大值对应 $\dfrac{d\beta}{d\alpha}=0$，即为

$$\frac{(1+e)\sec^2\alpha(1-e+2\tan^2\alpha-4\tan^2\alpha)}{(1-e+2\tan^2\alpha)^2}=0$$

由 $1-e+2\tan^2\alpha-4\tan^2\alpha=0$ 可求出 $\tan\alpha=\sqrt{\dfrac{1-e}{2}}$，代入(4)式，则

$$\tan \beta_{\max} = \frac{1+e}{\sqrt{8(1-e)}}$$

即

$$\beta_{\max} = \arctan \frac{1+e}{\sqrt{8(1-e)}}$$

由于

$$\sin \beta_{\max} = \tan \beta_{\max} \cdot \cos \beta_{\max} = \frac{\tan \beta_{\max}}{\sqrt{1+\tan^2 \beta_{\max}}} = \frac{1+e}{3-e}$$

所以

$$\beta_{\max} = \arcsin \frac{1+e}{3-e}$$

评述 题目所述的光滑球的非弹性碰撞问题在宏观问题中难于实现，意义不大．而对于两个粒子间的非弹性散射则具有重要的微观意义．

力学课程中常常涉及“小球”和“滑块”，实际是指“质点”模型，可能是忽略大小的宏观物体或是平动的刚体，也可能是微观粒子．物理学总是进行模型化的研究，这就是力学中常讨论“小球”和“滑块”的原因，不是脱离实际，而是对实际问题的升华．

2.10 质量为 m_2 的光滑球用一不可伸长的绳系于固定点 A. 另一质量为 m_1 的球以与绳成 θ 角的速度 $\boldsymbol{v}_1$ 与 m_2 正碰．试求 m_1 及 m_2 碰后开始运动的速度大小 v_1' 及 v_2'. 设恢复系数 e 为已知(初始时绳处于张紧状态).

评述 以两球为质点系，碰撞过程中绳不可伸长，绳的张力不可忽略，质点系动量不守恒！

提示 建立固定坐标系 Axy，Ax 沿绳方向，如 X2.10 图所示．

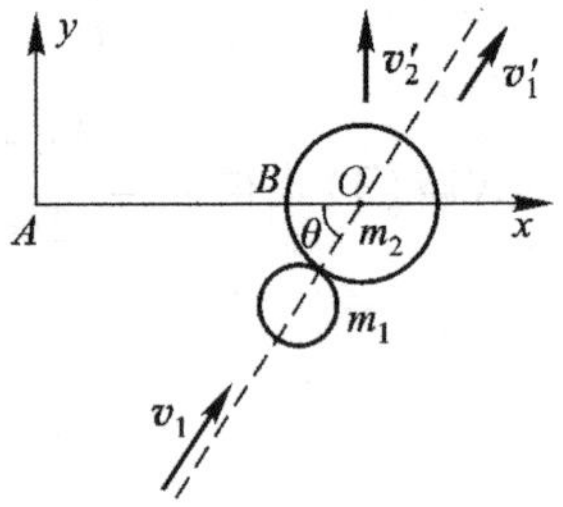

X2.10 图

因两球正碰，相互作用力沿连心线方向，所以碰后 m_1 依然沿连心线方向运动．绳不可伸长，m_2 碰后沿 Ay 方向运动．

以两球为质点系，碰撞过程中沿 Ay 方向不受外力，故沿 Ay 方向动量守恒，有

$$m_2 v_2' + m_1 v_1' \sin \theta = m_1 v_1 \sin \theta$$

且

$$v_2' \sin \theta - v_1' = e v_1$$

由上述两式即可求出 $v_1' = \dfrac{m_1 \sin^2\theta - e m_2}{m_2 + m_1 \sin^2\theta} v_1$ 和 $v_2' = \dfrac{m_1(1+e)\sin\theta}{m_2 + m_1 \sin^2\theta} v_1$.

2.11 在光滑的水平桌面上，有质量各为 m 的两个质点，初始时两个质点静止．用一不可伸长的绳紧直相连，绳长为 a. 设其中一质点受到一个与绳正交的冲量 I 的作用，求证此后两质点将各自做圆滚线运动，且其能量之比为 $\cot^2\left(\dfrac{It}{2am}\right):1$，式中 t 为冲力作用的时间．

提示 以两质点为质点系．初始时，系统如 X2.11 左图所示，以两质点质心 C 的位置为原点建立静止坐标系 Oxy，Ox 沿冲量 $\boldsymbol{I}$ 方向．质点 A 受冲量 $\boldsymbol{I}$ 作用后瞬时获得速度 $\boldsymbol{v}_A = \dfrac{I}{m}\boldsymbol{i}$，由于此瞬时质点 B 静止，所以质心 C 的速度 $\boldsymbol{v}_C = \dfrac{I}{2m}\boldsymbol{i}$.

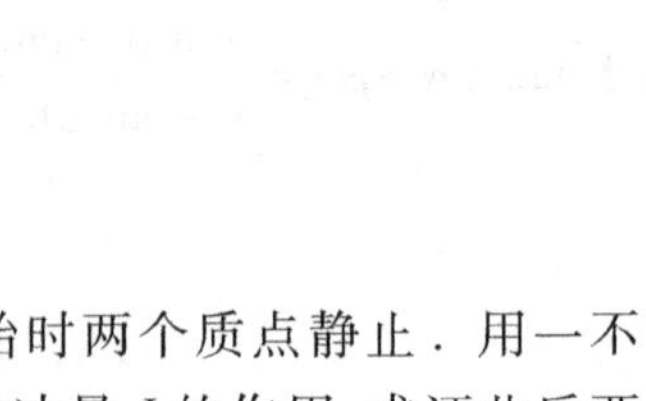

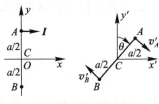

X2.11 图

由于质点系在水平面内不受外力，水平面内动量守恒，质心 C 以 $\boldsymbol{v}_C$ 做匀速直线运动，质心系 $Cx'y'$ 为惯性系．在质心系 $Cx'y'$ 内，质点 A 和 B 均只在与运动速度垂直的绳张力作用下运动，到质心 C 的距离保持 $\dfrac{a}{2}$ 不变，以不变速率 $v'_A=v'_B=\dfrac{I}{2m}$ 做匀速率圆周运动．因此在静止参考系 Oxy 中，两质点各沿旋轮线（圆滚线）运动．

质点 A 受冲量作用后的 t 时刻，系统在质心系内如 X2.11 右图所示，$\theta=\dfrac{v'_At}{a/2}=\dfrac{It}{am}$.

在静止参考系 Oxy 中，质点 A 的速度

$$\boldsymbol{v}_A=\frac{I}{2m}(1+\cos\theta)\boldsymbol{i}-\frac{I}{2m}\sin\theta\boldsymbol{j}$$

质点 B 的速度

$$\boldsymbol{v}_B=\frac{I}{2m}(1-\cos\theta)\boldsymbol{i}+\frac{I}{2m}\sin\theta\boldsymbol{j}$$

二质点能量之比

$$E_A:E_B=\frac{\dfrac{1}{2}m\left[\left(\dfrac{I}{2m}\right)^2(1+\cos\theta)^2+\left(\dfrac{I}{2m}\right)^2\sin^2\theta\right]}{\dfrac{1}{2}m\left[\left(\dfrac{I}{2m}\right)^2(1-\cos\theta)^2+\left(\dfrac{I}{2m}\right)^2\sin^2\theta\right]}$$

$$=\frac{1+\cos\theta}{1-\cos\theta}=\cot^2\frac{\theta}{2}=\cot^2\frac{It}{2am}:1$$

2.12 质量为 m_1 的球以速度 v_1 与质量为 m_2 的静止球正碰．求碰撞后两球相对于质心的速度 u'_1 和 u'_2 是多少？碰撞前两球相对于质心的动能是多少？恢复系数 e 为已知．

提示 以两球为质点系，沿 $\boldsymbol{v}_1$ 方向建立 Ox 坐标系．设质心速度为 v_{Cx}，两球相对质心系碰前的速度分别为 u_{1x} 和 u_{2x}，碰后的速度分别为 u'_{1x} 和 u'_{2x}．由于 $(m_1+m_2)v_{Cx}=m_1v_1$，所以 $v_{Cx}=\dfrac{m_1}{m_1+m_2}v_1$．故

$$u_{1x}=v_1-v_{Cx}=\frac{m_2}{m_1+m_2}v_1,\quad u_{2x}=-v_{Cx}=-\frac{m_1}{m_1+m_2}v_1$$

碰撞过程中不计外力，质心系为惯性系，在质心系中根据质心及恢复系数的定义，有

$$m_1u'_{1x}+m_2u'_{2x}=m_1u_{1x}+m_2u_{2x}=0$$
$$u'_{2x}-u'_{1x}=e(u_{1x}-u_{2x})$$

所以

$$u'_{1x}=-eu_{1x}=-\frac{em_2}{m_1+m_2}v_1,\quad u'_{2x}=-eu_{2x}=\frac{em_1}{m_1+m_2}v_1$$

在质心系中

$$T=\frac{1}{2}m_1u_{1x}^2+\frac{1}{2}m_2u_{2x}^2=\frac{1}{2}\frac{m_1m_2}{m_1+m_2}v_1^2$$

2. 13 长为 l 的均匀细链条伸直地平放在水平光滑桌面上，其方向与桌边缘垂直，此时链条的一半从桌边下垂. 起始时，整个链条是静止的. 试用两种不同的方法，求此链条的末端滑到桌子的边缘时，链条的速度 v.

评述 设链条到达桌面边缘的部分，立即沿竖直方向向下运动，这种假设和实际情况不完全相符合.

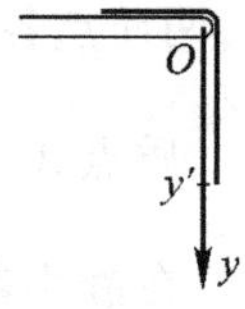

X2. 13 图

提示 在桌面边缘处建立竖直向下的坐标系 Oy，如 X2. 13 图所示. 以整根链条为质点系. 外力中，桌面支持力和水平部分所受重力不做功，下垂部分所受重力做功. 每对内力做功之和均为零.

方法 1 由动能定理

$$\int_0^v \mathrm{d}\left(\frac{1}{2}mv^2\right) = \int_{\frac{l}{2}}^{l} \frac{m}{l}yg\mathrm{d}y$$

即可求出 $v = \frac{1}{2}\sqrt{3gl}$.

方法 2 下垂部分所受重力为保守力，以桌面为重力势能零点，由机械能守恒

$$\frac{1}{2}mv^2 - mg\frac{l}{2} = -\frac{1}{2}mg\frac{l}{4}$$

即可求出 $v = \frac{1}{2}\sqrt{3gl}$.

2. 14 一条柔软、无弹性、质量均匀的绳索，竖直地自高处下落至地板上. 如绳索的长度等于 l，每单位长度的质量等于 σ. 求当绳索剩在空中的长度等于 $x(x<l)$ 时，绳索的速度及它对地板的压力. 设开始时，绳索的速度为零，它的下端离地板的高度为 h.

提示 柔软绳索各部分之间没有压力. 绳索自由降落过程中各部分均以重力加速度下降，故各部分之间没有拉力. 所以绳索下落过程中其内部没有相互作用力. 以绳索中从上端量起的长度为 x 的部分为研究对象，初始时其下端距地板的高度为 $h+l-x$，可知它自由降落到下端落地时的速度为 $v=\sqrt{2g(h+l-x)}$.

建立 Ox 坐标系竖直向上，用动量定理可求出在 $\mathrm{d}t$ 时间内降落于地板的小绳段所受冲力 F：

$$0-(-v\sigma\mathrm{d}x) = F\mathrm{d}t$$

即

$$v\sigma\frac{\mathrm{d}x}{\mathrm{d}t} = \sigma v^2 = F$$

所以绳对地板的压力为

$$F_{\mathrm{N}} = (l-x)\sigma g + \sigma v^2 = \sigma[2h+3(l-x)]g$$

2. 15 机枪质量为 m_1，放在水平地面上，装有质量为 m_2 的子弹. 机枪在单位时间内射出子弹的质量为 m，其相对于地面的速度则为 u. 如机枪与地面的摩擦因数为 μ，试证当 m_2 全部射出后，机枪后退的速度为

$$\frac{m_2}{m_1}u-\frac{(m_1+m_2)^2-m_1^2}{2mm_1}\mu g$$

提示　以机枪和枪内子弹为变质量物体(中心质点),以 dt 时间内射出的子弹为小质点,沿机枪运动方向建立 Ox 坐标系,如 X2.15 图所示.根据变质量物体动力学方程$\frac{\mathrm{d}}{\mathrm{d}t}(m_0\boldsymbol{v})-\frac{\mathrm{d}m_0}{\mathrm{d}t}\boldsymbol{u}=\boldsymbol{F}$,

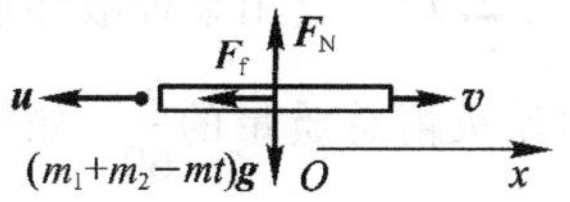

X2.15 图

$m_0=m_1+m_2-mt$,$\frac{\mathrm{d}m_0}{\mathrm{d}t}=-m$,因此

$$\frac{\mathrm{d}}{\mathrm{d}t}[(m_1+m_2-mt)v]-mu=-\mu(m_1+m_2-mt)g$$

子弹全部射出时 $t=\frac{m_2}{m}$,机枪运动速率为 $v_{\max}$,所以

$$\int_0^{m_1v_{\max}}\mathrm{d}[(m_1+m_2-mt)v]-\int_0^{\frac{m_2}{m}}mu\mathrm{d}t=-\int_0^{\frac{m_2}{m}}\mu(m_1+m_2-mt)g\mathrm{d}t$$

$$m_1v_{\max}-mu\frac{m_2}{m}=-\mu\left[(m_1+m_2)\frac{m_2}{m}-\frac{1}{2}m\left(\frac{m_2}{m}\right)^2\right]g$$

$$v_{\max}=\frac{m_2}{m_1}u-\frac{(m_1+m_2)^2-m_1^2}{2mm_1}\mu g$$

2.16　雨滴下落时,其质量的增加率与雨滴的表面积成正比例,求雨滴速度与时间的关系.设雨滴由静止开始下落,忽略空气阻力.考虑空气阻力的情况,一般也可以把雨滴模型化为球形.

提示　在忽略空气阻力的情况下,由于表面张力的作用,雨滴为球形.以雨滴为变质量物体,周围水分 $\boldsymbol{u}=\mathbf{0}$,以竖直向下为运动正方向,变质量物体的动力学方程为

$$\frac{\mathrm{d}(mv)}{\mathrm{d}t}=mg \tag{1}$$

设雨滴半径为 r,密度为 ρ,则 $m=\frac{4}{3}\rho\pi r^3$,由题意可知

$$\frac{\mathrm{d}m}{\mathrm{d}t}=4\rho\pi r^2\frac{\mathrm{d}r}{\mathrm{d}t}=\alpha4\pi r^2,\quad 即\frac{\mathrm{d}r}{\mathrm{d}t}=\frac{\alpha}{\rho}$$

积分上式,设 $t=0$ 时雨滴半径为 a,令 $\lambda=\frac{\alpha}{\rho}$,则得到 $r=a+\lambda t$,代入(1)式得

$$\mathrm{d}[(a+\lambda t)^3v]=g(a+\lambda t)^3\mathrm{d}t$$

积分上式得

$$(a+\lambda t)^3v=\frac{g}{4\lambda}(a+\lambda t)^4+C$$

因 $t=0$ 时 $v=0$,可知 $C=-\frac{g}{4\lambda}a^4$,所以 $v=\frac{g}{4\lambda}\left[a+\lambda t-\frac{a^4}{(a+\lambda t)^3}\right]$.

讨论 由于雨滴开始下落时半径很小，$a\approx 0$，这种情况下 $v\approx \frac{g}{4}t$.

2.17 设用某种液体燃料发动的火箭，喷气速度为 2 074 m/s，单位时间内所消耗的燃料为原始火箭总质量的$\frac{1}{60}$. 如重力加速度 g 的值可以认为是常量，则利用此种火箭发射人造太阳行星时，所携带的燃料的质量至少是空火箭质量的 300 倍，试证明之.

提示 以火箭及内部燃料为变质量物体，动力学方程为

$$m\frac{\mathrm{d}v}{\mathrm{d}t}=-mg-\frac{\mathrm{d}m}{\mathrm{d}t}v_{\mathrm{r}}$$

设 $t=0$ 时，火箭总质量为 m_0，速率 $v=0$. 燃料烧完后火箭的质量为 m_{s}，所携带燃料的质量为 $m'=m_0-m_{\mathrm{s}}$. 燃料烧完时 $t=\frac{60m'}{m_0}$，火箭达最大速度 $v_{\max}$. 作积分

$$\int_0^{v_{\max}}\mathrm{d}v=-g\int_0^{\frac{60m'}{m_0}}\mathrm{d}t-v_{\mathrm{r}}\int_{m_0}^{m_{\mathrm{s}}}\frac{\mathrm{d}m}{m}$$

$$v_{\max}=-g\frac{60m'}{m_0}-v_{\mathrm{r}}\ln\frac{m_{\mathrm{s}}}{m_0}=-60g\frac{m'}{m_{\mathrm{s}}+m'}+v_{\mathrm{r}}\ln\left(1+\frac{m'}{m_{\mathrm{s}}}\right)$$

把 $m'=300m_{\mathrm{s}}$ 代入上式，得 $v_{\max}=11\ 250$ m/s.

2.18 原始总质量为 m_0 的火箭，发射时单位时间内消耗的燃料与 m_0 成正比，即 αm_0（α 为比例常量），并以相对速度 v 喷射. 已知火箭本身的质量为 m，求证只有当 $\alpha v>g$（重力加速度的值 g 可以认为是常量）时，火箭才能上升；并证明能达到的最大速度为

$$v\ln\frac{m_0}{m}-\frac{g}{\alpha}\left(1-\frac{m}{m_0}\right)$$

能达到的最大高度为

$$\frac{v^2}{2g}\left(\ln\frac{m_0}{m}\right)^2+\frac{v}{\alpha}\left(1-\frac{m}{m_0}-\ln\frac{m_0}{m}\right)$$

提示 以火箭及内部燃料为变质量物体，动力学方程为

$$m_{总}\frac{\mathrm{d}v}{\mathrm{d}t}=-m_{总}g-\frac{\mathrm{d}m_{总}}{\mathrm{d}t}v_{\mathrm{r}} \tag{1}$$

因$\frac{\mathrm{d}m_{总}}{\mathrm{d}t}=-\alpha m_0$，$m_{总}=m_0-\alpha m_0 t$，所以

$$\frac{\mathrm{d}v}{\mathrm{d}t}=-g+\frac{\alpha m_0 v}{m_0-\alpha m_0 t}$$

$t=0$ 时$\left.\frac{\mathrm{d}v}{\mathrm{d}t}\right|_{\min}=-g+\alpha v$，可见仅当 $\alpha v>g$，$\frac{\mathrm{d}v}{\mathrm{d}t}>0$，火箭才能上升.

积分(1)式 $$\int_0^v\mathrm{d}v=-g\int_0^t\mathrm{d}t-v\int_{m_0}^{m_{总}}\frac{\mathrm{d}m_{总}}{m_{总}}$$

得
$$v = -gt - v\ln\frac{m_{总}}{m_0} \tag{2}$$

燃料烧完时 $m_{总} = m, t = \dfrac{m_0 - m}{\alpha m_0}$，火箭达最大速度

$$v_{\max} = v\ln\frac{m_0}{m} - \frac{g}{\alpha}\left(1 - \frac{m}{m_0}\right)$$

由(2)式知，喷射过程中火箭上升高度

$$h_1 = -\frac{1}{2}g\left(\frac{m_0 - m}{\alpha m_0}\right)^2 - v\int_0^{\frac{m_0-m}{\alpha m_0}} \ln(1 - \alpha t)\,\mathrm{d}t$$

$$= -\frac{g}{2\alpha^2}\left(1 - \frac{m}{m_0}\right)^2 + \frac{v}{\alpha}\left(\frac{m}{m_0}\ln\frac{m}{m_0} - \frac{m}{m_0}\right) + \frac{v}{\alpha}$$

燃料烧完后，火箭做上抛运动，上抛高度为

$$h_2 = \frac{v_{\max}^2}{2g} = \frac{v^2}{2g}\left(\ln\frac{m_0}{m}\right)^2 - \frac{v}{\alpha}\left(1 - \frac{m}{m_0}\right)\ln\frac{m_0}{m} + \frac{g}{2\alpha^2}\left(1 - \frac{m}{m_0}\right)^2$$

火箭可达最大高度为

$$h = h_1 + h_2 = \frac{v^2}{2g}\left(\ln\frac{m_0}{m}\right)^2 + \frac{v}{\alpha}\left(1 - \frac{m}{m_0} - \ln\frac{m_0}{m}\right)$$

2.19 试以行星绕太阳的运动为例，验证位力定理. 计算时可利用 §1.9 中所有的关系和公式，且认为太阳是固定不动的.

提示 行星做椭圆轨道运动，设运动周期为 τ.

$$\overline{T} = \frac{1}{\tau}\int_0^\tau \frac{1}{2}mv^2\,\mathrm{d}t = \frac{1}{\tau}\int_0^\tau \frac{1}{2}m\boldsymbol{v}\cdot\boldsymbol{v}\,\mathrm{d}t = \frac{1}{\tau}\int_0^\tau \frac{1}{2}m\boldsymbol{v}\cdot\mathrm{d}\boldsymbol{r}$$

$$= \frac{1}{\tau}\int_0^\tau \frac{1}{2}m\,\mathrm{d}(\boldsymbol{v}\cdot\boldsymbol{r}) - \frac{1}{\tau}\int_0^\tau \frac{1}{2}m\boldsymbol{r}\cdot\mathrm{d}\boldsymbol{v} = -\frac{1}{2}\frac{m}{\tau}\int_0^\tau \boldsymbol{r}\cdot\mathrm{d}\boldsymbol{v}$$

由于 $m\boldsymbol{a} = m\dfrac{\mathrm{d}\boldsymbol{v}}{\mathrm{d}t} = -\dfrac{Gm_{\mathrm{S}}m}{r^2}\dfrac{\boldsymbol{r}}{r}$，所以

$$\overline{T} = -\frac{1}{2}\frac{1}{\tau}\int_0^\tau \boldsymbol{r}\cdot m\,\mathrm{d}\boldsymbol{v} = -\frac{1}{2}\frac{1}{\tau}\int_0^\tau \boldsymbol{r}\cdot\left(-\frac{Gm_{\mathrm{S}}m}{r^2}\frac{\boldsymbol{r}}{r}\right)\mathrm{d}t$$

$$= -\frac{1}{2}\frac{1}{\tau}\int_0^\tau\left(-\frac{Gm_{\mathrm{S}}m}{r^2}\frac{\boldsymbol{r}\cdot\boldsymbol{r}}{r}\right)\mathrm{d}t = -\frac{1}{2}\frac{1}{\tau}\int_0^\tau\left(-\frac{Gm_{\mathrm{S}}m}{r}\right)\mathrm{d}t = -\frac{1}{2}\overline{V}$$

§2.5 补充习题及提示

2.1 椭圆规尺 AB 质量为 $2m_1$，曲柄 OC 质量为 m_1，套管 A、B 质量均为 m_2. $OC = AC =$

$CB=l$,尺和曲柄的质心均位于其中点．曲柄以匀角速度 $\boldsymbol{\omega}$ 绕 Oz 轴转动,如 BX2.1 图所示,求此机构总动量的大小和方向．

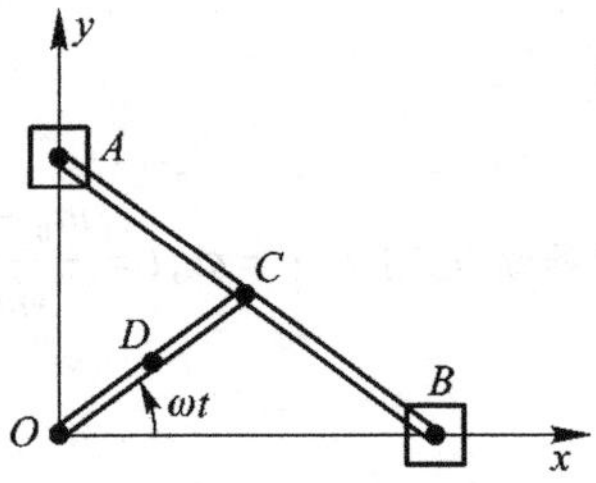

BX2.1 图

提示 可以分别求出 AB、OC、A 和 B 的动量,之后求和得出总动量 $\boldsymbol{p}$.

也可求机构总质心位置 $\boldsymbol{r}=\dfrac{m_2\boldsymbol{r}_A+m_2\boldsymbol{r}_B+2m_1\boldsymbol{r}_C+m_1\boldsymbol{r}_D}{2m_2+3m_1}$,由 $\boldsymbol{p}=(3m_1+2m_2)\dot{\boldsymbol{r}}$ 求 $\boldsymbol{p}$.

$$\boldsymbol{p}=m_2\dot{\boldsymbol{r}}_A+m_2\dot{\boldsymbol{r}}_B+2m_1\dot{\boldsymbol{r}}_C+m_1\dot{\boldsymbol{r}}_D=\left(\frac{5}{2}m_1+2m_2\right)l\omega(-\sin\omega t\boldsymbol{i}+\cos\omega t\boldsymbol{j})$$

2.2 质量分别为 m_1 和 m_2 的重物由跨过滑轮 A 的不可伸长的轻绳相连,并可沿直角三棱柱的斜面滑动,三棱柱底面放在光滑水平面上,如 BX2.2 图所示．已知三棱柱质量 $m=4m_1=16m_2$,初始时各物体均静止,求当重物 m_1 下降高度为 0.1 m 时,三棱柱沿水平面的位移．

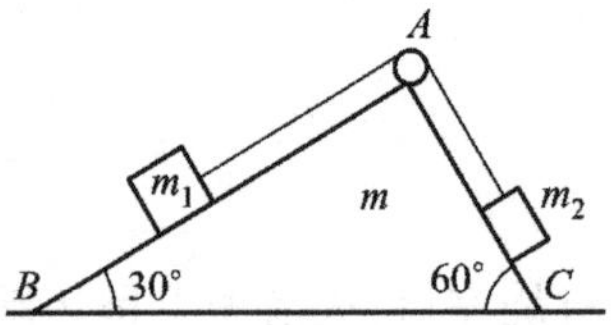

BX2.2 图

提示 以 m、m_1 和 m_2 为质点系,建立水平向右的 Ox 轴,Ox 方向动量守恒

$$m_1\dot{x}_1+m_2\dot{x}_2+m\dot{x}=0$$

即

$$m_1\Delta x_1+m_2\Delta x_2+m\Delta x=0$$

考虑到 $\Delta x_1=\Delta x_1'+\Delta x$,$\Delta x_2=\Delta x_2'+\Delta x$. m_1 下降 0.1 m,则 $\Delta x_1'=-0.1\sqrt{3}\,\text{m}$,$\Delta x_2'=-0.1\text{m}$. 可求出 $\Delta x\approx 3.78\times10^{-2}$ m.

2.3 瓦特节速器装置如 BX2.3 图所示,两根杆长 $OA=OB=l$,A 和 B 两个球质量均为 m. 初始时 A 和 B 两个球被一根线连接,装置以角速度 $\boldsymbol{\omega}_0$ 绕过 O 点的竖直轴转动,杆的张角为 θ_0. 某一时刻线被烧断,求角速度 $\boldsymbol{\omega}$ 与张角 θ 的关系．设轴承光滑,不受主动力矩,杆的质量均可忽略不计．若杆的质量不可忽略,但各杆质量分布均匀,结果又当如何？

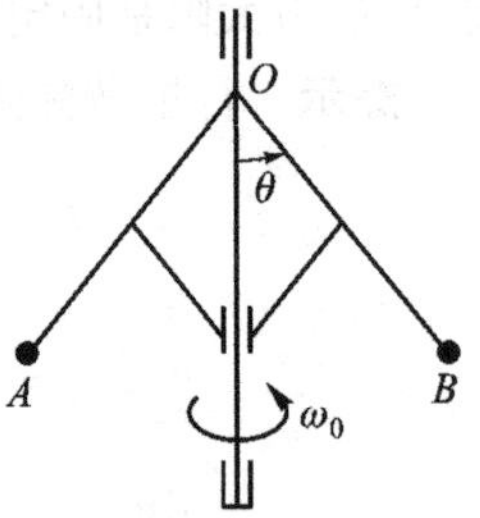

BX2.3 图

提示 以两个球、四根杆和轴为质点系,对过 O 点的竖直轴角动量守恒

$$2m\omega l^2\sin^2\theta=2m\omega_0 l^2\sin^2\theta_0$$

可求出 $\omega=\dfrac{\sin^2\theta_0}{\sin^2\theta}\omega_0$. 当杆的质量不可忽略但均匀分布时,结果不变．

2.4 传送机由两个相同的滑轮 B、C 和套在其上的传送带构成．每个滑轮的质量为 m_1、半径为 R,均可视为均质圆盘,在滑轮 B 上施加有不变力矩 $\boldsymbol{M}$. 传送带质量为 m_2,在 EF 间可视为直线,相对水平面倾角为 α. 被传送物体质量为 m_3,初始时各物体均静止,如 BX2.4 图所示．设滑轮轴承处光滑,传送带与滑轮、传送带与被传送物体间均无滑动．试求,当被传送物体在 EF 间运动时,传送带运行速率 v 与运行距离 s 间的关系．

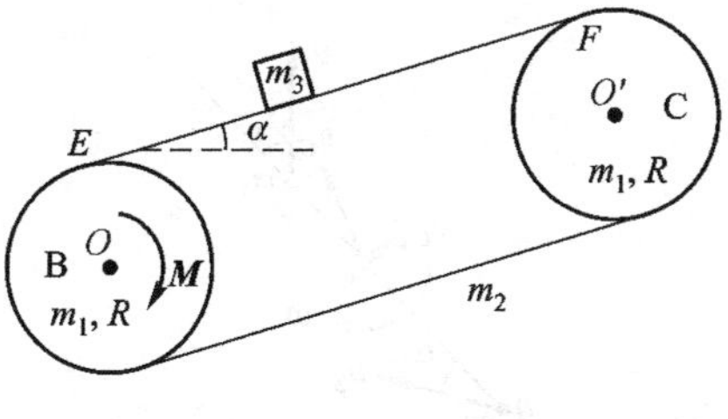

BX2.4 图

提示 以传送机和被传送物体为质点系，运动过程中只有力矩 $\boldsymbol{M}$ 及物体 m_3 所受重力做功，由动能定理

$$2\times\frac{1}{2}\times\frac{1}{2}m_1R^2\left(\frac{v}{R}\right)^2+\frac{1}{2}m_2v^2+\frac{1}{2}m_3v^2-0=M\frac{s}{R}-m_3gs\sin\alpha$$

可求出 $v=\sqrt{\dfrac{2(M-Rm_3g\sin\alpha)}{R(m_1+m_2+m_3)}s}$.

2.5 轻杆 AB 长为 l，两端固定有质量分别为 m_1 和 m_2 的质点 A 和 B，杆只能在竖直面内运动．某瞬时，A 点速度为 $\boldsymbol{v}_1$，B 速度为 $\boldsymbol{v}_2$，分别与杆夹角 α_1 和 α_2，如 BX2.5－1 图所示．(1) 试求此瞬时系统在质心系中对质心的角动量；(2) 考虑重力作用，试求此系统在以后的运动中角速度的变化情况．

提示 如 BX2.5－2 图所示，设质心速度为 $\boldsymbol{v}_C$，杆角速度为 $\boldsymbol{\omega}$. 以地为 S 系，质心系为 S′系，将 $\boldsymbol{v}=\boldsymbol{v}_C+\boldsymbol{v}'$ 用于质点 A 和 B，并沿垂直于杆方向投影，得

$$v_{C\perp}+\omega l_{CA}=v_1\sin\alpha_1,\quad v_{C\perp}-\omega l_{CB}=-v_2\sin\alpha_2$$

由上二式可求出 $\omega=\dfrac{v_1\sin\alpha_1+v_2\sin\alpha_2}{l}$.

系统对过质心的水平轴的转动惯量为

$$\begin{aligned}I_C&=m_1l_{CA}^2+m_2l_{CB}^2\\&=m_1\left(\frac{m_2l}{m_1+m_2}\right)^2+m_2\left(\frac{m_1l}{m_1+m_2}\right)^2=\frac{m_1m_2l^2}{m_1+m_2}\end{aligned}$$

所以 $$\boldsymbol{J}'_C=I_C\omega\frac{\boldsymbol{\omega}}{\omega}=\frac{m_1m_2l^2\omega}{m_1+m_2}\frac{\boldsymbol{\omega}}{\omega}=\frac{m_1m_2l(v_1\sin\alpha_1+v_2\sin\alpha_2)}{m_1+m_2}\frac{\boldsymbol{\omega}}{\omega}$$

系统受重力，质心加速度为 $\boldsymbol{g}$. 在质心系中质点所受重力 $(m_1\boldsymbol{g}, m_2\boldsymbol{g})$ 与惯性力 $(-m_1\boldsymbol{g}, -m_2\boldsymbol{g})$ 抵消，外力对质心的力矩和为零，所以在质心系中对质心角动量守恒，$\boldsymbol{J}'_C=$ 常矢量，故可知 $\boldsymbol{\omega}=$ 常矢量，即 $\boldsymbol{\omega}$ 保持不变．

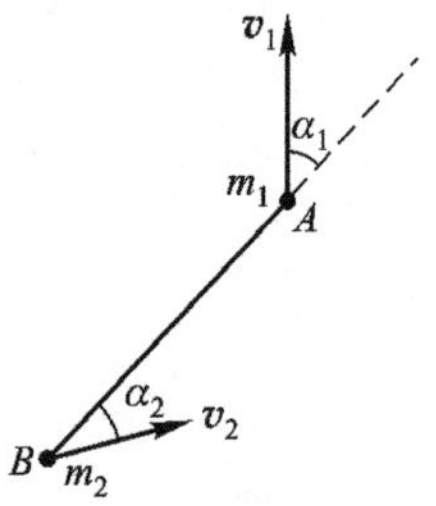

BX2.5－1 图

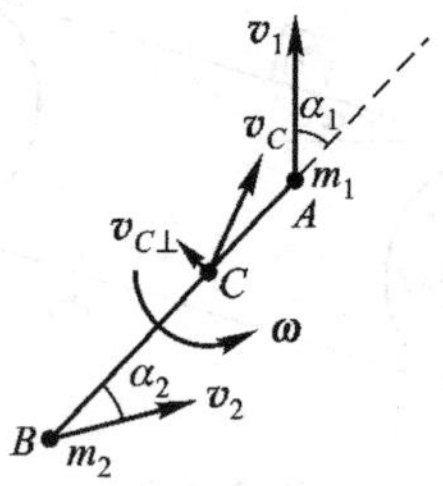

BX2.5－2 图

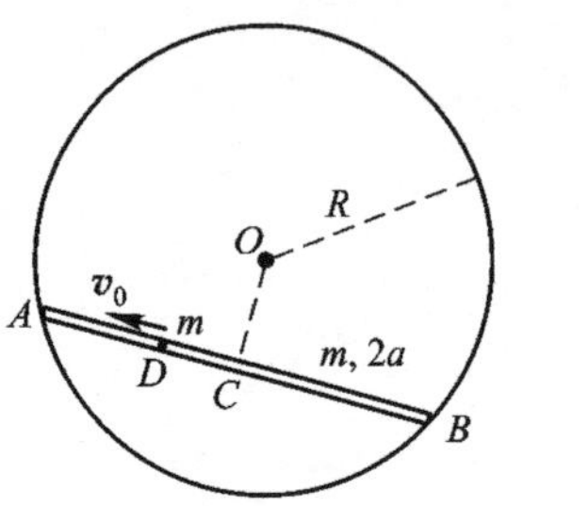

BX2.6 图

2.6 质量为 m，长为 $2a$ 的细杆 AB 的两端可沿一个水平固定圆环无摩擦地滑动，圆环半径为 $R(R>a)$. 初始时杆静止，同时有一个质量亦为 m 的质点静止于杆的中点 C. 自某一瞬时开始，质点以相对杆的不变速度 $\boldsymbol{v}_0$ 沿杆运动，如 BX2.6 图所示．试求当质点运动到杆的 A 端时，杆相对其初始位置转过多少角度？

提示 以杆和质点为质点系，所受外力对过环心 O 的竖直轴力矩为零，所以质点系对过 O 的竖直轴角动量守恒．设杆的角速度为 ω，利用求转动惯量的平行轴定理，对杆

$$J_1 = I\omega = \left[\frac{1}{12}m(2a)^2 + m(R^2 - a^2)\right]\omega = m\left(R^2 - \frac{2}{3}a^2\right)\omega$$

对质点 $$J_2 = ml_{OD}^2\omega - l_{OC}mv_0 = m(R^2 - a^2 + v_0^2t^2)\omega - mv_0\sqrt{R^2 - a^2}$$

根据 $$J = J_1 + J_2 = m\left(2R^2 - \frac{5}{3}a^2\right)\omega + mv_0^2t^2\omega - mv_0\sqrt{R^2 - a^2} = 0$$

可求出 $\omega = \dfrac{v_0\sqrt{R^2 - a^2}}{2R^2 - \dfrac{5a^2}{3} + v_0^2t^2}$. 因为 $\omega = \dfrac{\mathrm{d}\theta}{\mathrm{d}t}$，所以

$$\Delta\theta = \int_0^{\frac{a}{v_0}} \frac{v_0\sqrt{R^2 - a^2}}{2R^2 - \frac{5}{3}a^2 + v_0^2t^2}\mathrm{d}t = \sqrt{\frac{R^2 - a^2}{2R^2 - \frac{5a^2}{3}}} \cdot \arctan\frac{a}{\sqrt{2R^2 - \frac{5a^2}{3}}}$$

2.7 如 BX2.7 图所示，一根均质细杆可绕过其上端的水平 O 轴转动，初始时静止．有一个小球水平飞来与杆发生碰撞，试证明若小球撞击在距 O 点 $\frac{2}{3}$ 杆长的 A 点时，由小球与杆构成的质点系沿水平方向动量守恒．

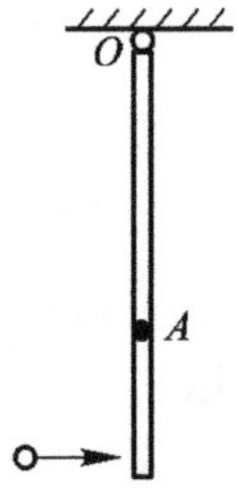

BX2.7 图

提示 设杆的质量为 m，长为 l，撞击点到 O 的距离为 a.

以杆为研究对象，设杆受碰撞的水平冲击力 F，受 O 轴的约束力沿竖直和水平方向分解为 $\boldsymbol{F}_{\mathrm{N}} = \boldsymbol{F}_{\mathrm{N竖直}} + \boldsymbol{F}_{\mathrm{N水平}}$. 由对 O 轴的角动量定理和质心运动定理，有

$$\frac{1}{3}ml^2\dot{\omega} = Fa, \quad m\frac{l}{2}\dot{\omega} = F - \boldsymbol{F}_{\mathrm{N水平}}$$

由上述两式消去 $\dot{\omega}$ 得 $\boldsymbol{F}_{\text{N水平}}=\left(1-\dfrac{3a}{2l}\right)F$，可见当 $a=\dfrac{2}{3}l$ 时 $\boldsymbol{F}_{\text{N水平}}=0$.

以小球和杆为质点系，当 $a=\dfrac{2}{3}l$，$\boldsymbol{F}_{\text{N水平}}=0$ 时，质点系水平方向不受外力，质点系沿水平方向动量守恒.

2.8 参见补充思考题 2.7，试求按住 A 点后杆的瞬时角速度，及按住 A 点的过程中杆的动能损失了百分之多少？

提示 按住 A 点前杆的质心静止，杆对过 A 点竖直轴角动量 $J_A=I_C\omega_0=\dfrac{1}{12}ml^2\omega_0$（参见补充思考题 2.4）. 按住 A 点后，杆对过 A 点竖直轴角动量 $J'_A=I_A\omega=\dfrac{1}{3}ml^2\omega$. 按住 A 点过程中，杆对过 A 点的竖直轴角动量守恒，有

$$J'_A=\frac{1}{3}ml^2\omega=J_A=\frac{1}{12}ml^2\omega_0$$

可知 $\omega=\dfrac{\omega_0}{4}$. 按住 A 点前杆的动能 $T=\dfrac{1}{2}I_C\omega_0^2=\dfrac{1}{24}ml^2\omega_0^2$，按住 A 点后杆的动能 $T'=\dfrac{1}{2}I_A\omega^2=\dfrac{1}{6}ml^2\left(\dfrac{\omega_0}{4}\right)^2=\dfrac{1}{4}T$，可见按住 A 点的过程中杆的动能损失了 75%.

2.9 曾有人对火星的某个卫星是否是由“火星人”发射的问题进行了有趣的探索，有人算出此卫星的质量小、体积大，应该是中空的，由此认为是“火星人”发射的“人造卫星”. 设火星绕太阳的运动和此卫星绕火星的运动都是二体问题，已知太阳的质量，讨论通过哪些量的测量可以计算出卫星的质量？

提示 以日心系为参考系，测出火星绕太阳运动的周期 T_1 和轨道半长轴 a_1，设 m_0 为太阳质量，m_1 为火星质量，根据修正后的开普勒第三定律，有 $\dfrac{T_1^2}{a_1^3}=\dfrac{4\pi^2}{G(m_0+m_1)}$. 以火星系为参考系，测出卫星绕火星运动的周期 T_2 和轨道半长轴 a_2，设 m_2 为卫星质量，根据修正后的开普勒第三定律，有 $\dfrac{T_2^2}{a_2^3}=\dfrac{4\pi^2}{G(m_1+m_2)}$. 由前述两式可得 $m_2=m_0-\dfrac{4\pi^2}{G}\left(\dfrac{a_1^3}{T_1^2}-\dfrac{a_2^3}{T_2^2}\right)$.

第三章　刚 体 力 学

§3.1 补充思考题及提示

一、补充思考题

3.1 一个螺母在一根与其配套的固定的螺杆上旋进,螺母是否做定轴转动?

3.2 在研究刚体运动时,有时使用与刚体部分固连的运动坐标系较为方便.所谓与刚体部分固连的坐标系是指运动坐标系跟随刚体进动和章动,而不随刚体自转,即 BS3.2 图中的 $ONLz$ 坐标系.试写出刚体角速度 $\boldsymbol{\omega}$ 在 $ONLz$ 坐标系中的三个分量.

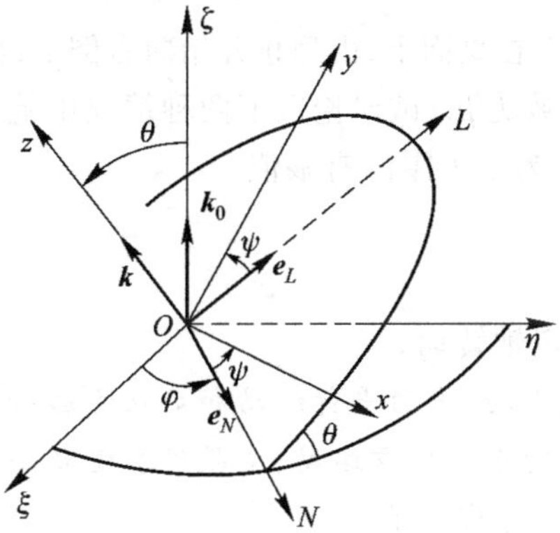

BS3.2 图

3.3 试证:若坐标系 $Oxyz$ 的两个坐标轴是刚体对 O 点的惯量主轴,则第 3 轴也一定是 O 点的惯量主轴.

3.4 已知某轴是刚体上某点 O 的惯量主轴,此轴是否为轴上其他点的惯量主轴?

3.5 试证刚体质心的惯量主轴是轴上各点的惯量主轴.

3.6 由于刚体对定点 O 的角动量 $\boldsymbol{J}$ 结构复杂,一般要对它进行简化.简化 1:使所有惯量系数均为常量,常用的方法是选用与刚体固连的动坐标系 $Oxyz$;简化 2:选用 O 点的主轴坐标系为动坐标系,使三个惯量积均为零.满足两个简化条件的表达式为最简单表达式,$\boldsymbol{J} = I_1\omega_x\boldsymbol{i} + I_2\omega_y\boldsymbol{j} + I_3\omega_z\boldsymbol{k}$. 试证:对于对 Oz 轴旋转对称的均质刚体,使用任意 $Oxyz$ 坐标系均可以使两个简化条件得以满足.

3.7 有人认为:"若 I_ω 为刚体对瞬时轴(转动瞬轴)的转动惯量,则刚体 $\boldsymbol{J} = I_\omega\boldsymbol{\omega}$, $T = \dfrac{1}{2}I_\omega\omega^2$."试分析他的看法是否正确.

3.8 如 BS3.8 图所示,半径为 r 的圆柱 A 沿半径为 R 的固定圆柱 B 由最高点无滑动地滚下,由于弧长$\overset{\frown}{PP'} = \overset{\frown}{PP''}$,所以无滑条件可表示为 $r\varphi = R\theta$,对$r\varphi = R\theta$求导数可得 $r\dot{\varphi} = R\dot{\theta}$,因此圆柱 A 的角速度为$\dot{\varphi} = \dfrac{R\dot{\theta}}{r}$,上述各结论是否正确?

3.9 有人认为:由于每瞬时刚体的平面平行运动都可以看成是绕瞬心的纯转动,所以刚体

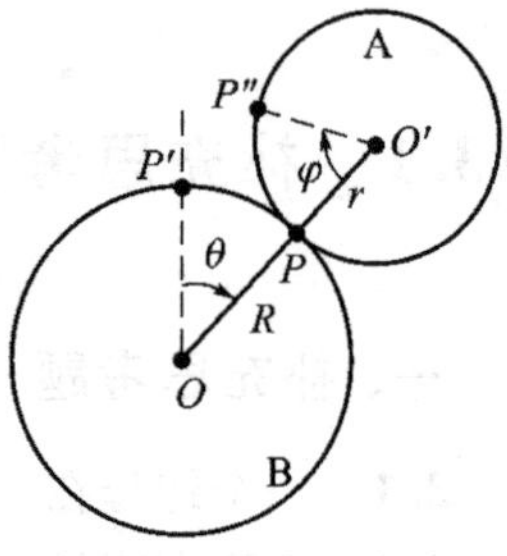

BS3. 8 图

上任一点的加速度由向心加速度和切向加速度组成，$\boldsymbol{a}=\omega^2 r\boldsymbol{e}_n+r\dot{\omega}\boldsymbol{e}_t$，$r$ 为该点到瞬心的距离．这种看法是否正确？为什么？

3.10 刚体绕某轴以角速度 $\boldsymbol{\omega}$ 转动，问刚体对轴上不同点的角动量是否相同？对不同点的角动量在此轴上的投影是否相同？

3.11 欧拉动力学方程采用的是动坐标系，为什么方程中没有惯性力呢？

3.12 刚体动量定理能提供 3 个独立方程，能否用此定理确定刚体绕定点转动的规律？

3.13 有人说"由于重力通过陀螺的对称轴，它对此轴的力矩为零，所以陀螺对此轴的角动量守恒．"这样的分析对吗？

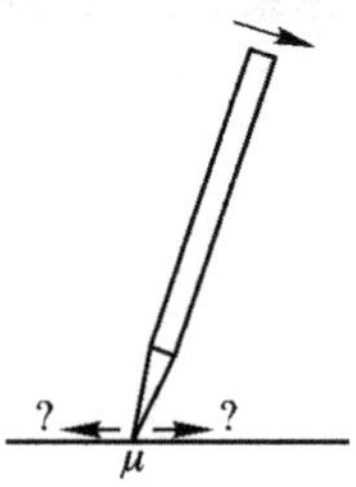

BS3. 14 图

3.14 一支铅笔尖端向下立在桌面上，由静止开始向右倒下，如 BS3. 14 图所示．笔尖和桌面间的摩擦因数为 μ. 试讨论以下两种情况中笔尖相对桌面的滑动方向：(1) $\mu=0$；(2) μ 为不为零的有限值．

二、补充思考题提示

3.1 提示 螺母做的不是定轴转动．

评述 螺母的运动也不是平动、平面平行运动和定点运动，因此是做刚体的一般运动．刚体的一般运动不一定是不受任何约束的任意运动，主教材表述欠妥．

3.2 提示 参见欧拉运动学方程一节．

$$\omega_N=\dot{\theta},\quad \omega_L=\dot{\varphi}\sin\theta,\quad \omega_z=\dot{\varphi}\cos\theta+\dot{\psi}$$

3.3 提示 若两个坐标轴是刚体对 O 点的惯量主轴，则三个惯量积均为零，故第 3 轴也一定是 O 点的惯量主轴．说明只要两个坐标轴是刚体对 O 点的惯量主轴，则该坐标系就是刚体对 O 点的主轴坐标系．

3.4 提示 此轴不一定是轴上其他点的惯量主轴．

3.5 提示 以质心 C 为原点，以它的某惯量主轴为 Cz 轴建立坐标系 $Cxyz$. 以 Cz 轴上 $z=d$ 的 O 点为原点，建立 Oz' 与 Cz 重合、Ox' 和 Oy' 分别与 Cx 和 Cy 平行的 $Ox'y'z'$ 系．因为 Cz 轴为 C 点的主轴，有 $\sum m_i x_i z_i=0$，$\sum m_i y_i z_i=0$. 由质心的定义可知

$$\sum m_i x_i' z_i'=\sum m_i x_i(z_i-d)=0,\quad \sum m_i y_i' z_i'=\sum m_i y_i(z_i-d)=0$$

所以 Cz 也是 O 点的惯量主轴．

3.6 提示 刚体对 Oz 轴旋转对称说明刚体绕 Oz 轴转过任意角度都是对称的．如果刚体质量分布均匀，则即使坐标系 $Oxyz$ 不和刚体固连，刚体可以绕 Oz 轴转动，在运动中刚体对 $Oxyz$ 的质量分布也不会改变，因此在任意 $Oxyz$ 坐标系中惯量系数均为常量．

匀质刚体对 Oz 轴旋转对称，则对任意 $Oxyz$ 坐标系，Oz 轴是刚体的对称轴，Oxz 和 Oyz 都是刚体的对称面，所以任意 $Oxyz$ 坐标系一定是 O 点的主轴坐标系．

3.7 提示 一般刚体做定点运动时，$\boldsymbol{J}$ 与 $\boldsymbol{\omega}$ 方向不同，$\boldsymbol{J}=I_\omega\boldsymbol{\omega}$ 不正确；只有当瞬时轴为定点的惯量主轴时，$\boldsymbol{J}=I_\omega\boldsymbol{\omega}$ 才能成立．对于 $\boldsymbol{J}$ 沿瞬时轴的分量 J_ω，$J_\omega=I_\omega\omega$ 正确．

不管瞬时轴是不是定点的惯量主轴，$T=\frac{1}{2}I_\omega\omega^2$ 总是正确的．

3.8 提示　OO'不是方向固定的线，因此 φ 不是由定线到动线的角，所以圆柱 A 的角速度 $\omega\neq\dot{\varphi}$，一般无滑条件不表述为 φ 与 θ 的关系．其余正确．

如 BST3.8 图所示，选 O'为描述圆柱 A 运动的基点，绕基点的转动可以用由过基点且方向固定的直线（定线）$O'Q$ 到过基点且和刚体固连的运动直线（动线）$O'P''$间的夹角 ψ 来描述，刚体的角速度 $\omega=\dot{\psi}$．无滑条件应表述为 $r(\psi-\theta)=R\theta$，即 $r\psi=(R+r)\theta$．圆柱 A 的角速度 $\dot{\psi}=\dfrac{(R+r)\dot{\theta}}{r}$．

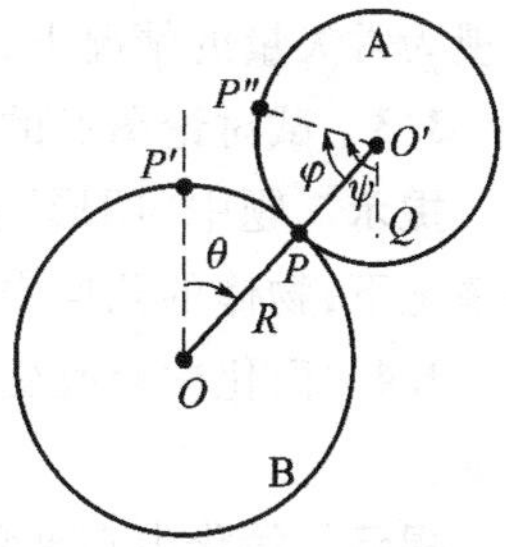

BST3.8 图

3.9 提示　瞬心是刚体上 $\boldsymbol{v}=\boldsymbol{0}$ 的点，其加速度一般不为零，不能把平面平行运动看成是绕过瞬心轴的定轴转动．以瞬心 P 为基点，设作为瞬心的那个点的加速度为 $\boldsymbol{a}_P$，则刚体上任一点的加速度为 $\boldsymbol{a}=\boldsymbol{a}_P+\omega^2r\boldsymbol{e}_n+r\dot{\omega}\boldsymbol{e}_t$．

3.10 提示　刚体对轴上不同点的角动量不一定相同．

对不同点的角动量在此轴上的投影相同．

3.11 提示　要注意参考系和坐标系的区别，参考系是研究运动的标准，坐标系是进行计算和表述的工具．在一些简单的问题中，比如在普通物理力学中，参考系和坐标系经常是一致的，坐标系相对参考系静止不动．现在在一些问题中，可以用一定的参考系作为研究问题的标准，而为了方便另选用相对参考系运动的坐标系进行计算和表述．

比如，在欧拉动力学方程中，研究问题的标准是静止的惯性系，而用和刚体固连的动坐标系进行表述和计算．这个动坐标系不是参考系，仍然是以惯性系为参考系，所以不出现惯性力．

3.12 提示　不能．刚体的动量定理（即质心运动定理）只能解决刚体随质心的平动问题，比如，在刚体的定点运动中可以用质心运动定理研究刚体在定点的受力情况．

3.13 提示　不对．因为此对称轴对惯性系和质心系都不是方向固定的轴，所以不存在对此轴的角动量定理和角动量守恒定律．

3.14 提示　建立如 BST3.14 图所示坐标系 $Oxyz$．(1) 由于铅笔沿 Ox 方向动量守恒，由质心运动定理可知铅笔质心沿 Oy 轴向下运动，所以笔尖相对桌面向左滑动．(2) 开始运动时笔尖相对桌面不动，铅笔绕 Oz 轴做定轴转动，质心做圆周运动，为使质心具有指向 O 点的向心加速度，笔尖必受到指向左侧的摩擦力．在铅笔倒下的过程中，笔尖受到的支持力减小而摩擦力增大，故 α 增大到一定程度笔尖会向右滑动．

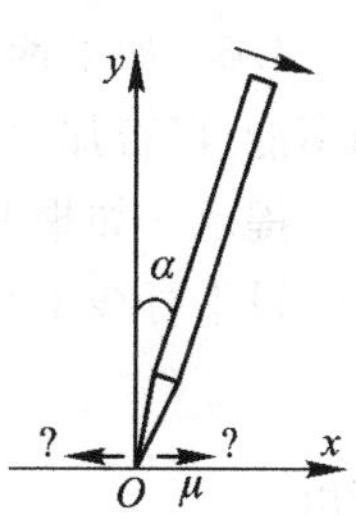

BST3.14 图

§3.2　主教材思考题提示

3.1　刚体一般是由 n（n 是一个很大的数目）个质点组成．为什么刚体的独立变量的个数却不是 $3n$ 而是 6 或者更少？

提示 刚体内的任意两个质点间的距离都保持不变.

3.2 何谓物体的重心？它和质心是不是总是重合在一起的？

提示 在重力场中物体各部分所受重力的合力的作用点称为物体的重心. 在重力加速度 $\boldsymbol{g}$ 可视为常矢量的情况下,物体的重心与质心重合.

3.3 试讨论图形的几何中心、质心和重心重合在一起的条件.

提示 题中"图形"指物体. 在重力场中重力加速度 $\boldsymbol{g}$ 可视为常矢量,且物体质量均匀分布的情况下,物体的几何中心、质心和重心重合在一起.

3.4 简化中心改变时,主矢和主矩是不是也要随着改变？如果要改变,会不会影响刚体的运动？

提示 简化中心改变时,主矢不变,主矩则会发生改变,但主矩的改变不会影响刚体的运动.

3.5 已知一均质棒,当它绕过其一端并垂直于棒的轴转动时,转动惯量为 $\frac{1}{3}ml^2$,m 为棒的质量,l 为棒长. 问此棒绕通过离棒端为 $\frac{1}{4}l$ 且与上述轴线平行的另一轴线转动时,转动惯量是不是等于 $\frac{1}{3}ml^2+m\left(\frac{1}{4}l\right)^2$？为什么？

提示 如 S3.5 图所示,已知对 a 轴转动惯量 $I_a=\frac{1}{3}ml^2$.

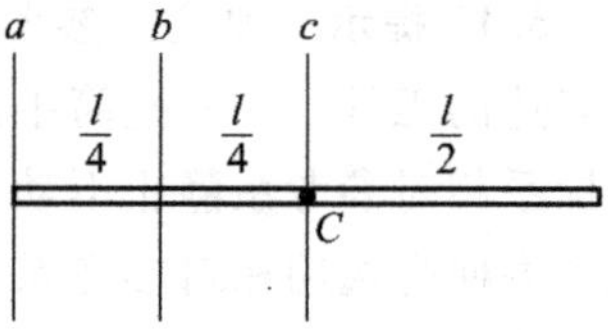

S3.5 图

对 b 轴转动惯量 $I_b=\frac{1}{3}ml^2+m\left(\frac{l}{4}\right)^2$ 是错误的,其原因是错误的理解和应用了平行轴定理. $I=I_C+md^2$ 中 I_C 指过质心的轴,由于 a 轴不过质心,不能直接用平行轴定理由 I_a 求 I_b.

要由 I_a 求 I_b,先把平行轴定理改写为 $I_C=I-md^2$,求出对过质心的 c 轴转动惯量 $I_C=\frac{1}{3}ml^2-m\left(\frac{l}{2}\right)^2=\frac{1}{12}ml^2$. 再用平行轴定理由 I_C 求 I_b,$I_b=\frac{1}{12}ml^2+m\left(\frac{l}{4}\right)^2=\frac{7}{48}ml^2$.

3.6 如果两条平行线中没有一条是通过质心的,那么平行轴定理(3.5.12)式能否应用？如不能,可否加以修改后再用？

提示 如果两条平行线中没有一条是通过质心的,平行轴定理 $I=I_C+md^2$ 不能应用.

设平行线 1 与质心的距离为 d_1,平行线 2 与质心的距离为 d_2,根据平行轴定理,有

$$I_1=I_C+md_1^2,\quad I_2=I_C+md_2^2$$

所以

$$I_2=I_1+m(d_2^2-d_1^2)$$

此即为修改后的关系式. 对于主教材思考题 3.5,即上题,可以求出

$$I_b=\frac{1}{3}ml^2+m\left[\left(\frac{l}{4}\right)^2-\left(\frac{l}{2}\right)^2\right]=\frac{1}{3}ml^2-\frac{3}{16}ml^2=\frac{7}{48}ml^2$$

3.7 在平面平行运动中,基点可以任意选择,你觉得选用哪些特殊点作为基点比较好？好处在哪里？又在(3.7.1)及(3.7.4)两式中,哪些量与基点有关？哪些量与基点无关？

提示 在平面平行运动的运动学问题中,经常利用公式

$$\boldsymbol{v} = \boldsymbol{v}_A + \boldsymbol{\omega} \times \boldsymbol{r}' \quad 和 \quad \boldsymbol{a} = \boldsymbol{a}_A + \dot{\boldsymbol{\omega}} \times \boldsymbol{r}' - \boldsymbol{r}'\omega^2 \tag{1}$$

求刚体上任意一点的速度和加速度，因此要选取已知速度和加速度的点为基点. 如果仅需要求速度，则可以用瞬心为基点，由于瞬心速度为零，$\boldsymbol{v} = \boldsymbol{\omega} \times \boldsymbol{r}'$，$\boldsymbol{v} \perp \boldsymbol{r}'$，计算较为方便.

在平面平行运动的动力学问题中，则要用质心为基点，这样就可以用质心运动定理和对质心的角动量定理研究平面平行运动刚体的运动规律.

在(1)式中，$\boldsymbol{v}_A$ 和 $\boldsymbol{a}_A$ 是基点的速度和加速度，$\boldsymbol{r}'$是要求速度和加速度的点对基点的位置矢量，均与基点有关；$\boldsymbol{\omega}$ 是刚体的角速度，与基点的选取无关.

3.8 转动瞬心在无穷远处，意味着什么？

提示 瞬心在无穷远处，意味着刚体做平动.

3.9 刚体做平面平行运动时，能否对转动瞬心应用动量矩定理写出它的动力学方程？为什么？

提示 为与质心相区分，本书用 P 表示瞬心. 当刚体对瞬心 P(实际是指过瞬心且与刚体运动平面垂直的 Pz 轴)的转动惯量 I_P 为常量，或在运动中刚体瞬心与质心的距离保持不变时，对瞬心的角动量定理可以表示为

$$\frac{\mathrm{d}J_P}{\mathrm{d}t} = I_P\dot{\omega} = \sum M_P$$

$J_P = I_P\omega$ 为刚体对瞬心的角动量，$\sum M_P$ 为刚体所受外力对瞬心的力矩之和. 定理与对固定轴和对过质心轴的角动量定理的形式相同. 下面给出证明：

设 $\boldsymbol{r}''_i$ 为刚体上的质元 m_i 对瞬心 P 的位置矢量，$d_i = r''_i$ 为 m_i 到 Pz 轴的距离. 在任何时刻，刚体均绕 Pz 轴纯转动. 所以当讨论仅涉及刚体的运动状态，与运动状态的变化无关时，如讨论刚体的动能、角动量、外力对刚体做的功时，表达式与定轴转动相应形式相同，所不同的是 $I_P(t)$ 可能是时间的函数，

$$T = \sum \frac{1}{2}m_i v_i^2 = \sum \frac{1}{2}m_i\omega^2 d_i^2 = \frac{1}{2}\left(\sum m_i d_i^2\right)\omega^2 = \frac{1}{2}I_P(t)\omega^2$$

$$J_P = \sum m_i\omega d_i^2 = \left(\sum m_i d_i^2\right)\omega = I_P(t)\omega$$

$$\boldsymbol{F}_i \cdot \mathrm{d}\boldsymbol{r}''_i = \boldsymbol{F}_i \cdot (\boldsymbol{\omega} \times \boldsymbol{r}''_i)\mathrm{d}t = \boldsymbol{\omega} \cdot (\boldsymbol{r}''_i \times \boldsymbol{F}_i)\mathrm{d}t = M_{iP}\mathrm{d}\varphi$$

把刚体的动能定理 $\mathrm{d}\left[\frac{1}{2}I_P(t)\omega^2\right] = \left(\sum M_P\right)\mathrm{d}\varphi$ 两侧除以 $\mathrm{d}t$，若 I_P 为常量，则得到

$$I_P\omega\frac{\mathrm{d}\omega}{\mathrm{d}t} = \left(\sum M_{iP}\right)\frac{\mathrm{d}\varphi}{\mathrm{d}t},$$

即

$$I_P\dot{\omega} = \sum M_{iP}$$

对于圆柱类均质刚体做无滑滚动的问题，刚体与约束面的接触点为瞬心，刚体所受约束力作用于瞬心，约束力对瞬心力矩为零. 这时用对瞬心的角动量定理求解刚体的运动较有利. 比如：

如 S3.9 图所示，质量为 m，半径为 R 的均质圆柱沿倾角为 α 的刚性斜面做无滑滚动，求圆柱质心沿斜面的加速度．建立坐标系 Oxy，规定描述刚体转动的 θ 角（初始时刻 B 与 O 重合），分析圆柱所受外力，如图所示．圆柱与斜面接触点为瞬心 P，P 与质心 C 距离保持不变，由刚体对瞬心的角动量定理

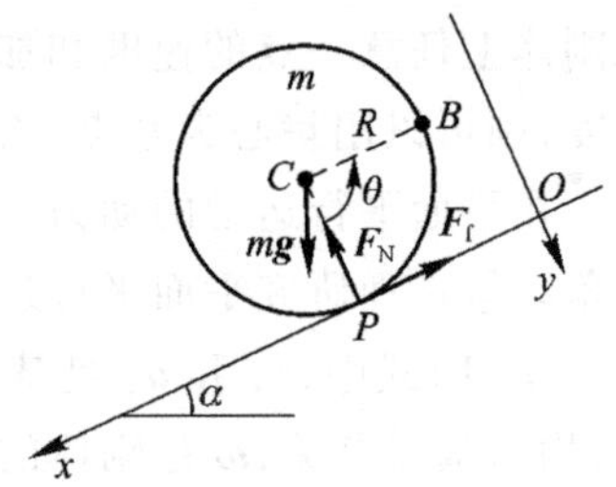

S3.9 图

$$I_P\dot{\omega} = \left(\frac{1}{2}mR^2 + mR^2\right)\dot{\omega} = M_P = mgR\sin\alpha$$

即可求出 $\dot{\omega} = \dfrac{2}{3}\dfrac{g}{R}\sin\alpha$. 根据无滑条件

$$\dot{x}_C - R\dot{\theta} = \dot{x}_C - R\omega = 0 \quad 或 \quad R\theta = \widehat{PB} = PO = x_C$$

可知 $\ddot{x}_C = R\dot{\omega} = \dfrac{2}{3}g\sin\alpha$.

3.10 当圆柱体以匀加速度自斜面滚下时，为什么用机械能守恒定律不能求出圆柱体和斜面之间的反作用力？此时摩擦阻力所做的功为什么不列入？是不是我们必须假定没有摩擦力？没有摩擦力，圆柱体能不能滚？

提示 设圆柱体为均质刚体，斜面为刚性．参见 S3.9 图．

如果斜面光滑，没有摩擦力，则圆柱能否滚动取决于圆柱的初始状态．圆柱将保持初始角速度 ω_0 不变，连滑带滚地运动；如果 $\omega_0 = 0$，则只滑动不滚动．

如果圆柱做无滑滚动，则圆柱必受斜面的摩擦力，但是圆柱所受斜面的约束力（支持力和摩擦力）不做功，圆柱在运动中机械能守恒．用机械能守恒定律的先决条件是摩擦力不做功，自然无法用机械能守恒定律求出圆柱受斜面的约束力，圆柱受斜面的约束力可由质心运动定理求出．

3.11 圆柱体沿斜面无滑动的滚下时，它的线加速度与圆柱体的转动惯量有关，这是为什么？但圆柱体沿斜面既滚又滑向下运动时，它的线加速度则与转动惯量无关？这又是为什么？

提示 参见 S3.9 图．圆柱做无滑滚动时，由于存在无滑条件，$\ddot{x}_C = R\dot{\omega}$，$\dot{\omega}$ 与圆柱转动惯量有关，所以 $\ddot{x}_C$ 与圆柱转动惯量有关．圆柱做连滑带滚运动时，不存在无滑条件，所以 $\ddot{x}_C$ 可能与圆柱转动惯量不直接相关．

3.12 刚体做怎样的运动时，刚体内任一点的线速度才可以写为 $\boldsymbol{\omega}\times\boldsymbol{r}$？这时 r 是不是等于该质点到转动轴的垂直距离？为什么？

提示 当刚体上至少有一个点始终固定不动，比如刚体做定轴转动或定点运动时，就可以用此固定点为基点，刚体上任一点的速度 $\boldsymbol{v} = \boldsymbol{\omega}\times\boldsymbol{r}$，$\boldsymbol{r}$ 为此点对基点的位置矢量．一般情况下，r 不是此点到轴（固定轴或瞬时轴）的距离．

在平面平行运动中，如果用瞬心为基点，则刚体上任一点的速度 $\boldsymbol{v} = \boldsymbol{\omega}\times\boldsymbol{r}$，这种情况下，$r$ 是此点到瞬心的距离．

3.13 刚体绕固定点转动时，$\dfrac{\mathrm{d}\boldsymbol{\omega}}{\mathrm{d}t}\times\boldsymbol{r}$ 为什么叫转动加速度而不叫切向加速度？又 $\boldsymbol{\omega}\times(\boldsymbol{\omega}\times\boldsymbol{r})$ 为什么叫向轴加速度而不叫向心加速度？

提示 在刚体的定点运动中，任一瞬时刚体均绕瞬时轴做纯转动，但是，瞬时轴随时间而变

化，所以刚体上质点的轨道不是圆周．$\dot{\boldsymbol{\omega}} \times \boldsymbol{r}$ 并不沿质点轨道的切向，故一般称 $\dot{\boldsymbol{\omega}} \times \boldsymbol{r}$ 为转动加速度．$\boldsymbol{\omega} \times (\boldsymbol{\omega} \times \boldsymbol{r})$ 垂直地指向瞬时轴，故一般称为向轴加速度；但是它并不沿质点轨道的法向，所以不叫向心加速度．

3.14 在欧拉动力学方程中，既然坐标轴是固定在刚体上，随着刚体一起转动，为什么我们还可以用这种坐标系来研究刚体的运动？

提示 参考系是研究运动的标准，坐标系是进行计算和表述的工具．可以用一定的参考系作为研究问题的标准，而另外选用相对参考系运动的动坐标系进行计算和表述．比如，在欧拉动力学方程中就是如此．

3.15 欧拉动力学方程中的第二项 $(I_1 - I_2)\omega_x\omega_y$ 等是怎样产生的？它的物理意义又是什么？

提示 欧拉动力学方程由对定点的角动量定理 $\dfrac{\mathrm{d}\boldsymbol{J}}{\mathrm{d}t} = \sum \boldsymbol{M}$ 导出，$\boldsymbol{J}$ 为刚体对静止的惯性系的角动量，在选用与刚体固连的主轴坐标系 $Oxyz$ 时，$\boldsymbol{J} = I_1\omega_x\boldsymbol{i} + I_2\omega_y\boldsymbol{j} + I_3\omega_z\boldsymbol{k}$. 角动量定理中 $\dfrac{\mathrm{d}\boldsymbol{J}}{\mathrm{d}t}$ 是对静止的惯性系的导数，即 $\boldsymbol{J}$ 的绝对变化率．参见主教材第四章，$\boldsymbol{J}$ 的绝对变化率等于其相对变化率（对运动参考系 $Oxyz$ 的变化率）$\dfrac{\mathrm{d}^*\boldsymbol{J}}{\mathrm{d}t}$ 与牵连变化率 $\boldsymbol{\omega} \times \boldsymbol{J}$ 之和，$\dfrac{\mathrm{d}\boldsymbol{J}}{\mathrm{d}t} = \dfrac{\mathrm{d}^*\boldsymbol{J}}{\mathrm{d}t} + \boldsymbol{\omega} \times \boldsymbol{J}$. 欧拉动力学方程中的第二项就是刚体对静止的惯性系的角动量 $\boldsymbol{J}$ 的牵连变化率的三个分量．

§3.3 补充例题

例题 3.1 长度为 l 的细杆 AB 的 A 端沿 Ox 轴以不变的速度 $\boldsymbol{u}$ 向右滑动，B 端沿 Oy 轴滑动，如 BL3.1 图所示．求当杆与 Oy 轴夹角 $\theta = 30°$ 时 B 点的速度和加速度．

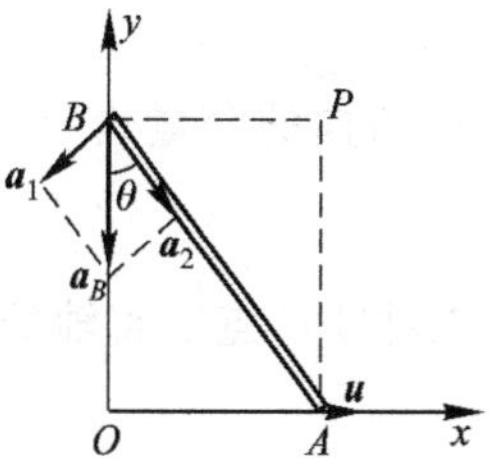

BL3.1 图

解 (1) 用瞬心法求 $\boldsymbol{v}_B$：因 A、B 两点速度方向已知，可用作图法求出瞬心 P. 已知 A 点速度可求出杆的角速度

$$\boldsymbol{\omega} = \frac{u}{AP}\boldsymbol{k} = \frac{u}{l\cos\theta}\boldsymbol{k}$$

因此 B 点速度为

$$\boldsymbol{v}_B = \boldsymbol{\omega} \times \overrightarrow{PB} = \frac{u}{l\cos\theta}\boldsymbol{k} \times (-l\sin\theta\boldsymbol{i}) = -u\tan\theta\boldsymbol{j}$$

当 $\theta = 30°$ 时，$v_B = -\dfrac{u}{\sqrt{3}}\boldsymbol{j}$.

(2) 用基点法求 $\boldsymbol{a}_B$：因已知 $\boldsymbol{v}_A$ 和 $\boldsymbol{a}_A$，以 A 为基点，则

$$\boldsymbol{a}_B = \boldsymbol{a}_A + \dot{\boldsymbol{\omega}} \times \overrightarrow{AB} + \boldsymbol{\omega} \times (\boldsymbol{\omega} \times \overrightarrow{AB})$$

$\boldsymbol{a}_A = 0$. $\boldsymbol{a}_1 = \dot{\boldsymbol{\omega}} \times \overrightarrow{AB}$ 与 $\overrightarrow{AB}$ 垂直，$\boldsymbol{a}_2 = \boldsymbol{\omega} \times (\boldsymbol{\omega} \times \overrightarrow{AB})$ 沿 $\overrightarrow{BA}$ 方向．又知 $\boldsymbol{a}_B$ 沿 $-\boldsymbol{j}$ 方向，因 $a_B\cos\theta =$

$a_2 = |\boldsymbol{\omega} \times (\boldsymbol{\omega} \times \overrightarrow{AB})| = \omega^2 l$，故

$$\boldsymbol{a}_B = -\frac{\omega^2 l}{\cos\theta}\boldsymbol{j} = -\frac{u^2}{l^2\cos^2\theta}\cdot\frac{l}{\cos\theta}\boldsymbol{j} = -\frac{u^2}{l\cos^3\theta}\boldsymbol{j}$$

当 $\theta = 30°$时，$\boldsymbol{a}_B = -\dfrac{8u^2}{3\sqrt{3}\,l}\boldsymbol{j}$.

此外，根据 $a_B \sin\theta = a_1$，可求出 $\dot{\boldsymbol{\omega}} = \dfrac{u^2\sin\theta}{l^2\cos^3\theta}\boldsymbol{k}$.

例题 3.2 均质圆盘质量为 m_0，半径为 R，静止地放在光滑水平面上，可在水平面上自由运动．质量为 m 的人，初始时静止地站在圆盘边缘上，如 BL3.2 图所示．求当人以相对圆盘的速度 $\boldsymbol{u}$ 沿盘边走动后圆盘的运动．

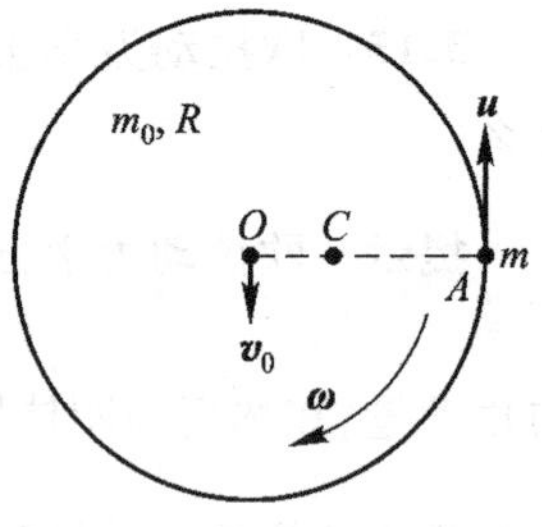

BL3.2 图

解 以人和圆盘为质点系．所受外力（人与圆盘的重力，水平面的支撑力）均沿竖直方向，所以质点系在水平面内动量守恒，且沿竖直方向角动量守恒．

首先分析运动图像．初始时，人与盘均静止，系统质心 C 静止．人走动后，因水平面内无外力，由质心运动定理可知质心 C 仍保持静止．质心 C 位于盘心 O 与人 A 之间，OC 与 CA 均为常量，$OC = \dfrac{mR}{m_0 + m}$，$CA = \dfrac{m_0 R}{m_0 + m}$. 所以盘心 O 与人 A 均绕 C 点做圆周运动．注意 C 不是盘上的确定点！此外，人走动后，由于人与盘间内力的作用，盘将反向转动而具有角速度 $\boldsymbol{\omega}$. 设人走动后，盘心 O 绕 C 做圆周运动的速度为 $\boldsymbol{v}_0$，如图所示．

于是，系统在水平面内动量守恒表示为

$$m_0\boldsymbol{v}_0 + m(\boldsymbol{v}_0 + \boldsymbol{\omega}\times\overrightarrow{OA} + \boldsymbol{u}) = \boldsymbol{0}$$

沿 $\boldsymbol{v}_0$ 方向的分量式为

$$m_0 v_0 + m(v_0 + \omega R - u) = 0 \tag{1}$$

系统对过 C 点竖直轴的角动量守恒表示为（以向纸面内为正）

$$-m_0 v_0 \frac{mR}{m_0 + m} + I\omega + m(v_0 + \omega R - u)\frac{m_0 R}{m_0 + m} = 0 \tag{2}$$

因 $I = \dfrac{1}{2}m_0 R^2$，由(2)式得 $\omega = \dfrac{2mu}{(m_0 + 3m)R}$，代入(1)式求出 $v_0 = \dfrac{mu}{m_0 + 3m}$.

结果表明：人走动后，盘心 O 以速率 v_0 绕质心 C（空间定点）做圆周运动，同时以大小为 ω 的角速度转动，转动方向如图 BL3.2 所示．

例题 3.3 放在水平面内的行星齿轮机构，如 BL3.3 图所示．曲柄 OO' 上受不变力矩 $\boldsymbol{M}$ 的作用，使其可绕过 O 点的竖直固定轴转动，并带动小齿轮在大齿轮上滚动．设曲柄 OO' 长为 l，质量为 m_1，可视为均质细杆；小齿轮半径为 r，质量为 m_2，可视为均质圆盘；轴承 O、O' 处光滑．试求：(1) 曲柄的角加速度；(2) 两齿轮间的切向相互作用力．

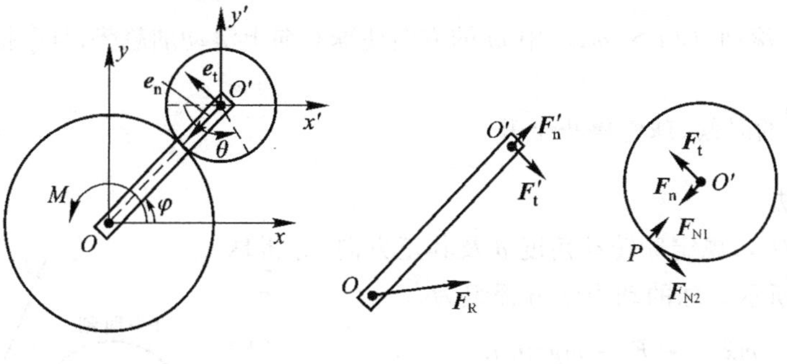

BL3.3 图

评述　分别研究曲柄和小齿轮两个刚体；曲柄做定轴转动，由对固定轴 Oz 的角动量定理列出动力学方程；小齿轮做平面平行运动，由质心运动定理和在质心系中对质心的角动量定理列出动力学方程；再与无滑条件联立即可求解．读者可自行完成，并与下面的解法比较．

解　以曲柄和小齿轮构成质点系，规定 φ 和 θ 正方向及单位矢量 $\boldsymbol{e}_t$、$\boldsymbol{e}_n$ 如 BL3.3 图所示．固定轴对曲柄施与约束力 $\boldsymbol{F}_R$；小齿轮在与大齿轮接触的 P 点受大齿轮沿 $-\boldsymbol{e}_n$ 及 $-\boldsymbol{e}_t$ 方向的作用力 $\boldsymbol{F}_{N1}$ 和 $\boldsymbol{F}_{N2}$．小齿轮和曲柄在 O' 处互施作用力 $\boldsymbol{F}=\boldsymbol{F}_n+\boldsymbol{F}_t$ 和 $\boldsymbol{F}'=\boldsymbol{F}'_n+\boldsymbol{F}'_t$.

由于外力 $\boldsymbol{F}_R$ 的受力质点不动，$\boldsymbol{F}_{N1}$ 和 $\boldsymbol{F}_{N2}$ 的受力质点速度为零，均不做功；$\boldsymbol{F}$ 和 $\boldsymbol{F}'$ 的受力质点的相对位移为零，亦不做功．因

$$T=T_1+T_2=\frac{1}{2}\times\frac{1}{3}m_1l^2\cdot\dot{\varphi}^2+\frac{1}{2}m_2v_{O'}^2+\frac{1}{2}\times\frac{1}{2}m_2r^2\cdot\dot{\theta}^2$$

将上式及 $v_{O'}=l\dot{\varphi}$ 和无滑条件 $l\dot{\varphi}=r\dot{\theta}$ 代入质点系动能定理，$\mathrm{d}T=M\mathrm{d}\varphi$，可得

$$\left(\frac{1}{6}m_1+\frac{3}{4}m_2\right)l^2\mathrm{d}(\dot{\varphi}^2)=M\mathrm{d}\varphi$$

即可求出

$$\dot{\omega}_z=\ddot{\varphi}=\frac{6M}{(2m_1+9m_2)l^2}$$

求出 $\dot{\omega}_z=\ddot{\varphi}$ 后，以小齿轮为研究对象，$\boldsymbol{F}$、$\boldsymbol{F}_{N1}$ 和 $\boldsymbol{F}_{N2}$ 均为外力．在质心系 $O'x'y'z'$ 中，$\boldsymbol{F}$ 的受力质点相对质心系静止，$\boldsymbol{F}_{N1}$ 与受力质点相对质心系的位移垂直，故在质心系中 $\boldsymbol{F}$ 和 $\boldsymbol{F}_{N1}$ 不做功．根据相对质心系的动能定理，得

$$\mathrm{d}\left(\frac{1}{2}\times\frac{1}{2}m_2r^2\cdot\dot{\theta}^2\right)=\boldsymbol{F}_{N2}\cdot\mathrm{d}\boldsymbol{r}'_P$$

上式除以 $\mathrm{d}t$，$\boldsymbol{v}'_P=\dfrac{\mathrm{d}\boldsymbol{r}'_P}{\mathrm{d}t}$ 为 P 点相对质心系的速度，考虑到 $\boldsymbol{v}'_P=-r\dot{\theta}\boldsymbol{e}_t$，则

$$\frac{\mathrm{d}}{\mathrm{d}t}\left(\frac{1}{4}m_2r^2\dot{\theta}^2\right)=F_{N2}r\dot{\theta}$$

于是求出 $F_{N2}=\dfrac{1}{2}m_2r\ddot{\theta}$，由 $l\dot{\varphi}=r\dot{\theta}$，可知 $F_{N2}=\dfrac{1}{2}m_2l\ddot{\varphi}=\dfrac{3m_2M}{(2m_1+9m_2)l}$.

例题 3.4　半径为 a 的球，以初始质心速度 $\boldsymbol{v}$ 及初始角速度 $\boldsymbol{\omega}$ 抛掷于一倾角为 α 的斜面上，

使其沿着斜面向上滚动. 如 $v > a\omega$,其中 $\boldsymbol{\omega}$ 的方向使球有向上滚动的趋势,且摩擦因数 $\mu > \frac{2}{7}\tan\alpha$,试证经过$\frac{5v+2a\omega}{5g\sin\alpha}$的时候,球将停止上升.

(1) 一种解法

建立坐标系 Oxy,规定球转动角度 θ 及其正方向,分析球受力如 BL3.4 图所示. 球的动力学方程组为

$$m\ddot{x} = -F_f - mg\sin\alpha \quad (1)$$

$$m\ddot{y} = 0 = F_N - mg\cos\alpha \quad (2)$$

$$I\ddot{\theta} = \frac{2}{5}ma^2\ddot{\theta} = F_f a \quad (3)$$

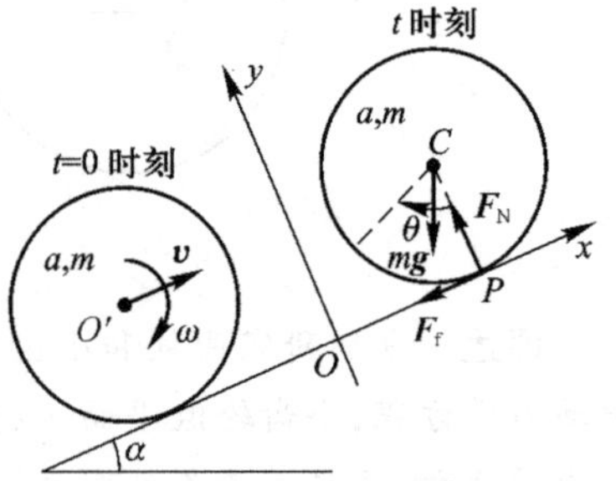

BL3.4 图

由(1)式、(3)式消去 F_f,可得

$$\frac{2}{5}a\mathrm{d}\dot{\theta} + \mathrm{d}\dot{x} = -g\sin\alpha\mathrm{d}t$$

由于 $t=0$ 时 $\dot{x}=v, \dot{\theta}=\omega$,所以将上式积分

$$\int_\omega^0 \frac{2}{5}a\mathrm{d}\dot{\theta} + \int_v^0 \mathrm{d}\dot{x} = -\int_0^t g\sin\alpha\mathrm{d}t$$

即可求出 $t = \frac{5v+2a\omega}{5g\sin\alpha}$. 证明似乎得以完成,但发现条件 $\mu > \frac{2}{7}\tan\alpha$ 没有用,为什么呢? 可知这种解法肯定有问题.

(2) 对前述解法的分析

由初始条件 $v > a\omega$ 可知,开始时球连滑带滚地上升,与斜面接触的 P 点向前滑动,所以设 $\boldsymbol{F}_f$ 向后合理,(1)—(3)式正确.

评述 对于滑动摩擦力,其方向必须按真实方向画出! 否则必引起错误.

随着时间的推移,由(1)式可知 $\dot{x}$ 将减小,由(3)式可知 $\dot{\theta}$ 将增大. 所以球有多种可能的运动情况: ① 停止上升时仍保持开始的连滑带滚的状态,$\dot{x}=0, \dot{\theta}>0$;② 先达到无滑滚动状态,并保持无滑滚动状态直到停止上升,$\dot{x}=\dot{\theta}=0$;③ 先达到无滑滚动状态,但不能保持,还是连滑带滚地到停止上升,$\dot{x}=0, \dot{\theta}\neq 0$(正负未知). 所以无法断定(1)式—(3)式在整个上升过程中全是正确的,无法断定停止上升时一定是 $\dot{x}=\dot{\theta}=0$,因此该前述解法推理有误.

(3) 正确解法

球运动的第一阶段为连滑带滚上升,因 $\dot{x}$ 将减小而 $\dot{\theta}$ 将增大,会趋向于无滑滚动. 分析方法如前,动力学方程组为(1)式—(3)式与 $F_f = \mu F_N$ 联立. 由于 $F_f = \mu mg\cos\alpha$,由(1)式、(3)式可求出

$$\dot{x} = -(\mu\cos\alpha + \sin\alpha)gt + v \quad (4)$$

$$\dot{\theta} = \frac{5\mu g\cos\alpha}{2a}t + \omega \tag{5}$$

设于 t_1 时刻达到无滑状态，$\dot{x} = a\dot{\theta}$，由(4)式、(5)式可得

$$-(\mu\cos\alpha + \sin\alpha)gt_1 + v = \left(\frac{5\mu g\cos\alpha}{2a}t_1 + \omega\right)a$$

由上式可知 $t_1 = \dfrac{v-\omega a}{\left(\dfrac{7}{2}\mu\cos\alpha+\sin\alpha\right)g}$，进而可由(4)式求出 t_1 时刻的 $\dot{x}_{t_1} = \dfrac{\dfrac{5}{2}\mu v\cos\alpha + \omega a(\mu\cos\alpha+\sin\alpha)}{\dfrac{7}{2}\mu\cos\alpha+\sin\alpha} > 0$，可知球达到无滑后还要继续上升.

球运动的第二阶段为由 t_1 时刻起到停止上升，设球一直保持无滑状态，受力情况依然如 BL3.4 图所示.

评述 *无滑滚动状态的 $\boldsymbol{F}_f$ 为静摩擦力. 对于静摩擦力，可以任意假设其方向！如果假设的方向与真实情况不符，则解出的 F_f 取负值.*

动力学方程组为(1)式—(3)式与无滑条件 $\dot{x} = a\dot{\theta}$ 联立. 由(1)式、(3)式消去 F_f，得

$$\ddot{x} + \frac{2}{5}a\ddot{\theta} = -g\sin\alpha$$

利用 $\ddot{x} = a\ddot{\theta}$ 求出 $\ddot{x} = -\dfrac{5}{7}g\sin\alpha$，代入(1)式可得 $F_f = -\dfrac{2}{7}mg\sin\alpha$，$F_f$ 取负值表明此时摩擦力实际沿 Ox 轴正方向. 开始作出的球一直保持无滑滚动的假设是否正确，可由关系式 $|F_f| \leqslant \mu F_N$，即

$$\frac{2}{7}mg\sin\alpha \leqslant \mu mg\cos\alpha$$

能否被满足而判定. 由上式可见保持无滑滚动要求 $\mu \geqslant \dfrac{2}{7}\tan\alpha$，此条件题中已给定. 所以可知球达到无滑后一直保持这种运动状态. 推理至此，再用本例题开始的“一种解法”即可完成证明.

若 $\mu < \dfrac{2}{7}\tan\alpha$，情况又会如何呢？在这种条件下，球达到无滑滚动状态以后，这种无滑状态不能保持下去，球将再次进入连滑带滚的状态. 而当球再次进入有滑状态以后，P 点滑动方向与开始的第一阶段不同，将沿 Ox 负方向(向后)滑动，$\boldsymbol{F}_f$ 沿 Ox 轴正向，与 BL3.4 图所示恰恰相反. 所以若 $\mu < \dfrac{2}{7}\tan\alpha$，再次进入有滑状态后，(1)式和(3)式均要修正(F_f 前改变正负号)，而且停止上升时，$\dot{x} = 0$，而 $\dot{\theta} > 0$.

例题 3.5 碾磨机碾盘的边缘沿水平面做纯滚动，轮的水平轴则以匀角速 ω 绕竖直轴 OB 转

动. 如 $OA=c$, $OB=b$,试求轮上最高点 M 的速度及加速度.

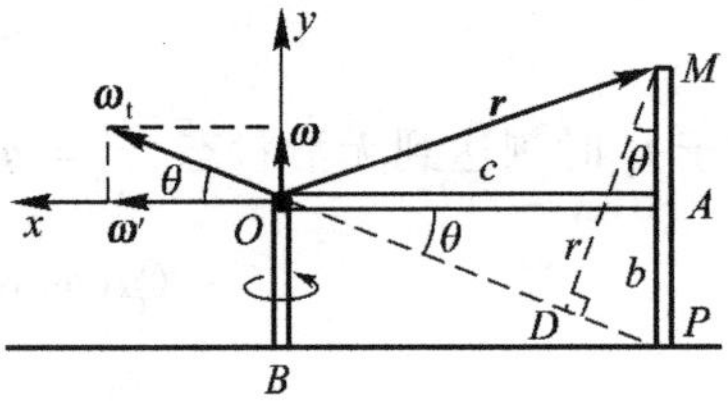

BL3.5 图

解 碾盘绕 O 做定点运动. 令 Ox 轴沿 AO 方向, Oy 轴沿 BO 方向建立坐标系 $Oxyz$,如 BL3.5 图所示. [注意:坐标系 $Oxyz$ 相对参考系(水平面)和刚体都是不固定的.]

设碾盘绕 AO 转动的角速度为 $\boldsymbol{\omega}'$,则刚体的角速度

$$\boldsymbol{\omega}_t=\boldsymbol{\omega}+\boldsymbol{\omega}'=\omega'\boldsymbol{i}+\omega\boldsymbol{j}$$

因碾盘做无滑滚动,碾盘上最低点 P 速度为零

$$\begin{aligned}\boldsymbol{v}_P&=\boldsymbol{\omega}_t\times\overrightarrow{OP}=(\omega'\boldsymbol{i}+\omega\boldsymbol{j})\times(-c\boldsymbol{i}-b\boldsymbol{j})\\&=(\omega c-\omega' b)\boldsymbol{k}=\boldsymbol{0}\end{aligned}$$

所以

$$\omega'=\frac{c}{b}\omega,\quad \boldsymbol{\omega}_t=\frac{c}{b}\omega\boldsymbol{i}+\omega\boldsymbol{j}$$

因此碾盘最高点 M 的速度

$$\boldsymbol{v}_M=\boldsymbol{\omega}_t\times\overrightarrow{OM}=\left(\frac{c}{b}\omega\boldsymbol{i}+\omega\boldsymbol{j}\right)\times(-c\boldsymbol{i}+b\boldsymbol{j})=2c\omega\boldsymbol{k}$$

为求 M 点加速度先求 $\dot{\boldsymbol{\omega}}_t$,由于矢量 $\boldsymbol{\omega}_t$ 的长度不变,且以 $\boldsymbol{\omega}$ 转动,所以

$$\dot{\boldsymbol{\omega}}_t=\boldsymbol{\omega}\times\boldsymbol{\omega}_t=\omega\boldsymbol{j}\times\left(\frac{c}{b}\omega\boldsymbol{i}+\omega\boldsymbol{j}\right)=-\frac{c}{b}\omega^2\boldsymbol{k}$$

M 点加速度

$$\begin{aligned}\boldsymbol{a}_M&=\dot{\boldsymbol{\omega}}_t\times\overrightarrow{OM}+\boldsymbol{\omega}_t\times(\boldsymbol{\omega}_t\times\overrightarrow{OM})\\&=-\frac{c}{b}\omega^2\boldsymbol{k}\times(-c\boldsymbol{i}+b\boldsymbol{j})+\left(\frac{c}{b}\omega\boldsymbol{i}+\omega\boldsymbol{j}\right)\times 2c\omega\boldsymbol{k}\\&=3c\omega^2\boldsymbol{i}-\frac{c^2}{b}\omega^2\boldsymbol{j}\end{aligned}$$

利用瞬时轴求解 因 $v_P=0$, OP 为瞬时轴. 刚体角速度 $\boldsymbol{\omega}_t$ 沿 $\overrightarrow{PO}$ 方向,由相似三角形对应边成比例可知 $\dfrac{\omega}{\omega'}=\dfrac{b}{c}$ 和 $\dfrac{\omega}{\omega_t}=\dfrac{b}{\sqrt{c^2+b^2}}$,所以 $\omega'=\dfrac{c}{b}\omega$, $\omega_t=\dfrac{\sqrt{c^2+b^2}}{b}\omega$.

由于刚体绕瞬时轴 OP 做纯转动,所以可知 $\boldsymbol{v}_M=v_M\boldsymbol{k}$,及

$$v_M=\omega_t\cdot MD=\omega_t\cdot 2b\cos\theta=\omega'\cdot 2b=2c\omega$$

因此 $\boldsymbol{v}_M=2c\omega\boldsymbol{k}$. 向轴加速度 $\boldsymbol{\omega}_t\times(\boldsymbol{\omega}_t\times\overrightarrow{OM})$ 沿 $\overrightarrow{MD}$ 垂直地指向瞬时轴 OP,其大小为

$$|\boldsymbol{\omega}_t\times(\boldsymbol{\omega}_t\times\overrightarrow{OM})|=\omega_t^2\cdot MD=\omega_t\cdot 2c\omega=\frac{2c\omega^2}{\sin\theta}$$

所以 $\boldsymbol{\omega}_t\times(\boldsymbol{\omega}_t\times\overrightarrow{OM})=2c\omega^2\boldsymbol{i}-\dfrac{2c^2\omega^2}{b}\boldsymbol{j}$.

转动加速度 $\dot{\boldsymbol{\omega}}_{\mathrm{t}}\times\overrightarrow{OM}$无法利用瞬时轴计算.

评述 定点运动中,如果是已知刚体的运动,求作用在刚体上的约束力,则常常不需要使用欧拉动力学方程,直接用对定点的角动量定理和质心运动定理建立方程即可解决问题,如补充例题 3.6(定轴转动是定点运动的特例)和补充例题 3.7.

例题 3.6 质量为 m,半径为 r 的均质薄圆盘绕竖直轴转动.由于安装不善,竖直轴与盘的交点 O 到盘中心的距离为 d,盘面法线与竖直轴成 α 角.竖直轴与盘固连,竖直轴与盘面法线构成的平面与盘面正交,如 BL3.6 图所示.O 点至两轴承的距离均为 a,轴质量不计,轴承处光滑,试求当圆盘角速度为 $\boldsymbol{\omega}$ 时,轴承处所受的约束力.

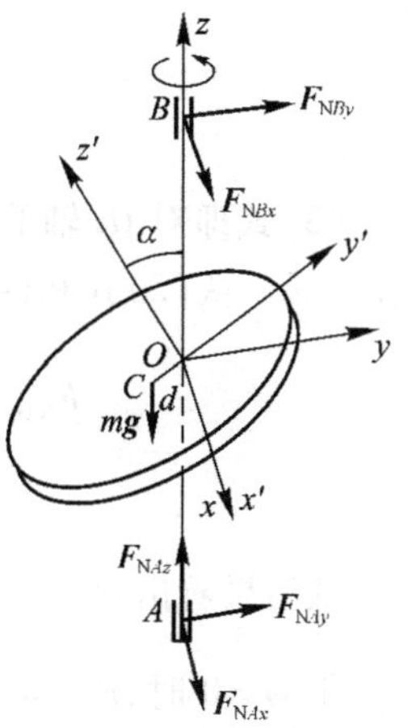

BL3.6 图

解 以圆盘和转轴为系统,系统所受外力为圆盘的重力、轴承 A 和 B 处的约束力.建立 O 点的主轴坐标系 $Ox'y'z'$;再建立 $Oxyz$ 坐标系,Ox 轴与 Ox'轴重合,Oz 轴沿转轴向上;如 BL3.6 图所示.约束力的分解如图.

评述 建立主轴坐标系 $Ox'y'z'$是为了方便地使用角动量定理;为方便地分解约束反力,再建立坐标系 $Oxyz$;两个坐标系都是与圆盘固连的动坐标系.

轴承 A 为止推轴承,约束力有 3 个分量($\boldsymbol{F}_{NAx}$、$\boldsymbol{F}_{NAy}$和 $\boldsymbol{F}_{NAz}$).轴承 B 为径向轴承,约束力只有 2 个分量($\boldsymbol{F}_{NBx}$和 $\boldsymbol{F}_{NBy}$).总共 5 个约束力分量正好可由角动量定理和质心运动定理能提供的 5 个方程求出.如果轴承 B 也是止推轴承,约束力也有 3 个分量,则未知量个数大于方程数而成为不能定解问题.

由对 Oz 轴的角动量定理,因轴承光滑,对 Oz 轴外力矩为零,所以圆盘绕 Oz 轴匀速转动,角速度

$$\boldsymbol{\omega}=\omega\boldsymbol{k}=\omega\sin\alpha\boldsymbol{j}'+\omega\cos\alpha\boldsymbol{k}'$$

由平行轴定理 $I_{z'}=\frac{1}{2}mr^2+md^2$,圆盘对 O 点角动量为

$$\boldsymbol{J}=\frac{1}{4}mr^2\omega\sin\alpha\boldsymbol{j}'+m\frac{r^2+2d^2}{2}\omega\cos\alpha\boldsymbol{k}'$$

因 $\boldsymbol{J}$ 在 $Ox'y'z'$内为常矢量,所以

$$\frac{\mathrm{d}\boldsymbol{J}}{\mathrm{d}t}=\boldsymbol{\omega}\times\boldsymbol{J}=\left(m\frac{r^2+2d^2}{2}-\frac{1}{4}mr^2\right)\omega^2\sin\alpha\cos\alpha\boldsymbol{i}$$

$$=\frac{r^2+4d^2}{8}m\omega^2\sin 2\alpha\boldsymbol{i}$$

角动量定理$\frac{\mathrm{d}\boldsymbol{J}}{\mathrm{d}t}=\boldsymbol{M}$ 在 $Oxyz$ 坐标系中的投影式为

$$\frac{r^2+4d^2}{8}m\omega^2\sin 2\alpha=a(F_{NAy}-F_{NBy})+mgd\cos\alpha \tag{1}$$

$$0 = a(F_{NBx} - F_{NAx}) \tag{2}$$

$$0 = 0 \tag{3}$$

质心运动定理为 $m\dfrac{d\boldsymbol{v}_C}{dt} = \boldsymbol{F}$ 在 $Oxyz$ 坐标系中的投影式为

$$0 = F_{NAx} + F_{NBx} \tag{4}$$

$$m\omega^2 d\cos\alpha = F_{NAy} + F_{NBy} \tag{5}$$

$$0 = F_{NAz} - mg \tag{6}$$

(3)式即对 Oz 轴的角动量定理(转动定理),前文已据此分析得出 $\boldsymbol{\omega}$ 不变．从(6)式得到 $F_{NAz} = mg$. 从(2)式和(4)式得出 $F_{NAx} = F_{NBx} = 0$. 从(1)式和(5)式得

$$F_{NAy} = \frac{1}{2a}\left(\frac{r^2 + 4d^2}{8}m\omega^2 \sin 2\alpha + ma\omega^2 d\cos\alpha - mgd\cos\alpha\right)$$

$$F_{NBy} = -F_{NAy} + m\omega^2 d\cos\alpha$$

从结果看出：

① $\omega = 0$ 时,$F_{NAz} = mg$,$F_{NAx} = F_{NBx} = 0$,$F_{NAy} = -F_{NBy} = -\dfrac{mgd\cos\alpha}{2a}$. 这时轴对轴承的压力为静压力．

② 当 $d = 0$,$\alpha = 0$ 时,约束力只有 $\boldsymbol{F}_{NAz} = -m\boldsymbol{g}$,如同盘静止一样,这种情况称盘处于动平衡状态;这时轴对轴承的压力只有轴承 A 所受向下的压力,所以两个轴承可以取消,只要有支撑平面就行了;这样的转轴为自由转动轴．

例题 3.7 如 BL3.7 图所示,碾盘质量为 m,半径为 R,可视为均质圆盘;水平自转轴长为 l,可视为刚性轻轴;水平自转轴绕竖直轴以匀角速度 $\boldsymbol{\Omega}$ 转动;碾盘与磨底垂直,在磨底上做无滑滚动．试求碾盘(含水平轴)所受约束力．

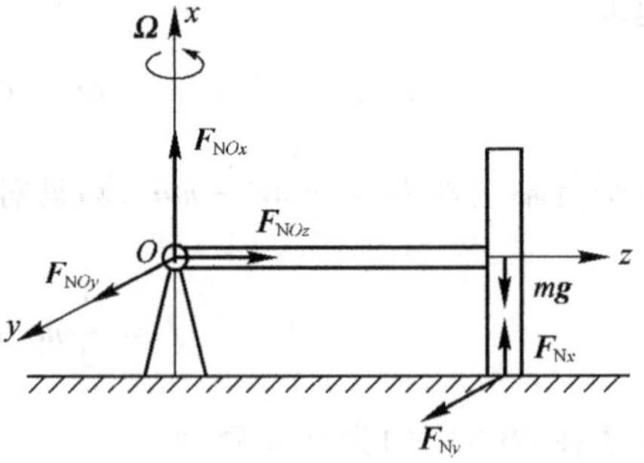

BL3.7 图

解 选碾盘连同水平自转轴为系统,简称碾盘,碾盘绕 O 做定点运动．建立与碾盘半固连的主轴坐标系 $Oxyz$,Oz 轴沿水平自转轴,Ox 轴保持竖直,Oy 轴保持水平,如 BL3.7 图所示．碾盘对 O 点的角动量为 $\boldsymbol{J} = I_1\omega_x\boldsymbol{i} + I_2\omega_y\boldsymbol{j} + I_3\omega_z\boldsymbol{k}$.

评述 由于碾盘对自转轴旋转对称,可以建立与碾盘半固连的主轴坐标系 $Oxyz$,刚体虽然对此坐标系有相对运动,但对此坐标系的质量分布始终不变,且 $Oxyz$ 始终是 O 点的主轴坐标系．因此,在 $Oxyz$ 系中惯量系数为常量且角动量的表达式最简单,两个简化的目的都可达到,而且较使用与刚体固连的坐标系更为简单．

碾盘所受外力有碾盘的重力 $m\boldsymbol{g}$,O 点的约束力(3 个分力为 $\boldsymbol{F}_{NOx}$、$\boldsymbol{F}_{NOy}$ 和 $\boldsymbol{F}_{NOz}$)及磨底约束力(2 个分力为 $\boldsymbol{F}_{Nx}$ 和 $\boldsymbol{F}_{Ny}$),如图所示．

评述 因水平自转轴刚性,碾盘没有 Oz 方向滑动的趋势,因而磨底对碾盘无 Oz 方向的摩擦力．若存在 Oz 方向的摩擦力,则未知量个数大于方程数而成为不能定解问题．

根据平行轴定理可知 $I_1=I_2=\frac{1}{4}mR^2+ml^2=\frac{1}{4}m(R^2+4l^2)$. 根据无滑条件,可知 $\omega_z=-\frac{l}{R}\Omega$. 所以

$$J=\frac{1}{4}m(R^2+4l^2)\Omega\boldsymbol{i}-\frac{1}{2}mR^2\left(\frac{l}{R}\Omega\right)\boldsymbol{k}=\frac{1}{4}m(R^2+4l^2)\Omega\boldsymbol{i}-\frac{1}{2}mRl\Omega\boldsymbol{k}$$

由于角动量 $\boldsymbol{J}$ 在动坐标 $Oxyz$ 中为常矢量,所以

$$\frac{\mathrm{d}\boldsymbol{J}}{\mathrm{d}t}=\boldsymbol{\Omega}\times\boldsymbol{J}=\frac{1}{2}mRl\Omega^2\boldsymbol{j}$$

角动量定理在 $Oxyz$ 系上的投影方程为

$$0=-F_{\mathrm{N}y}l \tag{1}$$

$$\frac{1}{2}mRl\Omega^2=-mgl+F_{\mathrm{N}x}l \tag{2}$$

$$0=-F_{\mathrm{N}y}R \tag{3}$$

质心运动定理在 $Oxyz$ 系上的投影方程为

$$0=F_{\mathrm{N}Ox}+F_{\mathrm{N}x}-mg \tag{4}$$

$$0=F_{\mathrm{N}Oy}+F_{\mathrm{N}y} \tag{5}$$

$$-m\Omega^2l=F_{\mathrm{N}Oz} \tag{6}$$

从(1)式、(3)式得出 $F_{\mathrm{N}y}=0$. 由(2)式得出 $F_{\mathrm{N}x}=mg+\frac{1}{2}m\Omega^2R$,可见有附加的动压力出现. 从(4)式、(5)式、(6)式得 $F_{\mathrm{N}Ox}=-\frac{1}{2}m\Omega^2R, F_{\mathrm{N}Oy}=0, F_{\mathrm{N}Oz}=-m\Omega^2l$.

§3.4 主教材习题提示

3.1 半径为 r 的光滑半球形碗,固定在水平面上. 一均质棒斜靠在碗边,一端在碗内,一端则在碗外,在碗内的长度为 c,试证棒的全长为

$$\frac{4(c^2-2r^2)}{c}$$

提示 由对称性可知,杆平衡时在过球心的竖直平面内.

杆受力如 X3.1 图所示,杆受三个非平行力平衡,三个力必交汇于一点 P. 设杆与水平线夹角为 α,P、B 点均在圆周上,$AP=2r$. 则由 $c=2r\cos\alpha$,求出 $\cos\alpha=\frac{c}{2r}$. 设棒长度为 l,再由 $\frac{l}{2}=\frac{2r\cos 2\alpha}{\cos\alpha}$,代入 $\cos\alpha=\frac{c}{2r}$,得

$$l=\frac{4r(2\cos\alpha-1)}{\cos\alpha}=\frac{4(c^2-2r^2)}{c}$$

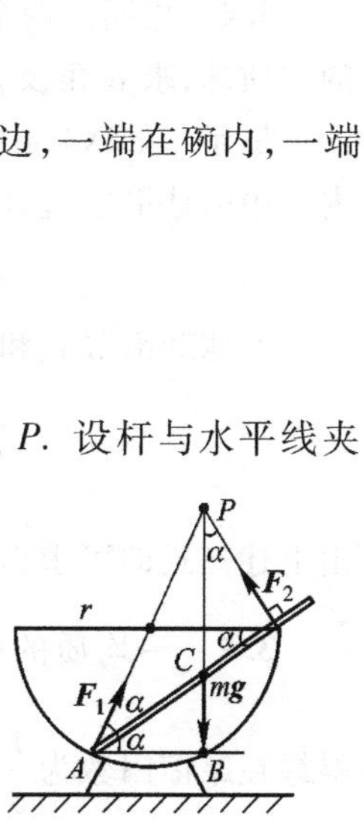

X3.1 图

3.2 长为 $2l$ 的均质棒，一端抵在光滑墙上，而棒身则如图示斜靠在与墙相距为 $d(d\leqslant l\cos\theta)$ 的光滑棱角上．求棒在平衡时与水平面所成的角 θ.

提示 杆平衡时在竖直平面内．如 X3.2 图所示，杆 A 端所受支持力 $\boldsymbol{F}_A$、棱角处所受支持力 $\boldsymbol{F}_D$ 和重力 $m\boldsymbol{g}$ 交汇于 O 点．由几何关系可知 A 端到棱角处的距离为$\dfrac{d}{\cos\theta}$，所以

$$AO=l\cos\theta=\frac{d}{\cos\theta}\frac{1}{\cos\theta}$$

因此 $\cos\theta=\left(\dfrac{d}{l}\right)^{1/3}$.

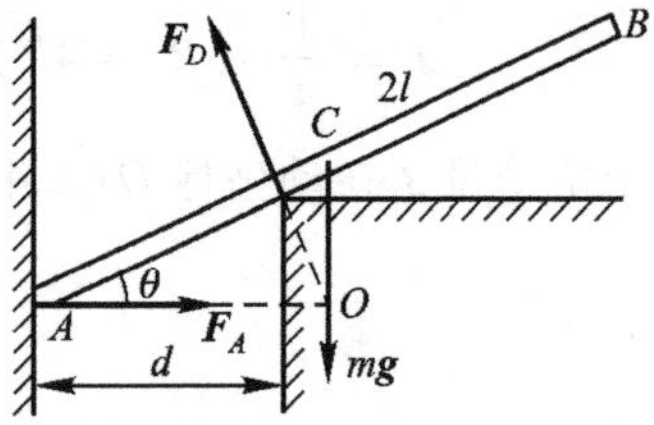

X3.2 图

3.3 两根均质棒 AB、BC 在 B 处刚性连接在一起，两根均质棒的线密度 λ 相同，且 $\angle ABC$ 形成一直角. 如将此棒的 A 点用绳系于固定点上，则当平衡时，AB 和竖直直线所成的夹角 θ_0 满足下列关系：

$$\tan\theta_0=\frac{b^2}{a^2+2ab}$$

式中 a 及 b 分别为棒 AB 和 BC 的长度，试证明之．

提示 如 X3.3 图所示，两杆平衡时在竖直平面内．对 A 点力矩平衡

$$m_1g\frac{a}{2}\sin\theta_0=m_2g\left(-a\sin\theta_0+\frac{b}{2}\cos\theta_0\right)$$

得

$$\tan\theta_0=\frac{m_2b}{(m_1+2m_2)a}=\frac{\lambda b^2}{(\lambda a+2\lambda b)a}=\frac{b^2}{a^2+2ba}$$

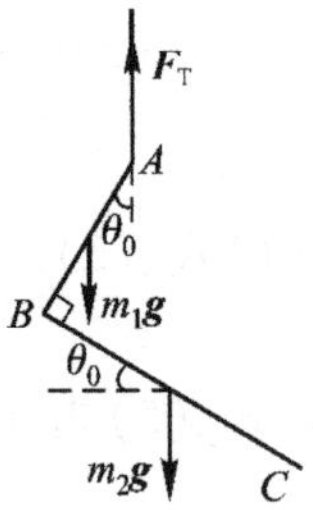

X3.3 图

3.4 相同的两个均质光滑球悬在结于定点 O 的两根绳子上，此两球同时又支持一个等重的均质球，求 α 角及 β 角之间的关系.（两根绳子等长，三个球相同）

提示 如 X3.4 图所示，三球平衡时其质心均在过 O 点的竖直平面内．中间球沿竖直方向受力平衡：

$$2F_N\cos\beta=mg$$

右侧球沿竖直和水平方向受力平衡：

$$F_T\cos\alpha=F_N\cos\beta+mg$$

$$F_T\sin\alpha=F_N\sin\beta$$

由上述三式即可求出 $3\tan\alpha=\tan\beta$.

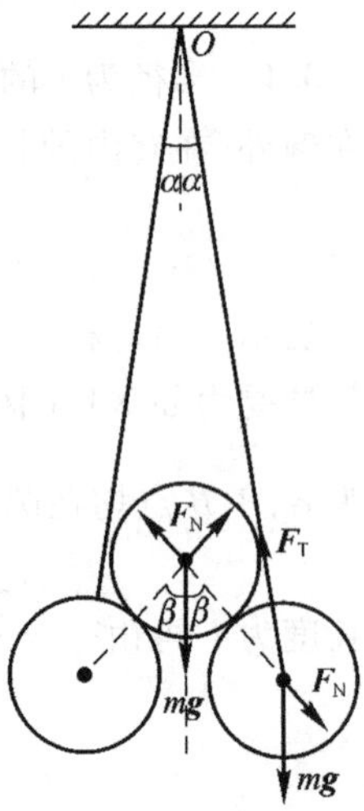

X3.4 图

3.5 一均质的梯子，一端置于摩擦因数为$\dfrac{1}{2}$的地板上，另一端则斜靠在摩擦因数为$\dfrac{1}{3}$的高墙上，一人的体重为梯子的三倍，爬到梯子的顶端时，梯子尚未开始滑动，则梯子与地面的倾角，最小应为多少？

提示　如 X3.5 图所示，设梯子的质量为 m，α 为梯子与地面最小倾角，此时墙面和地面施与的摩擦力均为最大静摩擦力，有

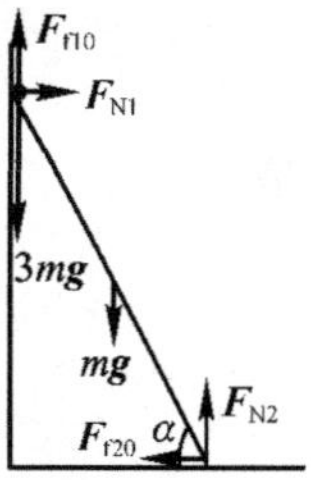

X3.5 图

$$F_{f10}=\frac{1}{3}F_{N1},\quad F_{f20}=\frac{1}{2}F_{N2}$$

沿竖直和水平方向力的平衡方程为

$$F_{f10}+F_{N2}=4mg\ ,\quad F_{N1}=F_{f20}$$

设梯子长度为 l，对梯子最高点的力矩平衡方程为

$$mg\frac{l}{2}\cos\alpha+F_{f20}l\sin\alpha=F_{N2}l\cos\alpha$$

由前 4 式可知 $F_{N2}=\dfrac{24}{7}mg$，根据第 5 式即可求出

$$\tan\alpha=\frac{F_{N2}-\dfrac{mg}{2}}{F_{f20}}=\frac{2F_{N2}-mg}{F_{N2}}=\frac{41}{24}$$

即　$\alpha=\arctan\dfrac{41}{24}$

3.6　把分子看作原子间距离不变的质点系，试计算以下两种情况下分子的中心主转动惯量：

（1）二原子分子. 它们的质量是 m_1，m_2，距离是 l.

（2）形状为等腰三角形的三原子分子，三角形的高是 h，底边的长度为 a. 底边上两个原子的质量为 m_1，顶点上的为 m_2.

提示　（1）如 X3.6 图(1)所示，刚体对 Cz 旋转对称，所以 $Cxyz$ 为主轴坐标系．

$$I_1=I_2=m_1\left(\frac{m_2l}{m_1+m_2}\right)^2+m_2\left(\frac{m_1l}{m_1+m_2}\right)^2=\frac{m_1m_2l^2}{m_1+m_2}$$

$$I_3=0$$

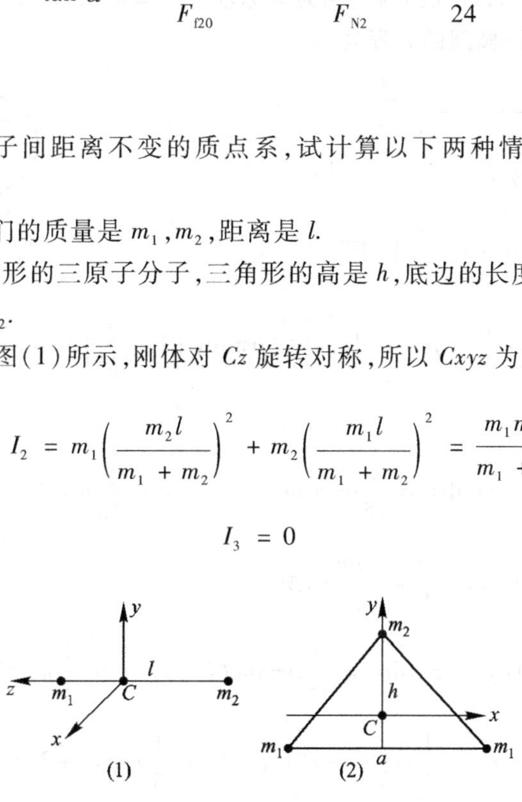

X3.6 图

（2）如 X3.6 图(2)所示，Cy 为刚体对称轴，故 Cy 为惯量主轴．Cz 与刚体对称面垂直，所以 Cz 为 C 点惯量主轴．因此 $Cxyz$ 为主轴坐标系．由于 C 为质心，故 $-2m_1y_1=m_2y_2$，又因 $y_2-y_1=h$，可知

$$y_1 = -\frac{m_2 h}{2m_1 + m_2}, \quad y_2 = \frac{2m_1 h}{2m_1 + m_2}$$

于是

$$I_1 = 2m_1 y_1^2 + m_2 y_2^2 = \frac{2m_1 m_2 h^2}{2m_1 + m_2}$$

$$I_2 = 2m_1\left(\frac{a}{2}\right)^2 = \frac{1}{2}m_1 a^2$$

根据垂直轴定理可知 $I_3 = I_1 + I_2 = \frac{2m_1 m_2 h^2}{2m_1 + m_2} + \frac{1}{2}m_1 a^2$.

3.7 如椭球方程为

$$\frac{x^2}{a^2} + \frac{y^2}{b^2} + \frac{z^2}{c^2} = 1$$

试求此椭球绕其三个中心主轴转动时的中心主转动惯量. 设此椭球的质量为 m,并且密度 ρ 是常量.

提示 如 X3.7 图所示,以椭圆的主轴为坐标轴建立坐标系 $Oxyz$. 在 b 处用平行于 Oxz 的平面把椭球切出一个椭圆,该椭圆的方程为

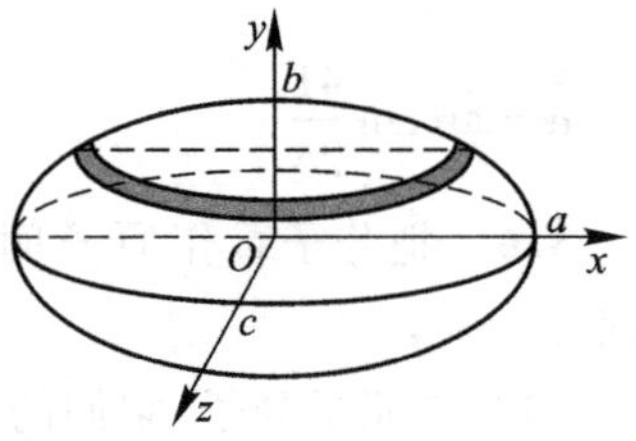

X3.7 图

$$\frac{x^2}{a^2\left(1 - \frac{y^2}{b^2}\right)} + \frac{z^2}{c^2\left(1 - \frac{y^2}{b^2}\right)} = 1$$

该椭圆的面积为 $S(y) = \pi ac\left(1 - \frac{y^2}{b^2}\right)$,于是

$$\int y^2 \mathrm{d}m = \int_{-b}^{b} y^2 \rho S(y)\mathrm{d}y = \int_{-b}^{b} \rho\pi acy^2\left(1 - \frac{y^2}{b^2}\right)\mathrm{d}y = \frac{4}{15}\rho\pi ab^3 c$$

同理可得

$$\int x^2 \mathrm{d}m = \frac{4}{15}\rho\pi a^3 bc, \quad \int z^2 \mathrm{d}m = \frac{4}{15}\rho\pi abc^3$$

考虑到椭球体积 $V = \frac{4}{3}\pi abc$,$\rho = \frac{m}{V} = \frac{3m}{4\pi abc}$,所以

$$I_1 = \int(y^2 + z^2)\mathrm{d}m = \frac{4}{15}\rho\pi abc(b^2 + c^2) = \frac{1}{5}m(b^2 + c^2)$$

同理

$$I_2 = \frac{1}{5}m(a^2 + c^2), \quad I_3 = \frac{1}{5}m(a^2 + b^2)$$

3.8 半径为 R 的非均质圆球,在距中心 r 处的密度可以用下式表示:

$$\rho = \rho_0\left(1 - \alpha\frac{r^2}{R^2}\right)$$

式中 ρ_0 是常量,α 是常数. 试求此圆球绕直径转动时的回转半径.

提示 采用球坐标系[参见补充例题1.6(BL1.6－1图)],非均质圆球的质量

$$m=\int\rho\mathrm{d}V=\int\rho r^2\sin\theta\mathrm{d}r\mathrm{d}\theta\mathrm{d}\varphi$$

$$=\int_0^R\rho_0\left(1-\alpha\frac{r^2}{R^2}\right)r^2\mathrm{d}r\int_0^\pi\sin\theta\mathrm{d}\theta\int_0^{2\pi}\mathrm{d}\varphi=4\pi\rho_0R^3\left(\frac{1}{3}-\frac{\alpha}{5}\right)$$

非均质圆球对沿圆球直径的 Oz 轴的转动惯量

$$I_z=\int(r\sin\theta)^2\rho\mathrm{d}V=\int\rho r^4\sin^3\theta\mathrm{d}r\mathrm{d}\theta\mathrm{d}\varphi$$

$$=\int_0^R\rho_0\left(1-\alpha\frac{r^2}{R^2}\right)r^4\mathrm{d}r\int_0^\pi\sin^3\theta\mathrm{d}\theta\int_0^{2\pi}\mathrm{d}\varphi=\frac{8}{3}\pi\rho_0R^5\left(\frac{1}{5}-\frac{\alpha}{7}\right)$$

所以 $k_z=\sqrt{\dfrac{I_z}{m}}=\sqrt{\dfrac{14-10\alpha}{35-21\alpha}}R.$

3.9 质量分布均匀的立方体绕其对角线转动时的回转半径为

$$k=\frac{d}{3\sqrt{2}}$$

试证明之.式中 d 为对角线的长度.

提示 如X3.9图(1)所示,质量为 m,边长为 a 的正方形刚体平板.坐标系 $Oxyz$ 的原点 O 为平板中心,坐标轴与平板的边垂直.转动惯量由刚体对轴的质量分布决定,因此刚体平板对 Ox 的转动惯量与一根质量为 m,长为 a 的细杆相同,所以 $I_x=\dfrac{1}{12}ma^2$.同理 $I_y=\dfrac{1}{12}ma^2$.由垂直轴定理可知 $I_z=I_x+I_y=\dfrac{1}{6}ma^2$.

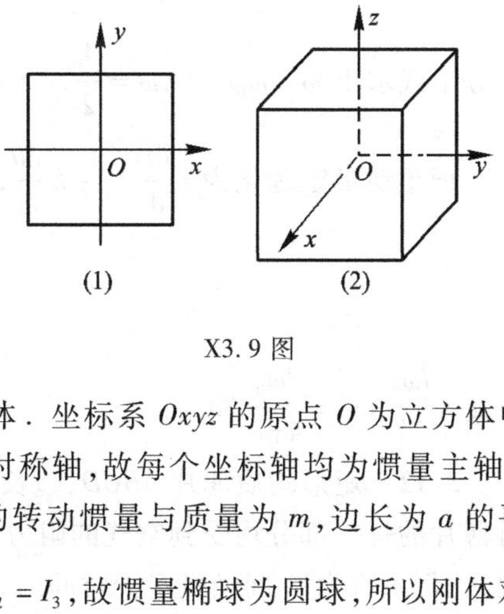

X3.9 图

如X3.9图(2)所示,质量为 m,边长为 a 的立方体刚体.坐标系 $Oxyz$ 的原点 O 为立方体中心,坐标轴与立方体的面垂直,由于每个坐标轴均为刚体对称轴,故每个坐标轴均为惯量主轴.转动惯量由刚体对轴的质量分布决定,因此立方体对 Oz 的转动惯量与质量为 m,边长为 a 的平板相同,所以 $I_1=\dfrac{1}{6}ma^2$.同理 $I_2=I_3=\dfrac{1}{6}ma^2$.由于 $I_1=I_2=I_3$,故惯量椭球为圆球,所以刚体对过 O 点的任意轴的转动惯量均相等,因此立方体对于对角线的转动惯量为 $I=\dfrac{1}{6}ma^2$.因为 $d=\sqrt{3}a$,所以 $k=\sqrt{\dfrac{I}{m}}=\sqrt{\dfrac{ma^2}{6m}}=\dfrac{d}{3\sqrt{2}}$.

3.10 一均质圆盘,半径为 a,放在粗糙水平桌上,绕通过其中心的竖直轴转动,开始时的角速度为 ω_0.已知圆盘与桌面的摩擦因数为 μ,问经过多少时间后盘将静止?

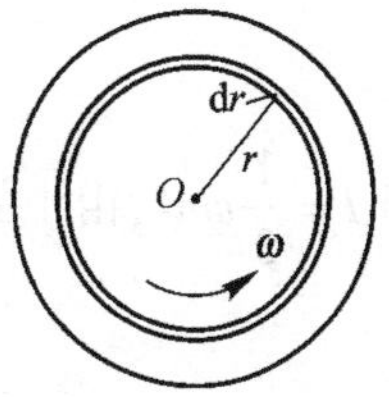

X3.10 图

提示 由对固定轴的角动量定理,参见 X3.10 图,设圆盘面密度为 σ,则

$$I\frac{d\omega}{dt}=-\int_0^a r\mu g\sigma\cdot 2\pi r dr=-\frac{2}{3}\pi\mu g\sigma a^3$$

$$\frac{1}{2}ma^2\frac{d\omega}{dt}=-\frac{2}{3}\mu gam$$

即

$$\frac{d\omega}{dt}=-\frac{4\mu g}{3a}$$

由

$$\int_{\omega_0}^0 d\omega=-\frac{4\mu g}{3a}\int_0^t dt$$

得 $t=\dfrac{3a\omega_0}{4\mu g}$.

3.11 通风机的转动部分以初角速度 ω_0 绕其轴转动. 空气阻力矩与角速度成正比,比例常量为 k. 如转动部分对其轴的转动惯量为 I,问经过多少时间后,其转动的角速度减为初角速度的一半? 又在此时间内共转了多少转?

提示 如 X3.11 图所示,由对固定轴的角动量定理,有

$$I\frac{d\omega}{dt}=-k\omega,\quad \frac{d\omega}{\omega}=-\frac{k}{I}dt$$

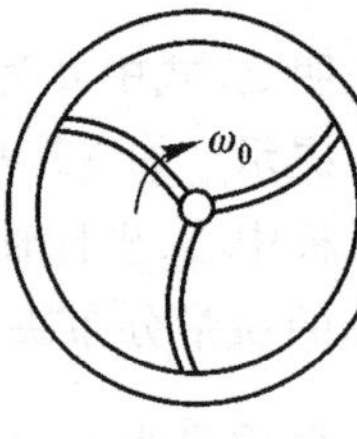

X3.11 图

积分上式求出 $\omega=\omega_0 e^{-\frac{k}{I}t}$, $\omega=\dfrac{\omega_0}{2}$时 $t=\dfrac{I}{k}\ln 2$.

把角动量定理化为 $I\dfrac{d\omega}{dt}=-k\dfrac{d\theta}{dt}$,积分

$$I\int_{\omega_0}^{\frac{\omega_0}{2}}d\omega=-k\int_0^{\varphi}d\theta$$

得 $\varphi=\dfrac{I\omega_0}{2k}$ rad $=\dfrac{I\omega_0}{4\pi k}$ 圈.

3.12 矩形均质薄片 $ABCD$,边长为 a 与 b,重量为 mg,绕竖直轴 AB 以初角速度 ω_0 转动. 此时薄片的每一部分均受到空气的阻力,其方向垂直于薄片的平面,其量值与面积及速度平方成正比,比例系数为 k. 问经过多少时间后,薄片的角速度减为初角速度的一半?

提示 如 X3.12 图所示,由对固定轴的角动量定理,有

$$I\frac{d\omega}{dt}=-\int_0^a xk(\omega x)^2 b dx=-\frac{1}{4}k\omega^2a^4b$$

因 $I=\dfrac{1}{3}ma^2$,由上式可得

$$\int_{\omega_0}^{\frac{\omega_0}{2}}\frac{d\omega}{\omega^2}=-\frac{3ka^2b}{4m}\int_0^t dt$$

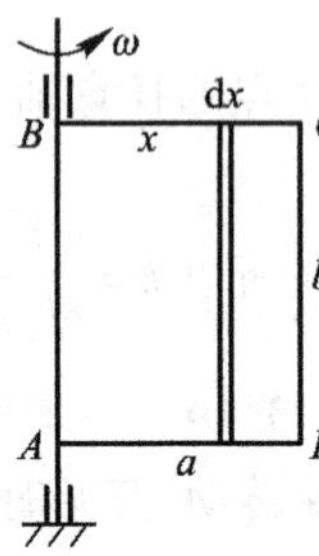

X3.12 图

所以 $t=\dfrac{4m}{3ka^2b\omega_0}$.

3.13　一段半径 R 为已知的均质圆弧，绕通过弧线中心并与弧面垂直的轴线摆动. 求其做微振动时的周期.

提示　如 X3.13 图所示，设圆弧的质量为 m，其质心 C 与 O 轴的距离为 h，则 C 与圆弧圆心 O' 的距离为 $R-h$. 圆弧对 O' 轴的转动惯量

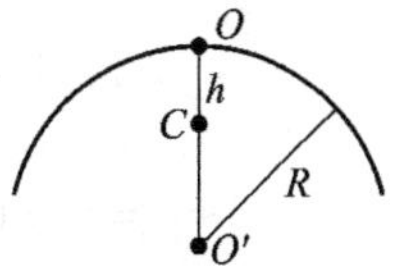

X3.13 图

$$I_{O'}=I_C+m(R-h)^2$$

而 $I_{O'}=mR^2$，则 $I_C=2mRh-mh^2$. 因此圆弧对 O 轴的转动惯量

$$I_O=I_C+mh^2=2mRh$$

所以圆弧绕 O 轴做微小摆动的周期 $T=2\pi\sqrt{\dfrac{I_O}{mgh}}=2\pi\sqrt{\dfrac{2R}{g}}$.

3.14　试求复摆悬点上的反作用力在水平方向的投影 F_x 与竖直方向的投影 F_y. 设此摆的重量为 mg，对转动轴的回转半径为 k，转动轴到摆重心的距离为 a，且摆无初速地自离平衡位置为一已知角 θ_0 处下降.

提示　以固定轴为 Oz 轴建立坐标系 $Oxyz$ 如 X3.14 图所示，规定摆角 θ 正方向与 Oz 轴正方向成右手螺旋关系. 运动微分方程为

$$m\ddot{x}_C=F_x \tag{1}$$

$$m\ddot{y}_C=F_y-mg \tag{2}$$

$$I\ddot{\theta}=-amg\sin\theta \tag{3}$$

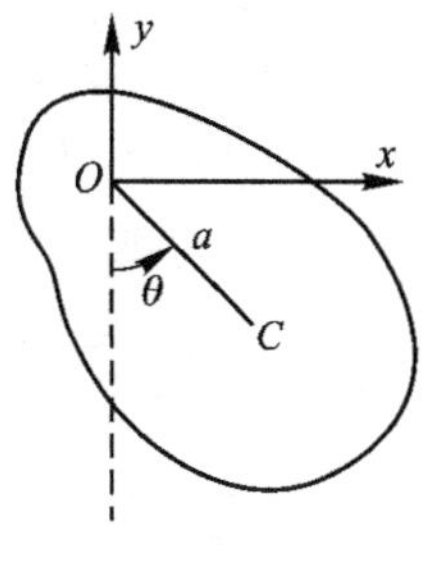

X3.14 图

因 $x_C=a\sin\theta, y_C=-a\cos\theta$，所以

$$\ddot{x}_C=a\ddot{\theta}\cos\theta-a\dot{\theta}^2\sin\theta \tag{4}$$

$$\ddot{y}_C=a\ddot{\theta}\sin\theta+a\dot{\theta}^2\cos\theta \tag{5}$$

由(3)式 $\ddot{\theta}=-\dfrac{ag}{k^2}\sin\theta$，即 $\dot{\theta}\mathrm{d}\dot{\theta}=-\dfrac{ag}{k^2}\sin\theta\mathrm{d}\theta$，积分求出 $\dot{\theta}^2=\dfrac{2ag}{k^2}(\cos\theta-\cos\theta_0)$. 把 $\ddot{\theta}$ 及 $\dot{\theta}^2$ 代入(4)式、(5)式，再由(1)式、(2)式求出

$$F_x=-\frac{a^2mg}{k^2}(3\cos\theta-2\cos\theta_0)\sin\theta$$

$$F_y=\frac{a^2mg}{k^2}[(3\cos\theta-2\cos\theta_0)\cos\theta-1]+mg$$

3.15　一轮的半径为 r，以匀速 v_0 无滑动地沿一直线滚动. 求轮缘上任一点的速度及加速度. 又最高点及最低点的速度各等于多少？哪一点是转动瞬心？

提示 如 X3.15 图所示，建立坐标系 Oxy，并以 θ 描述轮的转动，θ 的正方向如图．由于轮做无滑滚动，轮上与直线接触点 P（最低点）速度为零，所以 P 为瞬心．

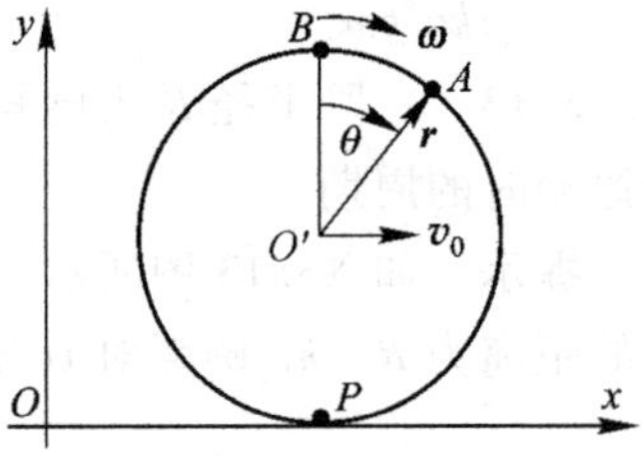

X3.15 图

根据无滑条件，可知 $v_0=\omega r$. 对轮缘上任一点 A，

$$\boldsymbol{v}_A=\boldsymbol{v}_0+\boldsymbol{\omega}\times\boldsymbol{r}=(v_0+\omega r\cos\theta)\boldsymbol{i}-\omega r\sin\theta\boldsymbol{j}$$

$$=v_0(1+\cos\theta)\boldsymbol{i}-v_0\sin\theta\boldsymbol{j}$$

$$v_A=v_0\sqrt{(1+\cos\theta)^2+\sin^2\theta}=2v_0\cos\frac{\theta}{2}$$

可知最高点速度为 $\boldsymbol{v}_B=2v_0\boldsymbol{i}=2\boldsymbol{v}_0$. 对轮缘任一点 A，

$$\boldsymbol{a}_A=\frac{\mathrm{d}\boldsymbol{v}_A}{\mathrm{d}t}=-\omega^2r\sin\theta\boldsymbol{i}-\omega^2r\cos\theta\boldsymbol{j}=-\frac{v_0^2}{r}(\sin\theta\boldsymbol{i}+\cos\theta\boldsymbol{j})$$

$$a_A=\frac{v_0^2}{r}$$

3.16 一矩形板 $ABCD$ 在平行于自身的平面内运动，其角速度为定值 ω. 在某一瞬时，A 点的速度为 v，其方向则沿对角线 AC. 试求此瞬时 B 点的速度，以 v、ω 及矩形的边长等表示之. 假定 $AB=a$，$BC=b$.

提示 如 X3.16 图所示，建立与板固连的坐标系 Axy.

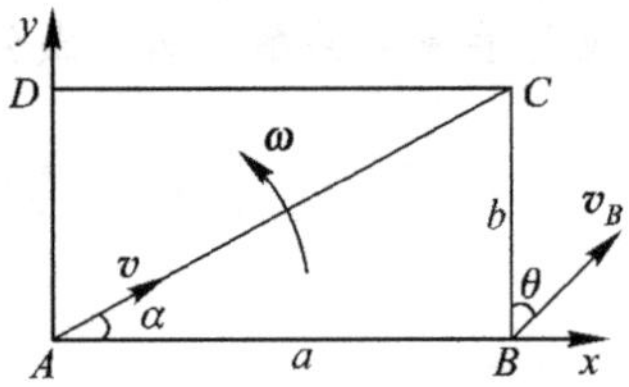

X3.16 图

$$\boldsymbol{v}_B=\boldsymbol{v}_A+\boldsymbol{\omega}\times\overrightarrow{AB}$$

$$v_{Bx}=v\cos\alpha=v\frac{a}{\sqrt{a^2+b^2}}$$

$$v_{By}=v\sin\alpha+\omega a=v\frac{b}{\sqrt{a^2+b^2}}+\omega a$$

$$v_B=\sqrt{v_{Bx}^2+v_{By}^2}=\sqrt{v^2+2v\omega\frac{ab}{\sqrt{a^2+b^2}}+\omega^2a^2}$$

设 $\boldsymbol{v}_B$ 与 BC 的夹角为 θ，$\theta=\arctan\dfrac{v_{Bx}}{v_{By}}=\arctan\dfrac{va}{vb+\omega a\sqrt{a^2+b^2}}$.

3.17 长为 l 的杆 AB 在一固定平面内运动. 其 A 端在半径 $r\left(r\leqslant\dfrac{l}{2}\right)$ 的圆周里滑动，而杆本身则于任何时刻均通过此圆周的 M 点. 试求杆上任一点的轨迹及转动瞬心的轨迹．

提示 如 X3.17 图所示，杆上任一点 C，到 A 点的距离为 a. 以 Mx 为极轴建立极坐标系，极角 θ 正方向如图，C 点位置由（R，θ）描述．C 点的轨道方程为 $R=2r\cos\theta-a$.

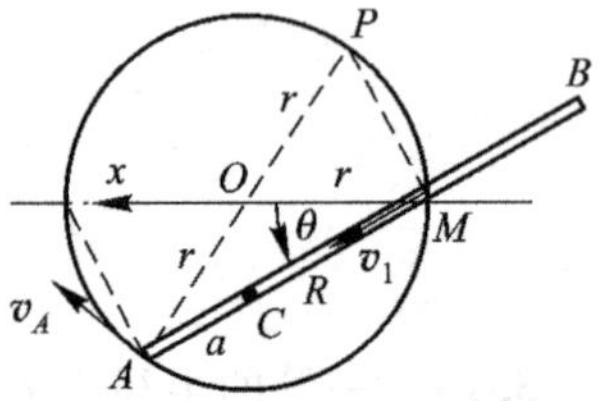

X3.17 图

杆上与 M 点接触的点的速度 $\boldsymbol{v}_1$、A 点的速度 $\boldsymbol{v}_A$ 如图所示．分别过 M 和 A 点，作 $\boldsymbol{v}_1$ 和 $\boldsymbol{v}_A$ 的垂线交于 P 点，P 点即为瞬心．

由于$\angle APM=\dfrac{\pi}{2}-\theta=\angle OMP$，所以$OP=OM=r$，可见$P$点在以$O$为圆心、$r$为半径的圆周上，因此$P$点空间轨迹为以$O$为圆心、$r$为半径的圆周．

由于$PA=2r$，所以杆本体轨迹为以A为圆心、$2r$为半径的圆周．

3.18 一圆盘以匀速度v_0沿一直线无滑动地滚动. 杆AB以铰链固结于盘的边缘上的B点，其A端沿上述直线滑动. 求A点的速度与盘的转角φ的关系，设杆长为l，盘的半径为r.

提示 如X3.18图所示，由于圆盘做无滑滚动，所以圆盘上与直线的接触点P_1为圆盘瞬心，圆盘角速度$\omega_1=\dot{\varphi}=\dfrac{v_0}{r}$. 进而可知$B$点速度$\boldsymbol{v}_B\perp P_1B$，且

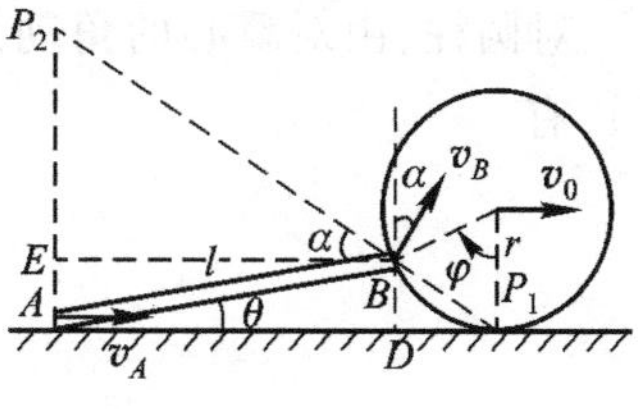

X3.18 图

$$v_B=\omega_1P_1B=\frac{v_0}{r}2r\sin\frac{\varphi}{2}=2v_0\sin\frac{\varphi}{2}$$

由几何关系可知$\boldsymbol{v}_B$与竖直线夹角$\alpha=\dfrac{\varphi}{2}$.

分别过A和B点，作$\boldsymbol{v}_A$和$\boldsymbol{v}_B$的垂线交于P_2，P_2为杆的瞬心．由几何关系可知

$$\angle P_2BE=\alpha,\quad BD=r(1-\cos\varphi)=2r\sin^2\frac{\varphi}{2}$$

$$AD=\sqrt{l^2-4r^2\sin^4\frac{\varphi}{2}},\quad P_2B=\frac{AD}{\cos\alpha}=\frac{\sqrt{l^2-4r^2\sin^4\dfrac{\varphi}{2}}}{\cos\dfrac{\varphi}{2}}$$

所以杆的角速度$\omega_2=\dfrac{v_B}{P_2B}=\dfrac{v_0\sin\varphi}{\sqrt{l^2-4r^2\sin^4\dfrac{\varphi}{2}}}$. 因此$\boldsymbol{v}_A$方向如图，其大小

$$v_A=P_2A\omega_2=(BD+P_2B\sin\alpha)\omega_2=2v_0\sin^2\frac{\varphi}{2}\left(\frac{r\sin\varphi}{\sqrt{l^2-4r^2\sin^4\dfrac{\varphi}{2}}}+1\right)$$

3.19 长为$2a$的均质棒AB，以铰链悬挂于A点上．如起始时，棒自水平位置无初速地运动，并且当棒通过竖直位置时，铰链突然松脱，棒成为自由体．试证在以后的运动中，棒的质心的轨迹为一抛物线，并求当棒的质心下降h距离后，棒一共转了几转？

提示 棒绕A点下摆过程中，非保守力不做功，所以棒在定轴转动中机械能守恒，$mga=\dfrac{1}{2}I\omega^2=\dfrac{1}{2}\times\dfrac{1}{3}m(2a)^2\omega^2$，可求出铰链脱落瞬时棒的角速度$\omega=\sqrt{\dfrac{3g}{2a}}$，质心沿水平方向运动．

铰链脱落后棒做平面平行运动，类比质点力学，由质心运动定理可知质心做平抛运动，所以质心轨道为抛物线．铰链脱落后，棒所受外力对质心力矩为零，对质心角动量守恒，角速度不变．在质心下落h的$t=\sqrt{\dfrac{2h}{g}}$时间内，转动$\omega t=\sqrt{\dfrac{3h}{a}}$ rad $=\dfrac{1}{2\pi}\sqrt{\dfrac{3h}{a}}$圈．

3.20 质量为 m',半径为 r 的均质圆柱体放在粗糙水平面上. 柱的外面绕有轻绳,绳子跨过一个很轻的滑轮,并悬挂一质量为 m 的物体. 设圆柱体只滚不滑,并且圆柱体与滑轮间的绳子是水平的. 设轻绳不可伸长,绳与圆柱间无滑动,滑轮轴无摩擦. 求圆柱体质心的加速度 a_1,物体的加速度 a_2 及绳中张力 F_T.

提示 建立坐标系 Oxy,规定圆柱转动角度 θ 及其正方向,分析圆柱及物体 m 受力如 X3.20 图所示. 圆柱在水平面上做无滑滚动,圆柱最低点 P 为瞬心.

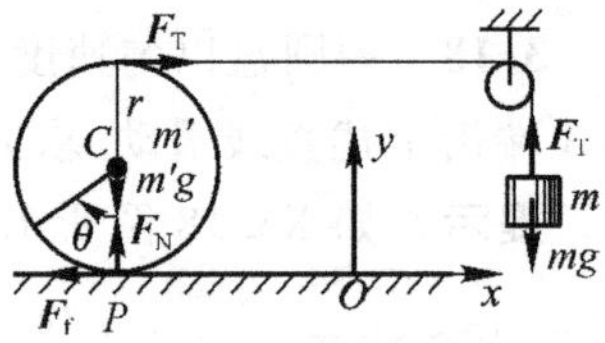

X3.20 图

对圆柱,由对瞬心的角动量定理(参见主教材思考题 3.9 提示),有

$$I_P\ddot{\theta} = \left(\frac{1}{2}m'r^2 + m'r^2\right)\ddot{\theta}$$

$$= \frac{3}{2}m'r^2\ddot{\theta} = 2rF_T \qquad (1)$$

圆柱无滑条件

$$a_1 = \ddot{x}_C = r\ddot{\theta} \qquad (2)$$

对物体 m

$$ma_2 = -m\ddot{y} = mg - F_T \qquad (3)$$

绳不可伸长,绳和圆柱间无滑动

$$a_2 = 2a_1 \qquad (4)$$

由上述 4 式即可求出 $a_1 = \dfrac{4mg}{3m'+8m}$,$a_2 = \dfrac{8mg}{3m'+8m}$,$F_T = \dfrac{3m'mg}{3m'+8m}$.

3.21 一飞轮有一半径为 r 的杆轴. 飞轮及杆轴对于转动轴的总转动惯量为 I. 在杆轴上绕有细而轻的绳子,绳子的另一端挂一质量为 m 的重物. 如飞轮受到阻尼力矩 G 的作用,求飞轮的角加速度. 若飞轮转过 θ 角后,绳子与杆轴脱离,并再转过 φ 角后,飞轮停止转动,求飞轮所受到的阻尼力矩 G 的量值. 设轻绳不可伸长,绳与杆轴间无滑动,飞轮由静止开始运动.

提示 建立坐标系 Ox,规定飞轮转动角度 α 及其正方向,分析飞轮及重物 m 受力如 X3.21 图所示. 对飞轮,由对固定轴的角动量定理,

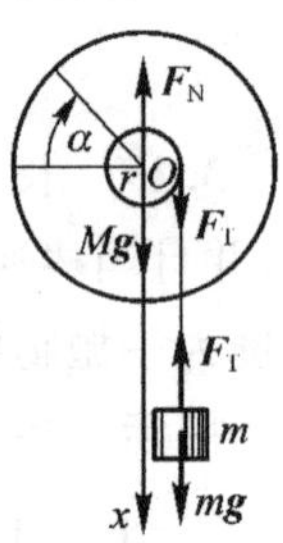

X3.21 图

$$I\ddot{\alpha} = F_T r - G \qquad (1)$$

对重物 m

$$m\ddot{x} = mg - F_T \qquad (2)$$

因轻绳不可伸长,绳与杆轴间无滑动,有

$$\ddot{x} = r\ddot{\alpha} \qquad (3)$$

由上述三式得

$$\ddot{\alpha} = \frac{mgr - G}{I + mr^2}$$

由上式可求出

$$\dot{\alpha}\mathrm{d}\dot{\alpha} = \frac{mgr - G}{I + mr^2}\mathrm{d}\alpha$$

$$\int_0^{\dot{\alpha}}\dot{\alpha}\mathrm{d}\dot{\alpha} = \int_0^{\theta}\frac{mgr - G}{I + mr^2}\mathrm{d}\alpha$$

即
$$\dot{\alpha}^2 = \dot{\theta}^2 = \frac{2(mgr - G)}{I + mr^2}\theta$$

绳与杆轴脱离后，飞轮的动力学方程为 $I\ddot{\alpha} = -G$，可得 $\dot{\alpha}\mathrm{d}\dot{\alpha} = \frac{-G}{I}\mathrm{d}\alpha$，由

$$\int_{\dot{\theta}}^{0}\dot{\alpha}\mathrm{d}\dot{\alpha} = \int_{0}^{\varphi}\frac{-G}{I}\mathrm{d}\alpha$$

可知 $G = \dfrac{mgIr\theta}{I\theta + (I + mr^2)\varphi}$.

3.22 一面粗糙另一面光滑的平板，质量为 m'，将光滑的一面放在水平桌上，平板上放一质量为 m 的球．初始系统静止，若板沿其长度方向突然有一速度 v，问此球经过多少时间后开始滚动而不滑动？

提示 建立坐标系 Oxy，规定球转动角度 θ 及其正方向，分析球及平板受力如 X3.22 图所示．球的运动微分方程为

$$m\ddot{x}_C = F_f = \mu mg \qquad (1)$$

$$\frac{2}{5}mR^2\ddot{\theta} = F_fR = \mu mgR \qquad (2)$$

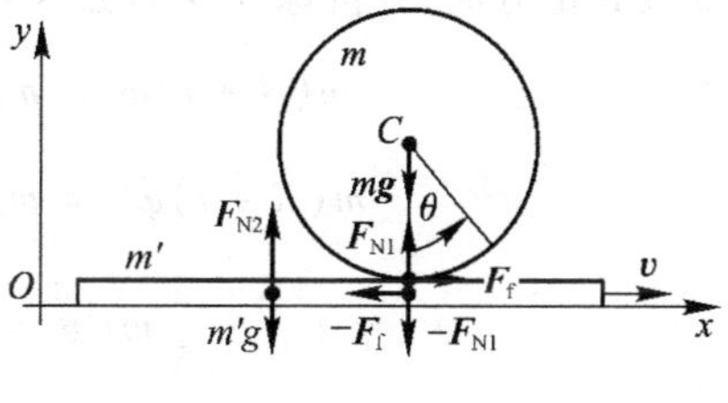

X3.22 图

平板的运动微分方程为

$$m'\ddot{x}_1 = -F_f = -\mu mg \qquad (3)$$

由(1)式、(2)式、(3)式可解出

$$\dot{x}_C = \mu gt,\quad \dot{\theta} = \frac{5\mu g}{2R}t,\quad \dot{x}_1 = -\frac{\mu mg}{m'}t + v$$

球与板接触点的速度 $v_P = \dot{x}_C + \dot{\theta}R = \frac{7}{2}\mu gt$，当 $v_P = \dot{x}_1$ 时达到无滑，故 $t_1 = \dfrac{v}{\left(\dfrac{7}{2} + \dfrac{m}{m'}\right)\mu g}$.

3.23 重为 W_1 的木板受水平力 F 的作用，在一不光滑的平面上运动，板与平面间的摩擦因数为 μ. 在板上放一重为 W_2 的实心圆柱，此圆柱在板上滚动而不滑动，试求木板的加速度 a.

提示 建立坐标系 Oxy，规定圆柱转动角度 θ 及其正方向，分析圆柱及木板受力如 X3.23 图所示．圆柱运动微分方程为

$$m_2\ddot{x}_C = F_{f2} \qquad (1)$$

$$\frac{1}{2}m_2R^2\ddot{\theta} = F_{f2}R \qquad (2)$$

木板的运动微分方程为

$$m_1a = m_1\ddot{x}_1 = F - \mu(m_1 + m_2)g - F_{f2} \qquad (3)$$

由无滑条件得
$$\ddot{x}_C + R\ddot{\theta} = \ddot{x}_1 \qquad (4)$$

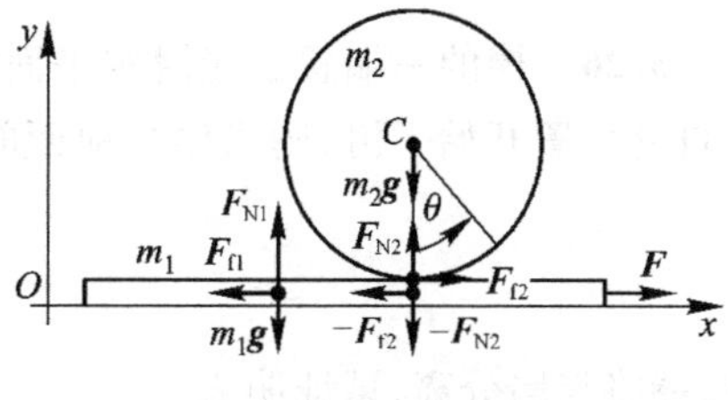

X3.23 图

由上述4式可求出

$$a=\frac{3F-3\mu(m_1+m_2)g}{3m_1+m_2}=\frac{F-\mu(W_1+W_2)}{W_1+\dfrac{W_2}{3}}g.$$

3.24 见补充例题3.4.

3.25 均质实心圆球,置于另一固定圆球的顶端. 如使其自此位置发生微小偏离,则将开始滚下. 试证当两球的公共法线与竖直线所成的夹角 φ 满足下列关系

$$2\sin(\varphi-\lambda)=5\sin\lambda(3\cos\varphi-2)$$

时,则将开始滑动,式中 λ 为摩擦角.

提示 设运动球 A 栖于固定球 B 的顶端时,P'' 与 P' 相接触. 规定 φ 角正方向,球 A 转动角度 θ 及其正方向,分析球 A 受力如 X3.25 图所示. 球 A 的运动微分方程组为

$$m(R+r)\ddot{\varphi}=mg\sin\varphi-F_f \quad (1)$$

$$m(R+r)\dot{\varphi}^2=mg\cos\varphi-F_N \quad (2)$$

$$\frac{2}{5}mr^2\ddot{\theta}=rF_f \quad (3)$$

$$(R+r)\dot{\varphi}=r\dot{\theta} \quad \text{(无滑条件)} \quad (4)$$

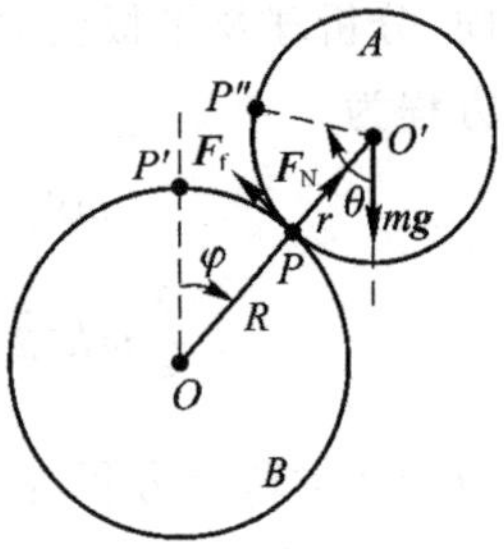

X3.25 图

由(3)式、(4)式知

$$\frac{2}{5}m(R+r)\ddot{\varphi}=F_f \quad (5)$$

(5)式代入(1)式得 $F_f=\frac{2}{7}mg\sin\varphi$. 再由(5)式可求出 $\ddot{\varphi}=\frac{5}{7}\frac{g}{R+r}\sin\varphi$, 则由

$$\int_0^{\dot{\varphi}}\dot{\varphi}\mathrm{d}\dot{\varphi}=\frac{5}{7}\frac{g}{R+r}\int_0^{\varphi}\sin\varphi\mathrm{d}\varphi$$

得到 $\dot{\varphi}^2=\frac{10}{7}\frac{g}{R+r}(1-\cos\varphi)$,代入(2)式得 $F_N=\left(\frac{17}{7}\cos\varphi-\frac{10}{7}\right)mg.$

当 $F_f=\mu F_N=\tan\lambda\cdot F_N$ 时开始滑动,此时满足 $2\sin\varphi=\tan\lambda(17\cos\varphi-10)$,即

$$2\sin(\varphi-\lambda)=5\sin\lambda(3\cos\varphi-2)$$

3.26 棒的一端置于光滑水平面上,另一端则靠在光滑墙上,且棒与地面的倾角为 α. 如任其自此位置开始下滑,则当棒与地面的倾角变为

$$\arcsin\left(\frac{2}{3}\sin\alpha\right)$$

时,棒将与墙分离,试证明之.

提示 建立坐标系 Oxy,规定棒 AB 的转动角度 φ 及其正方向,分析棒受力如 X3.26 图所示. 从 A 点作 Oy 轴垂线,从 B 点作 Ox 轴垂线,二垂线交点 P 即为棒的瞬心. 设 AB 中点为 C,

则 $AC=BC=PC=a$. 由对瞬心 P 的角动量定理(参见主教材思考题 3.9)

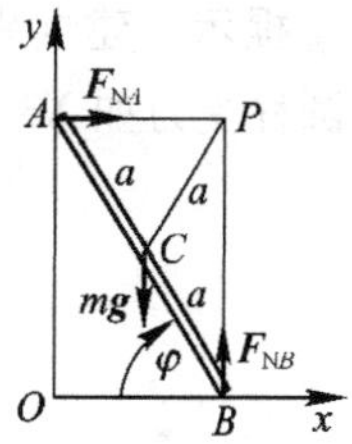

X3.26 图

$$\left(\frac{1}{3}ma^2+ma^2\right)\ddot{\varphi}=-mga\cos\varphi$$

得 $\ddot{\varphi}=-\dfrac{3g}{4a}\cos\varphi$,积分求出 $\dot{\varphi}^2=\dfrac{3g}{2a}(\sin\alpha-\sin\varphi)$.

由质心运动定理

$$m\ddot{x}_C=F_{NA}$$

及 $x_C=a\cos\varphi$,可知 $F_{NA}=-ma(\ddot{\varphi}\sin\varphi+\dot{\varphi}^2\cos\varphi)$. 把 $\ddot{\varphi}$ 及 $\dot{\varphi}$ 结果代入得到

$$F_{NA}=\frac{3mg}{4}\cos\varphi(3\sin\varphi-2\sin\alpha)$$

$F_{NA}=0$ 时棒与墙分离,此时 $\varphi=\arcsin\left(\dfrac{2}{3}\sin\alpha\right)$. $\left(\text{略去另一解 }\cos\varphi=0,\varphi=\dfrac{\pi}{2}.\right)$

3.27 试研究上题中棒与墙分离后的运动. 并求棒落地时的角速度 $\boldsymbol{\Omega}$,设棒长为 $2a$.

提示 如 X3.27 图所示. 设棒刚与墙分离时为状态 1,棒落地时为状态 2. 以地面为势能零点,根据机械能守恒有

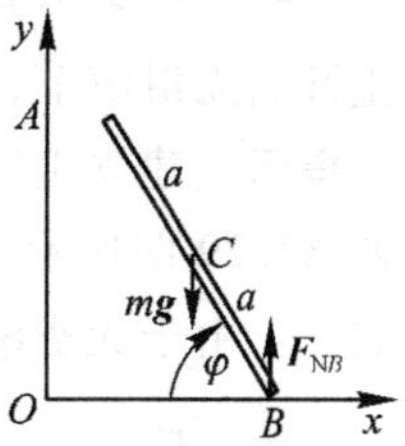

X3.27 图

$$\frac{1}{2}m(\dot{x}_{C1}^2+\dot{y}_{C1}^2)+\frac{1}{2}\times\frac{1}{3}ma^2\dot{\varphi}_1^2+mga\sin\varphi_1$$
$$=\frac{1}{2}m(\dot{x}_{C2}^2+\dot{y}_{C2}^2)+\frac{1}{2}\times\frac{1}{3}ma^2\dot{\varphi}_2^2 \tag{1}$$

由主教材习题 3.26,$\dot{\varphi}_1^2=\dfrac{g}{2a}\sin\alpha$. 因为 $y_C=a\sin\varphi$,所以

$$\dot{y}_{C1}^2=a^2\dot{\varphi}_1^2\cos^2\varphi_1=\frac{ag}{2}\sin\alpha\left(1-\frac{4}{9}\sin^2\alpha\right)$$

$$\dot{y}_{C2}^2=a^2\dot{\varphi}_2^2\cos^2\varphi_2=a^2\dot{\varphi}_2^2$$

由质心运动定理知

$$\dot{x}_{C1}=\dot{x}_{C2}$$

把上述结果代入(1)式可求出棒落地时 $\dot{\varphi}_2=\pm\left[\dfrac{3g\sin\alpha}{2a}\left(1-\dfrac{\sin^2\alpha}{9}\right)\right]^{\frac{1}{2}}$,$\dot{\varphi}_2$ 应取负值,

$$\boldsymbol{\Omega}=|\dot{\varphi}_2|\boldsymbol{k}=\left[\frac{3g\sin\alpha}{2a}\left(1-\frac{\sin^2\alpha}{9}\right)\right]^{\frac{1}{2}}\boldsymbol{k}$$

3.28 半径为 r 的均质实心圆柱,放在倾角为 θ 的粗糙斜面上,摩擦因数为 μ. 圆柱由静止开始滚动. 设运动不是纯滚动,试求圆柱体质心加速度 a 及圆柱体的角加速度 α.

因为运动不是纯滚动,所以分析力时必须正确判断摩擦力的真实方向. 圆柱由静止开始滚动,可知摩擦力指向斜面上方. 如果圆柱初始非静止,则摩擦力的方向和圆柱初始运动情况有关.

提示 建立坐标系 Oxy,规定圆柱的转动角度 φ 及其正方向,分析圆柱受力如 X3.28 图所示. 圆柱的动力学方程组为

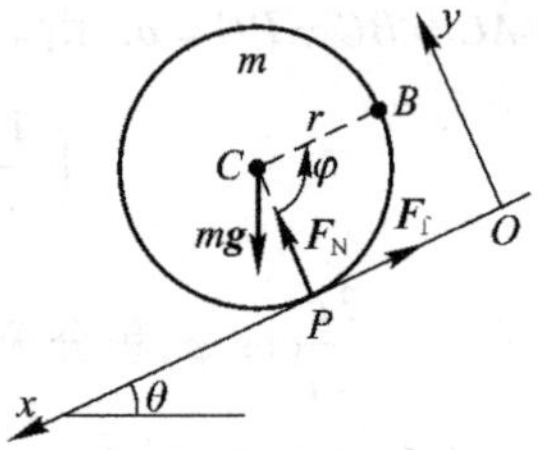

X3.28 图

$$m\ddot{x}_C = mg\sin\theta - F_f \quad (1)$$

$$m\ddot{y}_C = 0 = F_N - mg\cos\theta \quad (2)$$

$$\frac{1}{2}mr^2\ddot{\varphi} = rF_f \quad (3)$$

$$F_f = \mu F_N \quad (4)$$

可求出 $F_f = \mu mg\cos\theta$,因 $\mu = \tan\lambda$,则

$$a = \ddot{x}_C = g\sin\theta - \tan\lambda \cdot g\cos\theta = \frac{\sin(\theta-\lambda)}{\cos\lambda}g$$

$$\alpha = \ddot{\varphi} = \frac{2\mu g\cos\theta}{r}$$

3.29 均质实心圆球和一外形相同、质量相等的均质空心球壳沿一斜面同时自同一高度由静止开始无滑滚下,问哪一个球滚得快些? 并证它们经过相等距离所需的时间比是 $\sqrt{21}:5$.

提示 建立坐标系 Oxy,规定实心球或球壳的转动角度 φ 及其正方向,分析实心球或球壳受力如 X3.29 图所示. 设下角标 1 表示实心球的量,下角标 2 表示球壳的量. 由于无滑滚动过程中机械能守恒,则

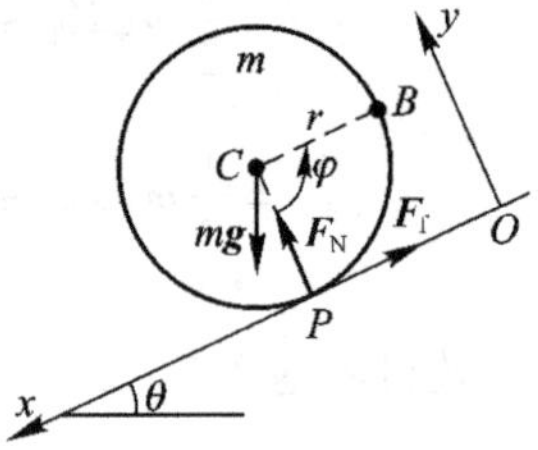

X3.29 图

$$\frac{1}{2}mv_{C1}^2 + \frac{1}{2}\times\frac{2}{5}mr^2\left(\frac{v_{C1}}{r}\right)^2 = mgx_{C1}\sin\theta = E$$

$$\frac{1}{2}mv_{C2}^2 + \frac{1}{2}\times\frac{2}{3}mr^2\left(\frac{v_{C2}}{r}\right)^2 = mgx_{C2}\sin\theta = E$$

可求出

$$\frac{7}{10}v_{C1}^2 = \frac{E}{m} = \frac{5}{6}v_{C2}^2$$

即 $\frac{v_{C1}}{v_{C2}} = \frac{5}{\sqrt{21}}$. 所以 $\frac{t_1}{t_2} = \frac{v_{C2}}{v_{C1}} = \frac{\sqrt{21}}{5}$.

3.30 见补充例题 3.5.

3.31 转轮 AB,绕 OC 轴转动的角速度为 ω_1,而 OC 绕竖直线 OE 转动的角速度则为 ω_2. 如 $AD = DB = a$, $OD = b$, $\angle COE = \theta$,试求转轮最低点 B 的速度.

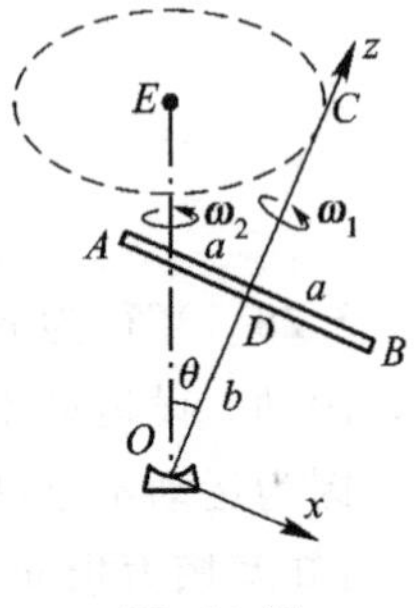

X3.31 图

提示 建立坐标系 $Oxyz$ 如 X3.31 图所示. 转轮角速度

$$\boldsymbol{\omega} = \boldsymbol{\omega}_1 + \boldsymbol{\omega}_2 = -\omega_2\sin\theta\boldsymbol{i} + (\omega_1 + \omega_2\cos\theta)\boldsymbol{k}$$

$\boldsymbol{r}_B = a\boldsymbol{i} + b\boldsymbol{k}$,则 $\boldsymbol{v}_B = \boldsymbol{\omega}\times\boldsymbol{r}_B = [\omega_1 a + \omega_2(a\cos\theta + b\sin\theta)]\boldsymbol{j}$.

3.32 高为 h,顶角为 2α 的圆锥在一平面上滚动而不滑动. 如已知此锥以匀角速度 ω 绕 $O\zeta$ 轴转动,试求圆锥底面上 A 点的转动加速度 a_1 和向轴加速度 a_2 的量值.

提示 建立坐标系 $Oxyz$,Ox 在水平面内(垂直纸面向里),如 X3.32 图所示. 因无滑 $\boldsymbol{v}_B=0$,BO 为瞬时轴,$\boldsymbol{\omega}_t$ 沿 $\overrightarrow{BO}$ 方向,由几何关系易知 $\dot{\varphi}=\dfrac{\omega}{\sin\alpha}$,$\omega_t=\omega\cot\alpha$.

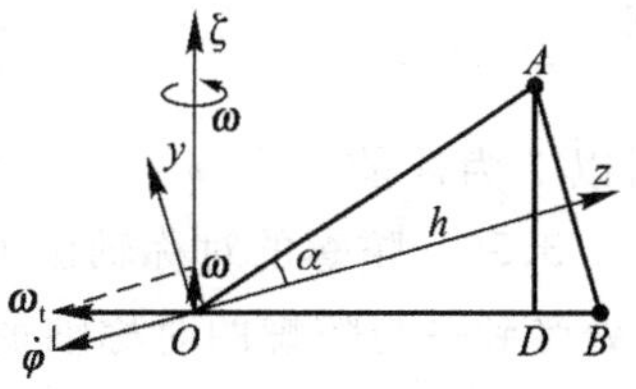

X3.32 图

圆锥绕瞬时轴 BO 做纯转动,A 点的速度沿 $\boldsymbol{i}$ 方向,

$$\boldsymbol{v}_A=\omega_t AD\boldsymbol{i}=\omega\cot\alpha\cdot 2h\tan\alpha\cos\alpha\boldsymbol{i}$$

$$=2h\omega\cos\alpha\boldsymbol{i}$$

$$a_2=\omega_t^2\cdot AD=\omega^2\cot^2\alpha\cdot 2h\sin\alpha=2\omega^2h\frac{\cos^2\alpha}{\sin\alpha}$$

$\dot{\boldsymbol{\omega}}_t=\boldsymbol{\omega}\times\boldsymbol{\omega}_t$ 沿 $-\boldsymbol{i}$ 方向,$\dot{\boldsymbol{\omega}}_t=\omega\omega_t\sin\dfrac{\pi}{2}\cdot(-\boldsymbol{i})=-\omega^2\cot\alpha\boldsymbol{i}$,所以

$$a_1=|\dot{\boldsymbol{\omega}}\times\overrightarrow{OA}|=|\dot{\boldsymbol{\omega}}|OA=\omega^2\cot\alpha\cdot\frac{h}{\cos\alpha}=\frac{\omega^2h}{\sin\alpha}$$

3.33 一回转仪,$I_1=I_2=2I_3$,依惯性绕重心转动,并做规则进动. 已知此回转仪的自转角速度为 ω_1,并知其自转轴与进动轴间的夹角 $\theta=60°$,求进动角速度 ω_2 的值.

提示 回转仪做惯性运动,$\boldsymbol{J}=$常矢量,以 $\boldsymbol{J}$ 方向为 $O\zeta$ 轴建立固定坐标系 $O\xi\eta\zeta$,以自转轴为 Oz 轴建立半固连坐标系 $ONLz$(参见补充思考题 3.2 及 BS3.2 图);则

$$\boldsymbol{J}=J\sin\theta\boldsymbol{e}_L+J\cos\theta\boldsymbol{k}=\frac{\sqrt{3}}{2}J\boldsymbol{e}_L+\frac{1}{2}J\boldsymbol{k}$$

又

$$\boldsymbol{J}=I_1\dot{\theta}\boldsymbol{e}_N+I_2\dot{\varphi}\sin\theta\boldsymbol{e}_L+I_3(\dot{\varphi}\cos\theta+\dot{\psi})\boldsymbol{k}$$

$$=\sqrt{3}I_3\omega_2\boldsymbol{e}_L+I_3\left(\frac{\omega_2}{2}+\omega_1\right)\boldsymbol{k}$$

比较两式可得 $\dfrac{\sqrt{3}}{2}J=\sqrt{3}I_3\omega_2$ 和 $\dfrac{1}{2}J=I_3\left(\dfrac{\omega_2}{2}+\omega_1\right)$,所以 $\omega_2=2\omega_1$.

3.34 试用欧拉动力学方程,证明在欧拉-潘索情况中,动量矩 J 及动能 T 都是常量.

提示 欧拉-潘索情况中,欧拉动力学方程为

$$I_1\dot{\omega}_x-(I_2-I_3)\omega_y\omega_z=0 \tag{1}$$

$$I_2\dot{\omega}_y-(I_3-I_1)\omega_z\omega_x=0 \tag{2}$$

$$I_3\dot{\omega}_z-(I_1-I_2)\omega_x\omega_y=0 \tag{3}$$

$I_1\omega_x\times(1)$式 $+I_2\omega_y\times(2)$式 $+I_3\omega_z\times(3)$式,得

$$I_1^2\omega_x\dot{\omega}_x+I_2^2\omega_y\dot{\omega}_y+I_3^2\omega_z\dot{\omega}_z=0$$

即

$$\frac{\mathrm{d}}{\mathrm{d}t}\left[\frac{1}{2}(I_1^2\omega_x^2+I_2^2\omega_y^2+I_3^2\omega_z^2)\right]=\frac{\mathrm{d}}{\mathrm{d}t}\frac{J^2}{2}=0$$

所以 J 为常量．$\omega_x\times(1)$式 $+\omega_y\times(2)$式 $+\omega_z\times(3)$式，得

$$I_1\omega_x\dot{\omega}_x+I_2\omega_y\dot{\omega}_y+I_3\omega_z\dot{\omega}_z=0$$

即
$$\frac{\mathrm{d}}{\mathrm{d}t}\left[\frac{1}{2}(I_1\omega_x^2+I_2\omega_y^2+I_3\omega_z^2)\right]=\frac{\mathrm{d}T}{\mathrm{d}t}=0$$

所以 T 为常量．

3.35 陀螺的对称轴位于竖直位置，陀螺以很大的角速度 ω_1 做稳定的自转．今突然在顶点 d 处受到一与陀螺的对称轴垂直的冲量 I 作用．试证陀螺在以后的运动中，最大章动角近似地为 $2\arctan\left(\dfrac{Id}{I_3\omega_1}\right)$，式中 I_3 是陀螺绕对称轴转动的转动惯量．

提示　由拉格朗日－泊松情况的三个第一积分，有

$$\omega_z=s$$

$$\frac{1}{2}(I_1\omega_x^2+I_2\omega_y^2+I_3\omega_z^2)+mgl\cos\theta=E$$

$$I_1\omega_x\sin\theta\sin\psi+I_2\omega_y\sin\theta\cos\psi+I_3\omega_z\cos\theta=\alpha$$

设冲量 I 沿 $-\boldsymbol{j}$ 方向，$Id=Fd\mathrm{d}t=I_1\beta_x\mathrm{d}t=I_1\mathrm{d}\omega_x=I_1\omega_x$．所以初始条件为 $t=0$ 时，$\omega_x=\dfrac{Id}{I_1}$，$\omega_y=0$，$\omega_z=\omega_1$，$\theta=0$．用初始条件定出 s、E、α，上述 3 式化为

$$\omega_z=\omega_1 \tag{1}$$

$$I_1(\omega_x^2+\omega_y^2)=\frac{I^2d^2}{I_1}+2mgl(1-\cos\theta) \tag{2}$$

$$I_1(\omega_x\sin\theta\sin\psi+\omega_y\sin\theta\cos\psi)=I_3\omega_1(1-\cos\theta) \tag{3}$$

由欧拉运动学方程可知

$$\omega_x^2+\omega_y^2=\dot{\varphi}^2\sin^2\theta+\dot{\theta}^2$$

$$\omega_x\sin\theta\sin\psi+\omega_y\sin\theta\cos\psi=\dot{\varphi}\sin^2\theta$$

由(3)式得
$$\dot{\varphi}=\frac{I_3\omega_1(1-\cos\theta)}{I_1\sin^2\theta}$$

由(2)式得
$$\begin{aligned}\dot{\theta}^2&=\frac{I^2d^2}{I_1^2}+\frac{2mgl}{I_1}(1-\cos\theta)-\frac{I_3^2\omega_1^2(1-\cos\theta)^2}{I_1^2\sin^2\theta}\\&=\frac{I^2d^2}{I_1^2}+\frac{I_3^2\omega_1^2}{I_1^2}\left[\frac{2mglI_1}{I_3^2\omega_1^2}(1-\cos\theta)-\tan^2\frac{\theta}{2}\right]\\&\approx\frac{I^2d^2}{I_1^2}-\frac{I_3^2\omega_1^2}{I_1^2}\tan^2\frac{\theta}{2}\end{aligned}$$

$\dot{\theta}=0$ 时，θ 取最大值，$\tan\dfrac{\theta_{\max}}{2}\approx\dfrac{Id}{I_3\omega_1}$，即 $\theta_{\max}\approx2\arctan\dfrac{Id}{I_3\omega_1}$．

3.36 一个 $I_1=I_2\neq I_3$ 的刚体,绕其重心做定点转动．已知作用在刚体上的阻尼力是一力偶,位于与转动瞬轴相垂直的平面内,其力偶矩与瞬时角速度成正比,比例常量为 $I_3\lambda$,试证刚体的瞬时角速度在三个惯量主轴上的分量分别为

$$\omega_x = a\mathrm{e}^{-\lambda t I_3/I_1}\sin\left(\frac{n}{\lambda}\mathrm{e}^{-\lambda t}+\varepsilon\right)$$

$$\omega_y = a\mathrm{e}^{-\lambda t I_3/I_1}\cos\left(\frac{n}{\lambda}\mathrm{e}^{-\lambda t}+\varepsilon\right)$$

$$\omega_z = \Omega\mathrm{e}^{-\lambda t}$$

式中 a,ε,Ω 都是常量,而 $n=\dfrac{I_3-I_1}{I_1}\Omega$.

提示 由已知 $\boldsymbol{M}=-I_3\lambda\boldsymbol{\omega}$,代入欧拉动力学方程,得

$$I_1\dot{\omega}_x-(I_1-I_3)\omega_y\omega_z=-I_3\lambda\omega_x \tag{1}$$

$$I_1\dot{\omega}_y-(I_3-I_1)\omega_z\omega_x=-I_3\lambda\omega_y \tag{2}$$

$$I_3\dot{\omega}_z=-I_3\lambda\omega_z \tag{3}$$

由(3)式知 $\dfrac{\mathrm{d}\omega_z}{\omega_z}=-\lambda\mathrm{d}t$,积分得 $\omega_z=\Omega\mathrm{e}^{-\lambda t}$,$\Omega$ 为积分常量．

由(1)式、(2)式,令 $n=\dfrac{I_3-I_1}{I_1}\Omega$,则

$$\dot{\omega}_x+n\mathrm{e}^{-\lambda t}\omega_y=-\frac{I_3}{I_1}\lambda\omega_x \tag{4}$$

$$\dot{\omega}_y-n\mathrm{e}^{-\lambda t}\omega_x=-\frac{I_3}{I_1}\lambda\omega_y \tag{5}$$

i×(4)式+(5)式,得 $(\mathrm{i}\dot{\omega}_x+\dot{\omega}_y)=-\left(\mathrm{i}n\mathrm{e}^{-\lambda t}+\dfrac{I_3}{I_1}\lambda\right)(\mathrm{i}\omega_x+\omega_y)$,即

$$\frac{\mathrm{d}(\mathrm{i}\omega_x+\omega_y)}{\mathrm{i}\omega_x+\omega_y}=-\left(\mathrm{i}n\mathrm{e}^{-\lambda t}+\frac{I_3}{I_1}\lambda\right)\mathrm{d}t$$

$$\ln(\mathrm{i}\omega_x+\omega_y)=\mathrm{i}\frac{n}{\lambda}\mathrm{e}^{-\lambda t}-\frac{I_3}{I_1}\lambda t+\delta+\mathrm{i}\varepsilon \quad (\delta \text{ 和 } \varepsilon \text{ 为积分常量})$$

$$\mathrm{i}\omega_x+\omega_y=a\mathrm{e}^{-\frac{I_3}{I_1}\lambda t}\left[\cos\left(\frac{n}{\lambda}\mathrm{e}^{-\lambda t}t+\varepsilon\right)+\mathrm{i}\sin\left(\frac{n}{\lambda}\mathrm{e}^{-\lambda t}t+\varepsilon\right)\right] \quad (a=\mathrm{e}^{\delta})$$

由上式两侧实部、虚部分别相等,可得

$$\omega_x=a\mathrm{e}^{-\frac{I_3}{I_1}\lambda t}\sin\left(\frac{n}{\lambda}\mathrm{e}^{-\lambda t}t+\varepsilon\right)$$

$$\omega_y=a\mathrm{e}^{-\frac{I_3}{I_1}\lambda t}\cos\left(\frac{n}{\lambda}\mathrm{e}^{-\lambda t}t+\varepsilon\right)$$

§3.5　补充习题及提示

3.1　外半径为 R 的线轴在水平面上沿直线做无滑滚动，内部绕线轴的半径为 r，线无滑地绕在轴上，线端点 A 以不变速度 $\boldsymbol{u}$ 沿水平方向运动，如 BX3.1 图所示．求：(1) 轴心 C 的速度和线轴的角速度；(2) 线轴与水平面接触点 B 的加速度．

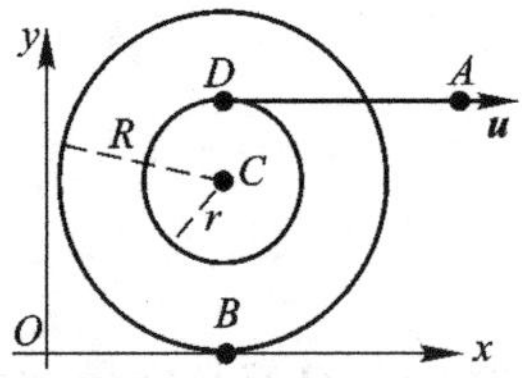

BX3.1 图

提示　建立坐标系 Oxy 如图．$\boldsymbol{v}_C = v_C\boldsymbol{i}, \boldsymbol{\omega} = -\omega\boldsymbol{k}$.（$\boldsymbol{k}$ 垂直纸面向外）．由 $\boldsymbol{v}_B = 0$ 得 $v_C = \omega R$. 由 $\boldsymbol{v}_D = u\boldsymbol{i}$ 得 $v_C + \omega r = u$. 可求出

$$v_C = \frac{uR}{R+r}, \quad \omega = \frac{u}{R+r}$$

以 C 为基点求出 $\boldsymbol{a}_B = \dfrac{u^2R}{(R+r)^2}\boldsymbol{j}$.

3.2　半径为 b 的小圆盘在一半径为 a 的固定大圆盘的边缘上运动，两圆盘均在水平面内，Oxy 为固定直角坐标系，如 BX3.2 图所示．Ox 轴与两圆心连线 OO' 夹角的时间导数 $\dot{\theta}$ 已知，求下列 3 种情况下小圆盘的角速度：(1) 小圆盘上某一确定半径的空间指向不变；(2) 小圆盘上某一确定半径始终指向 O 点；(3) 小圆盘在大圆盘上做无滑滚动．

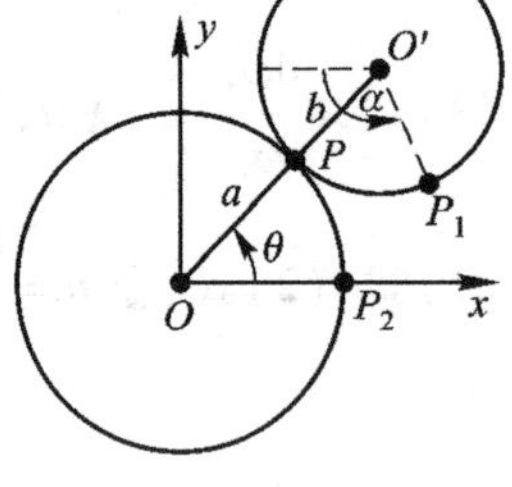

BX3.2 图

提示　(1) 小圆盘平动，$\omega = 0$.

(2) 小圆盘 $\omega = \dot{\theta}$.

(3) 设初始时小圆盘上 P_1 点与大圆盘 P_2 点接触，以如图过 O' 点水平线为定线，$O'P_1$ 为动线，用由定线到动线的角度 α 描述小圆盘的转动，小圆盘 $\omega = \dot{\alpha}$. 无滑条件可用两种方法写出：

① 小圆盘上与大圆盘接触的 P 点速度为零，$v_P = (a+b)\dot{\theta} - b\dot{\alpha} = 0$，所以 $\omega = \dfrac{a+b}{b}\dot{\theta}$.

② 弧长 $\overset{\frown}{PP_2} = \overset{\frown}{PP_1}$，即 $a\theta = b(\alpha - \theta)$，所以 $\omega = \dfrac{a+b}{b}\dot{\theta}$.

3.3　有一半径为 r 的小圆柱，自半径为 R 的大圆柱的最高位置无滑滚下，同时大圆柱也沿水平面做无滑滚动，试写出两圆柱间无滑条件的数学表达式．

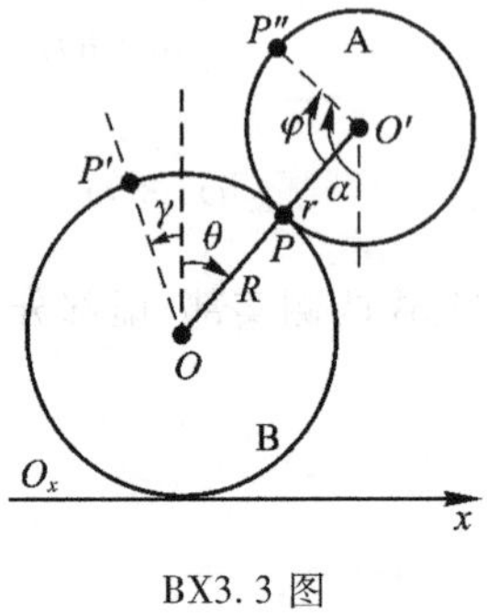

BX3.3 图

提示　如 BX3.3 图所示，小圆柱在大圆柱的最高点时小圆柱上 P'' 点与大圆柱上的 P' 点接触．以角度 γ 描述大圆柱的转动，以角度 α 描述小圆柱的转动，以角度 θ 描述 OO' 的转动．

由于弧长 $\overset{\frown}{P'P} = \overset{\frown}{P''P}$，所以 $R(\gamma+\theta) = r(\alpha-\theta)$，得

$$r\alpha = R\gamma + (R+r)\theta$$

也可根据 P 处接触点速度相等 $\boldsymbol{v}_0 - R\dot{\gamma}\boldsymbol{l}_t = \boldsymbol{v}_0 + [(R+r)\dot{\theta} - r\dot{\alpha}]\boldsymbol{l}_t$，得到 $r\dot{\alpha} = R\dot{\gamma} + (R+r)\dot{\theta}$.

3.4 曲柄 OA 以匀角速度 $\boldsymbol{\omega}$ 绕 O 点转动，曲柄 OA 借助连杆 AB 推动滑块 B 沿轨道 OD 运动．设 $OA=r, AB=l$，DO 与 OA 夹角为 ωt，如 BX3.4 图所示．求杆 AB 的角速度和 B 点的速度．

提示 建立坐标系 $Oxyz$，设 BO 到 BA 的夹角为 α，如 BX3.4 图所示．由正弦定理 $\dfrac{l}{\sin\omega t}=\dfrac{r}{\sin\alpha}$，求出 $\dot{\alpha}$，AB 的角速度

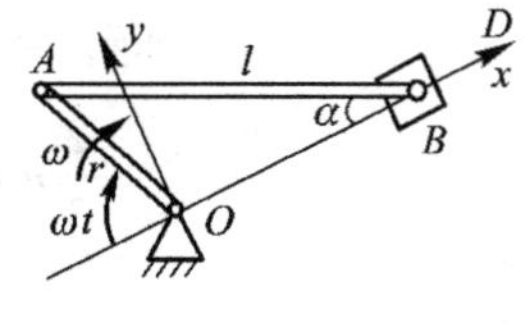

BX3.4 图

$$\boldsymbol{\Omega}=-\dot{\alpha}\boldsymbol{k}=-\frac{r\omega\cos\omega t}{l\cos\alpha}\boldsymbol{k}=-\frac{r\omega\cos\omega t}{\sqrt{l^2-r^2\sin^2\omega t}}\boldsymbol{k}$$

由于 $\boldsymbol{v}_A=r\omega\sin\omega t\boldsymbol{i}+r\omega\cos\omega t\boldsymbol{j}$，以 A 为基点求 $\boldsymbol{v}_B$，因 $\boldsymbol{v}_B=v_B\boldsymbol{i}$，所以

$$\begin{aligned}v_B&=v_{Ax}+(\boldsymbol{\Omega}\times\boldsymbol{AB})_x\\&=r\omega\sin\omega t-\frac{r\omega\cos\omega t}{\sqrt{l^2-r^2\sin^2\omega t}}l\sin\alpha\\&=r\omega\sin\omega t\left(1-\frac{r\cos\omega t}{\sqrt{l^2-r^2\sin^2\omega t}}\right)\end{aligned}$$

3.5 半径为 a 的圆柱夹在互相平行的两板间，两板分别以不变的速度 $\boldsymbol{v}_1$ 和 $\boldsymbol{v}_2$ 反向运动，如 BX3.5 图所示．设圆柱与两板间均无滑动，求：(1) 瞬心位置；(2) 圆柱上与上板的接触点 A 的加速度．

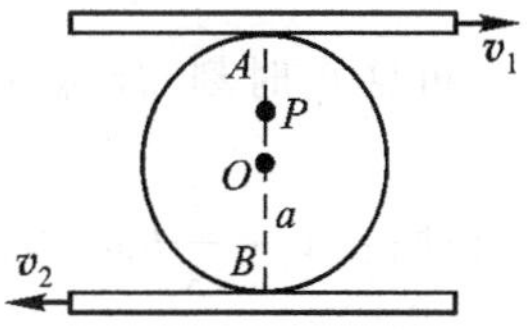

BX3.5 图

提示 圆柱上 A 和 B 点的速度分别为 $\boldsymbol{v}_A=\boldsymbol{v}_1$ 和 $\boldsymbol{v}_B=\boldsymbol{v}_2$，瞬心 P 在 AB 之间．设圆柱角速度为 $\boldsymbol{\omega}$，由 $\omega PA=v_1$，$\omega PB=v_2$ 和 $AB=2a$，求出 $PA=\dfrac{2av_1}{v_1+v_2}$，$\omega=\dfrac{v_1+v_2}{2a}$．

可知 O 点加速度为零，以 O 点为基点可求出 $a_A=\omega^2a$，$\boldsymbol{a}_A$ 沿 $\overrightarrow{AO}$ 方向．

3.6 长为 l 的细杆 AB 在 Oxy 平面内运动，$\boldsymbol{v}_A$ 的大小和方向已知，且知道 $\boldsymbol{v}_B$ 的方向，如 BX3.6 图所示．求：(1) 杆的角速度 $\boldsymbol{\omega}$ 及 $\boldsymbol{v}_B$ 的大小；(2) 杆上某点 C 的位置，$\boldsymbol{v}_C$ 刚好沿杆的方向．

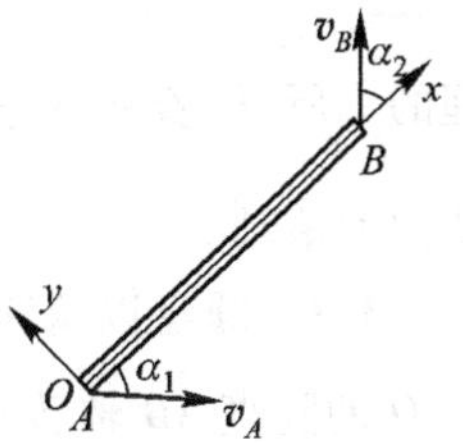

BX3.6 图

提示 将 $\boldsymbol{v}_B=\boldsymbol{v}_A+\boldsymbol{\omega}\times\overrightarrow{AB}$ 沿坐标轴分解得

$$v_{Bx}=v_B\cos\alpha_2=v_A\cos\alpha_1,$$

$$v_{By}=v_B\sin\alpha_2=-v_A\sin\alpha_1+\omega l$$

即可求出 $v_B=\dfrac{v_A\cos\alpha_1}{\cos\alpha_2}$ 和 $\omega=\dfrac{v_A(\sin\alpha_1+\cos\alpha_1\tan\alpha_2)}{l}$．

设 C 点坐标为 $(x,0)$，由 $v_{Cy}=-v_A\sin\alpha_1+\omega x=0$ 可求出

$$x=\frac{v_A\sin\alpha_1}{\omega}=\frac{l}{1+\cot\alpha_1\tan\alpha_2}$$

3.7 读者可能有这样的经验：把乒乓球放在乒乓球台上，用手向下按球的后部，把球向前压出，球开始向前运动，到某一时刻球有可能滚回来．试分析乒乓球的运动．

提示 把乒乓球模型化为空心薄球壳，设其质量为 m，半径为 R. 建立坐标系 Oxy，规定 θ 正

方向，分析球壳受力如 BX3.7 图所示．图中左方表示了球的初始状态，t 时刻为右方球．在开始的有滑运动阶段，动力学方程为

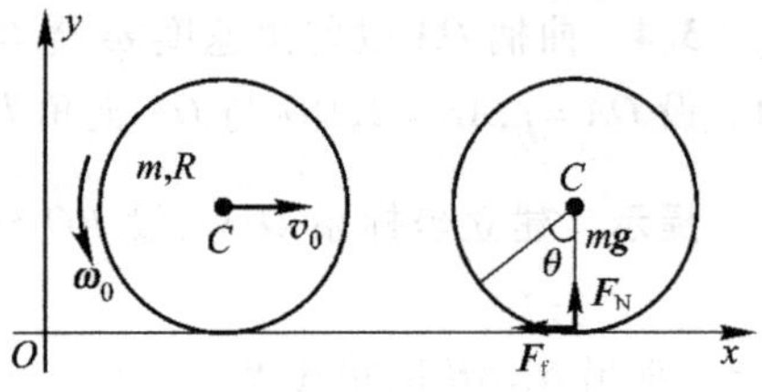

BX3.7 图

$$m\ddot{x}_C = -F_f \quad (1)$$

$$m\ddot{y}_C = 0 = F_N - mg \quad (2)$$

$$\frac{2}{3}mR^2\ddot{\theta} = F_f R \quad (3)$$

$$F_f = \mu F_N \quad (4)$$

可求得
$$\dot{x}_C = -\mu g t + v_0, \quad \dot{\theta} = \frac{3\mu g}{2R}t - \omega_0$$

设 t_1 时刻达到无滑滚动，$\dot{x}_C = R\dot{\theta}$，即 $-\mu g t_1 + v_0 = \dfrac{3\mu g}{2}t_1 - R\omega_0$，求出 $t_1 = \dfrac{2(v_0 + R\omega_0)}{5\mu g}$，可知 t_1 时刻 $\dot{x}_{C1} = \dfrac{3}{5}v_0 - \dfrac{2}{5}R\omega_0$，$\dot{\theta}_1 = \dfrac{1}{R}\left(\dfrac{3}{5}v_0 - \dfrac{2}{5}R\omega_0\right)$．

可见 t_1 时刻，若 $v_0 > \dfrac{2}{3}R\omega_0$，则 $\dot{x}_{C1} > 0, \dot{\theta}_1 > 0$，向前滚动；若 $v_0 = \dfrac{2}{3}R\omega_0$，则 $\dot{x}_{C1} = 0, \dot{\theta}_1 = 0$，停止滚动；若 $v_0 < \dfrac{2}{3}R\omega_0$，则 $\dot{x}_{C1} < 0, \dot{\theta}_1 < 0$，向回滚动．

设 t_1 时刻后保持无滑状态，动力学方程为

$$m\ddot{x}_C = -F_f, \quad m\ddot{y}_C = 0 = F_N - mg$$

$$\frac{2}{3}mR^2\ddot{\theta} = F_f R, \quad x_C = R\dot{\theta}\text{(无滑条件)}$$

可得 $\ddot{x}_C = -\dfrac{F_f}{m} = R\ddot{\theta} = \dfrac{3F_f}{2m}$，所以 $F_f = 0 < \mu F_N$，说明前面设达到无滑滚动后保持无滑状态是合理的．所以，若 $v_0 > \dfrac{2}{3}R\omega_0$，则不停地向前滚动；若 $v_0 = \dfrac{2}{3}R\omega_0$，则停止滚动；若 $v_0 < \dfrac{2}{3}R\omega_0$，则不停地向回滚动．

3.8　圆盘以角速度 $\omega_1 = 5$ rad/s 绕水平轴 CD 转动，CD 轴又以角速度 $\omega_2 = 3$ rad/s 绕过盘心 O 的竖直 AB 轴转动，如 BX3.8 图所示．求圆盘的角速度 $\boldsymbol{\omega}$ 及 $\dot{\boldsymbol{\omega}}$．

提示　建立坐标系 $Oxyz$ 如图所示，则

$$\boldsymbol{\omega} = (5\boldsymbol{j} + 3\boldsymbol{k})\ \text{rad/s}$$

$$\dot{\boldsymbol{\omega}} = \boldsymbol{\omega}_2 \times \boldsymbol{\omega} = 3\boldsymbol{k} \times (5\boldsymbol{j} + 3\boldsymbol{k}) = -15\boldsymbol{i}\ (\text{rad/s}^2)$$

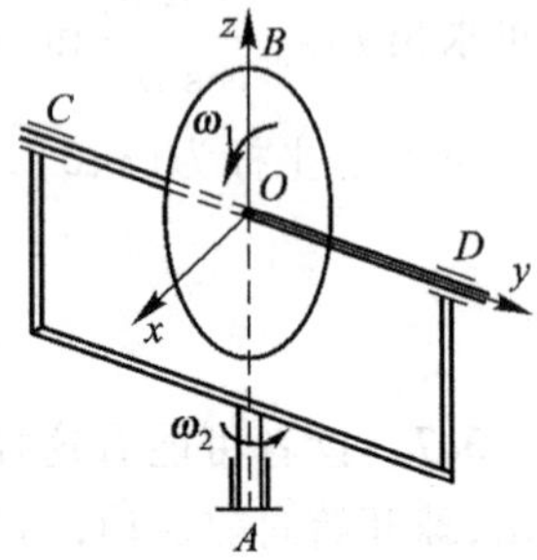

BX3.8 图

3.9　一均质薄圆盘能绕其中心 O 做定点转动，其质量为 m，半径为 R. 已知某瞬时圆盘绕过中心与盘面成30°的轴以角速度 $\boldsymbol{\omega}$ 转动．试求此时圆盘对中心 O 的角动量和圆盘的动能，以及圆盘对此轴的转动惯量．

提示 如 BX3.9 图所示建立坐标系 $Oxyz$，Oz 过 O 并垂直于盘面，Ox 沿 $\boldsymbol{\omega}$ 与 Oz 构成的平面与盘面的交线．圆盘对 Oz 轴旋转对称，可知 $Oxyz$ 是主轴坐标系．

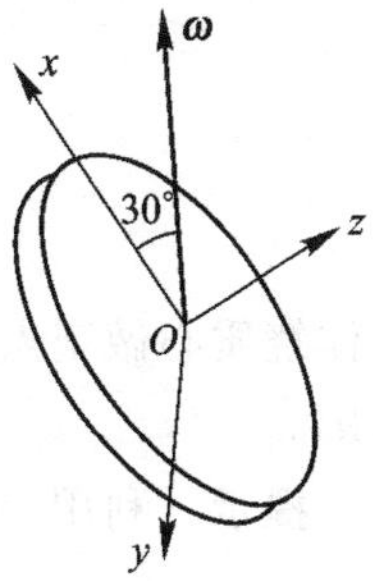

BX3.9 图

$$\boldsymbol{J} = I_1\omega_x\boldsymbol{i} + I_2\omega_y\boldsymbol{j} + I_3\omega_z\boldsymbol{k}$$

$$= \frac{1}{4}mR^2\omega\cos 30°\boldsymbol{i} + \frac{1}{2}mR^2\omega\cos 60°\boldsymbol{k}$$

$$= \frac{\sqrt{3}}{8}mR^2\omega\boldsymbol{i} + \frac{1}{4}mR^2\omega\boldsymbol{k}$$

$$T = \frac{1}{2}(I_1\omega_x^2 + I_2\omega_y^2 + I_3\omega_z^2)$$

$$= \frac{1}{2}\left(\frac{3}{16}mR^2\omega^2 + \frac{1}{8}mR^2\omega^2\right) = \frac{1}{2} \times \frac{5}{16}mR^2\omega^2$$

与 $T = \frac{1}{2}I_l\omega^2$ 比较可知 $I_l = \frac{5}{16}mR^2$.

3.10 若刚体对某点的主转动惯量 $I_1 = I_2 \neq I_3$，证明刚体绕该点转动时 $\boldsymbol{J}$、$\boldsymbol{\omega}$ 和 Oz 轴三者必在同一平面内，并讨论 $\boldsymbol{J}$ 和 $\boldsymbol{\omega}$ 中哪个与 Oz 轴的夹角较小．

提示 建立主轴坐标系 $Oxyz$，设 $\boldsymbol{\omega}$ 在 Oxz 面内，与 Oz 轴夹角为 α，则

$$\boldsymbol{\omega} = \omega\sin\alpha\boldsymbol{i} + \omega\cos\alpha\boldsymbol{k}, \boldsymbol{J} = I_1\omega_x\boldsymbol{i} + I_3\omega_z\boldsymbol{k}$$

可见 $\boldsymbol{J}$、$\boldsymbol{\omega}$ 和 Oz 轴都在 Oxz 平面内．

参见 BX3.10 图，图(1)是 $I_3 > I_1$ 情况的惯量椭球，图(2)是 $I_3 < I_1$ 情况的惯量椭球．

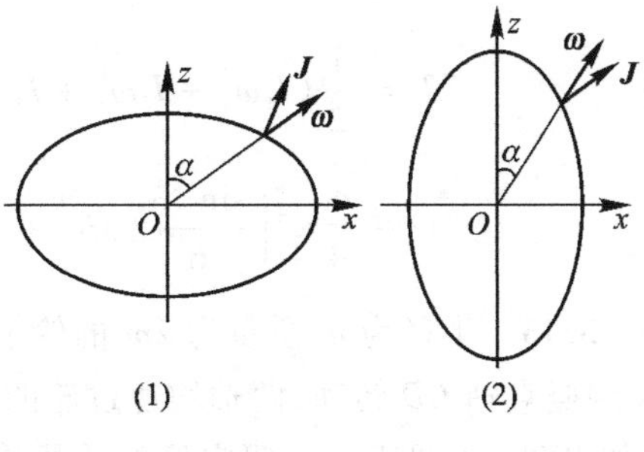

BX3.10 图

$\boldsymbol{\omega}$ 沿瞬时轴，$\boldsymbol{J}$ 沿瞬时轴与椭球交点处椭球的法线方向（此结论的证明见下面的评述），如图所示．所以对 $I_3 > I_1$ 情况，当 $\alpha < \frac{\pi}{2}$ 时，$\boldsymbol{J}$ 与 Oz 轴的夹角较小；当 $\alpha > \frac{\pi}{2}$ 时，$\boldsymbol{\omega}$ 与 Oz 轴的夹角较小．对 $I_3 < I_1$ 情况，当 $\alpha < \frac{\pi}{2}$ 时，$\boldsymbol{\omega}$ 与 Oz 轴的夹角较小；当 $\alpha > \frac{\pi}{2}$ 时，$\boldsymbol{J}$ 与 Oz 轴的夹角较小．

评述 在主轴坐标系 $Oxyz$ 中，椭球方程为 $f(x,y,z) = I_1x^2 + I_2y^2 + I_3z^2 - 1 = 0$. 设瞬时轴与椭球面的交点 P 的坐标为 (x_1, y_1, z_1)，

$$\boldsymbol{\omega} = \omega_x\boldsymbol{i} + \omega_y\boldsymbol{j} + \omega_z\boldsymbol{k} = k\overrightarrow{OP} = k(x_1\boldsymbol{i} + y_1\boldsymbol{j} + z_1\boldsymbol{k})$$

P 点的法线沿函数 $f(x,y,z)$ 在 P 点的梯度方向

$$\nabla f\big|_{(x_1,y_2,z_3)} = 2(I_1x_1\boldsymbol{i} + I_2y_1\boldsymbol{j} + I_3z_1\boldsymbol{k})$$

$$= \frac{2}{k}(I_1\omega_x\boldsymbol{i} + I_2\omega_y\boldsymbol{j} + I_3\omega_z\boldsymbol{k}) = \frac{2}{k}\boldsymbol{J}$$

所以可知：只有当 $\boldsymbol{\omega}$ 沿惯量主轴方向时，才有 $\boldsymbol{J}$ 与 $\boldsymbol{\omega}$ 同向．

3.11 已知一刚体对质心的惯量张量在某坐标系中可表示为

$$I = \begin{pmatrix} 150 & 0 & -100 \\ 0 & 250 & 0 \\ -100 & 0 & 300 \end{pmatrix} \text{kg} \cdot \text{m}^2$$

刚体绕质心做定点转动，$\omega_x = 10$ rad/s，$\omega_y = \omega_z = 0$. 求施加在刚体上的总外力矩在该坐标系上的投影.

提示 利用

$$\boldsymbol{J} = \boldsymbol{I} \cdot \boldsymbol{\omega} = (1\,500\boldsymbol{i} - 1\,000\boldsymbol{k})\ \text{kg} \cdot \text{m}^2 \cdot \text{s}^{-1}$$

$$\frac{\text{d}\boldsymbol{J}}{\text{d}t} = \boldsymbol{\omega} \times \boldsymbol{J} = 10\boldsymbol{i} \times (1\,500\boldsymbol{i} - 1\,000\boldsymbol{k}) = \boldsymbol{M}$$

可求出 $\boldsymbol{M} = 10\,000\boldsymbol{j}\ \text{kg} \cdot \text{m}^2 \cdot \text{s}^{-2}$.

3.12 一个质量为 m，半径为 R，高为 h 的均匀圆柱体绕过其质心，偏离其对称轴角度为 α 的定轴以角速度 ω 转动，试求圆柱体的动能.

提示 以圆柱质心为 O，对称轴为 Oz，建立坐标系 $Oxyz$ 如 BX3.12 图所示. 因圆柱对 Oz 旋转对称，可知 $Oxyz$ 为主轴坐标系. 求出

$$I_1 = I_2 = \int_{-h/2}^{h/2} \left(\frac{1}{4} \frac{m}{h} R^2 + \frac{m}{h} z^2 \right) \text{d}z$$

$$= \frac{1}{12} m (3R^2 + h^2)$$

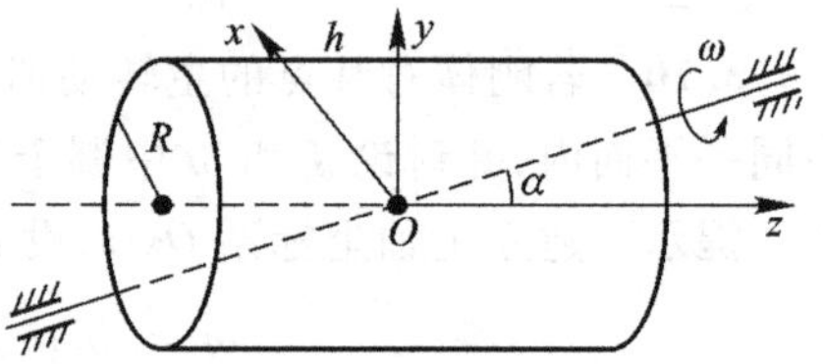

BX3.12 图

则

$$T = \frac{1}{2}(I_1\omega_x^2 + I_2\omega_y^2 + I_3\omega_z^2)$$

$$= \frac{m}{4}\omega^2 \left[\frac{\sin^2\alpha}{6}(3R^2 + h^2) + R^2\cos^2\alpha \right]$$

3.13 半径为 a，质量为 $2m$ 的轮子以匀角速度 $\boldsymbol{\omega}_1$ 绕水平轴 AB 转动，轴 AB 又以匀角速度 $\boldsymbol{\omega}_2$ 绕竖直轴 CD 转动，两轴均通过轮的中心 O，转动方向如 BX3.13 图所示. 假定轮的质量均匀分布在轮的边缘上，且 $AO = BO = h$. (1) 试求此轮对 O 点的角动量，并图示其变化情况；(2) 试求系统在光滑轴承 A 与 B 处所受约束力.

提示 建立半固连的主轴坐标系 $Oxyz$ 如图. 设轴承处约束力的分量为 F_{NAx}、F_{NAy}、F_{NBx}、F_{NBy}.

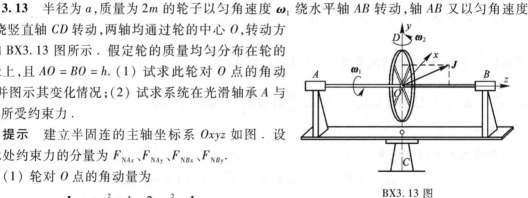

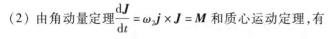

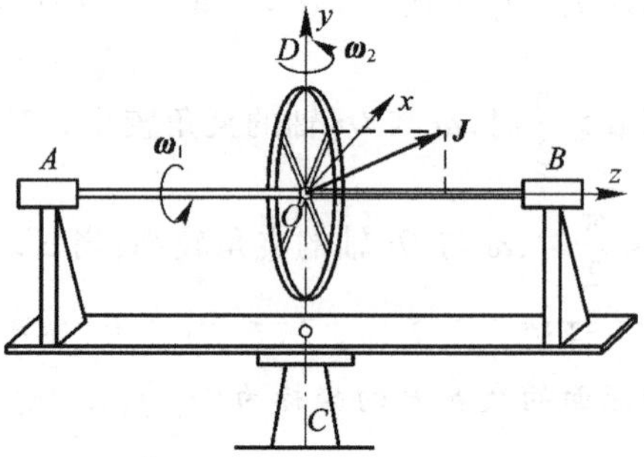

BX3.13 图

(1) 轮对 O 点的角动量为

$$\boldsymbol{J} = ma^2\omega_2\boldsymbol{j} + 2ma^2\omega_1\boldsymbol{k}$$

在 $Oxyz$ 系内为常矢量，故在 $Oxyz$ 系内图示之.

(2) 由角动量定理 $\frac{\text{d}\boldsymbol{J}}{\text{d}t} = \omega_2\boldsymbol{j} \times \boldsymbol{J} = \boldsymbol{M}$ 和质心运动定理，有

$$2ma^2\omega_1\omega_2 = F_{NAy}h - F_{NBy}h, \quad 0 = -F_{NAx}h + F_{NBx}h$$

$$0 = F_{NAx} + F_{NBx}, \quad 0 = F_{NAy} + F_{NBy} - 2mg$$

解得 $F_{NAx} = F_{NBx} = 0$，$F_{NAy} = mg + \frac{1}{h}ma^2\omega_1\omega_2$，$F_{NBy} = mg - \frac{1}{h}ma^2\omega_1\omega_2$.

3.14 如 BX3.14 图所示，旋转对称的陀螺在重力场中绕竖直轴 Oz_1 近似做规则进动，它绕 Oz 轴的自转角速度 ω 远大于进动角速度．已知陀螺的质量为 m，由 O 点到陀螺重心之距离为 z_C，对 Oz 轴的转动惯量为 I，Oz 与 Oz_1 间的夹角为 θ. 试求：(1)陀螺进动角速度；(2)定点 O 处的水平约束力．

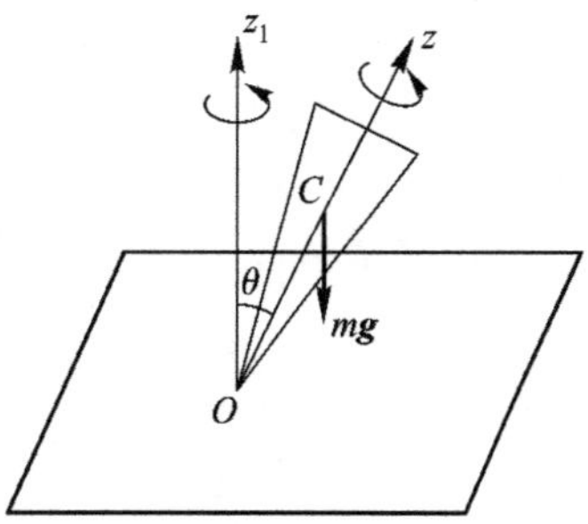

BX3.14 图

提示 (1) 设 Oz_1 方向的单位矢量为 $\boldsymbol{k}_0$，Oz 方向的单位矢量为 $\boldsymbol{k}$，依题意 $\boldsymbol{J} \approx I\omega\boldsymbol{k}$，由角动量定理

$$\frac{\mathrm{d}\boldsymbol{J}}{\mathrm{d}t} = \dot{\varphi}\boldsymbol{k}_0 \times I\omega\boldsymbol{k} = \boldsymbol{M}$$

得

$$\dot{\varphi}I\omega\sin\theta = mgz_C\sin\theta$$

所以进动角速度 $\dot{\varphi} = \frac{mgz_C}{I\omega}$.

(2) 由质心运动定理可求得 O 处水平约束力为

$$R_{水平} = m\dot{\varphi}^2 z_C\sin\theta = \frac{(mz_C)^3 g^2}{(I\omega)^2}\sin\theta$$

3.15 如 BX3.15 图所示，长为 l 的轻轴一端，经光滑轴承装上质量为 m 的均质轮子；轴另一端吊在长为 L 的轻绳上．使轮子高速转动，而轻轴保持水平均匀进动．已知轮子的自转角速度为 ω，对自转轴的转动惯量为 I. 求绳子与竖直线的夹角 β(设 β 角很小)．

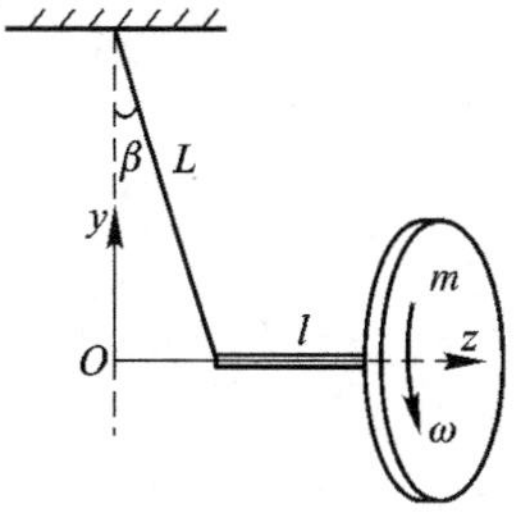

BX3.15 图

提示 建立半固连坐标系 $Oxyz$ 如图所示，设绳张力为 $\boldsymbol{F}_T$，进动角速度为 Ω. 轮子高速转动，考虑到 $\sin\beta \approx \beta \approx 0$，$\cos\beta \approx 1$，有 $\boldsymbol{J} \approx I\omega\boldsymbol{k}$ 及

$$\boldsymbol{M} = [mg(l + L\sin\beta) - F_T\cos\beta \cdot L\sin\beta]\boldsymbol{i} \approx mgl\boldsymbol{i}$$

由角动量定理 $\frac{\mathrm{d}\boldsymbol{J}}{\mathrm{d}t} = \Omega\boldsymbol{j} \times I\omega\boldsymbol{k} = \boldsymbol{M}$，得 $\Omega = \frac{mgl}{I\omega}$.

由质心运动定理，有

$$F_T\cos\beta \approx F_T = mg, \quad F_T\sin\beta = m\Omega^2(l + L\sin\beta),$$

可得

$$g\beta = \Omega^2(l + L\beta) = \left(\frac{mgl}{I\omega}\right)^2(l + L\beta)$$

即可解出 $\beta = \frac{m^2gl^3}{I^2\omega^2 - m^2gl^2L}$.

第四章　非惯性系力学

§4.1 补充思考题及提示

一、补充思考题

4.1 有人说“牵连运动就是动坐标系的运动.”这种说法是否正确？为什么？

4.2 有一光滑水平圆盘,在其上离中心 O 点距离为 a 处放一光滑小球,初始时盘与小球均静止. 当圆盘绕过 O 点的竖直轴做均匀转动后,以转动的圆盘为运动参考系,有人认为“小球并没有被盘带着运动,所以它的牵连速度与牵连加速度均为零.”他的看法正确吗？

4.3 竖直圆盘沿直线轨道做无滑滚动,盘心 O 的加速度为 $\boldsymbol{a}_0$. 以轨道为 S 系,以 O 为原点建立平动的 $Oxyz$ 为 S′系,如 BS4.3 图所示,则轮边上 P 点的绝对加速度为 $\boldsymbol{a}=\boldsymbol{a}_0+\dot{\boldsymbol{\omega}}\times\boldsymbol{r}'+\boldsymbol{\omega}\times(\boldsymbol{\omega}\times\boldsymbol{r}')$. 试问:(1) $\dot{\boldsymbol{\omega}}$ 是绝对变化率还是相对变化率？(2) 等式右方三项各是什么加速度？

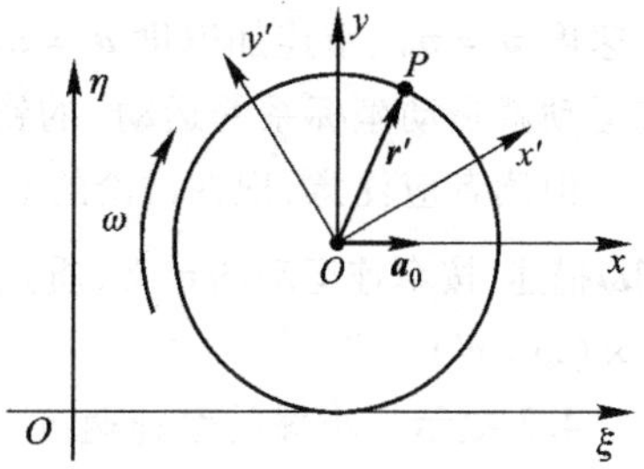

BS4.3 图

4.4 在补充思考题 4.3 中,以与圆盘固连的 $Ox'y'z'$ 为 S′系,如 BS4.3 图所示,$\boldsymbol{a}=\boldsymbol{a}_0+\dot{\boldsymbol{\omega}}\times\boldsymbol{r}'+\boldsymbol{\omega}\times(\boldsymbol{\omega}\times\boldsymbol{r}')$ 是否还成立？等式右方三项又各是什么加速度？

4.5 在补充思考题 4.3 中,设盘心速度为 $\boldsymbol{v}_0$. 有人认为,这种情况下圆盘最高点速度 $\boldsymbol{v}_{最高}=2\boldsymbol{v}_0=2v_0\boldsymbol{i}$,最高点加速度 $\boldsymbol{a}_{最高}=\dfrac{\mathrm{d}\boldsymbol{v}_{最高}}{\mathrm{d}t}=\dfrac{\mathrm{d}(2v_0\boldsymbol{i})}{\mathrm{d}t}=2\dfrac{\mathrm{d}v_0}{\mathrm{d}t}\boldsymbol{i}=2a_0\boldsymbol{i}$. 你以为如何？

4.6 水平面内半径为 R 的圆环,绕过圆心 O 的竖直轴以匀角速度 $\boldsymbol{\omega}$ 转动. 小虫 M 在环上,相对于环以匀速率 u 爬行,如 BS4.6 图所示. 以水平面为 S 系,圆环为 S′系,试说明等式 $R\left(\omega-\dfrac{u}{R}\right)^2=R\omega^2-2\omega u+\dfrac{u^2}{R}$ 左右两端每一项的物理意义.

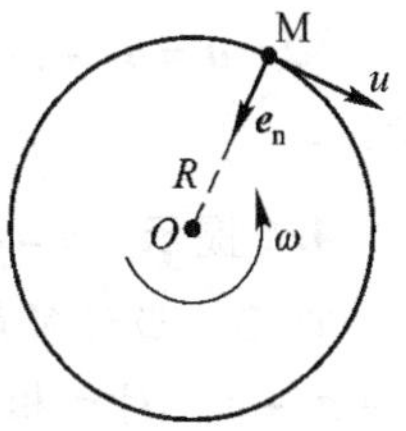

BS4.6 图

4.7 有人说:“极坐标公式 $a_\theta=r\ddot{\theta}+2\dot{r}\dot{\theta}$ 中 $2\dot{r}\dot{\theta}$ 是科里奥利加速度.”你认为对吗？

4.8 小球静止于地面,现以匀加速上升的电梯为参考系,小球是否受惯性力作用？

4.9 有人说“牵连加速度是由牵连惯性力产生的,科氏加速度是由科里奥利力产生的.”这种说法对吗？为什么？

二、补充思考题提示

4.1 提示 研究力学体系的运动时,由于运动系 S′相对静止系 S 运动,所以力学体系相对 S 系和相对 S′系的运动是不同的. 称力学体系相对静止系 S 的运动为绝对运动,相对运动系 S′的运动为相对运动. 在某一时刻,设想力学体系与运动系 S′瞬时就地固连,在瞬时就地固连的条件下,由于 S′系的运动而引起的力学体系相对 S 系的运动称为牵连运动.“瞬时就地固连”是指在研究问题的瞬时,在力学体系对 S′系当时的位置,认为力学体系与 S′系固连．实际力学体系对 S′系是运动的,“瞬时就地固连”是定义牵连运动所设定的条件．所以说“牵连运动就是动坐标系的运动”是错误的．

设研究的力学体系为质点．动坐标系的平动可用其原点的速度 $\boldsymbol{v}_{O'}$ 和加速度 $\boldsymbol{a}_{O'}$ 描述,动坐标系的转动以 $\boldsymbol{\omega}$ 和 $\dot{\boldsymbol{\omega}}$ 描述;但质点的牵连运动用其牵连速度 $\boldsymbol{v}_t$ 和牵连加速度 $\boldsymbol{a}_t$ 描述．由此也可见,说“牵连运动就是动坐标系的运动”是错误的．

在普通物理学的力学中主要讨论加速平动的运动参考系的问题,对此读者较为熟悉,如 BST4.1 图所示, $Oxyz$ 为静止系 S, $O'x'y'z'$ 为运动系 S′,S′系相对 S 系作加速平动,S′系的原点 O' 的速度和加速度分别为 $\boldsymbol{v}_{O'}$ 和 $\boldsymbol{a}_{O'}$．按牵连运动的定义,质点 P 的牵连速度 $\boldsymbol{v}_t=\boldsymbol{v}_{O'}$、牵连加速度 $\boldsymbol{a}_t=\boldsymbol{a}_{O'}$．这样的结果可能是产生“牵连运动就是动坐标系的运动”的错误想法的原因．

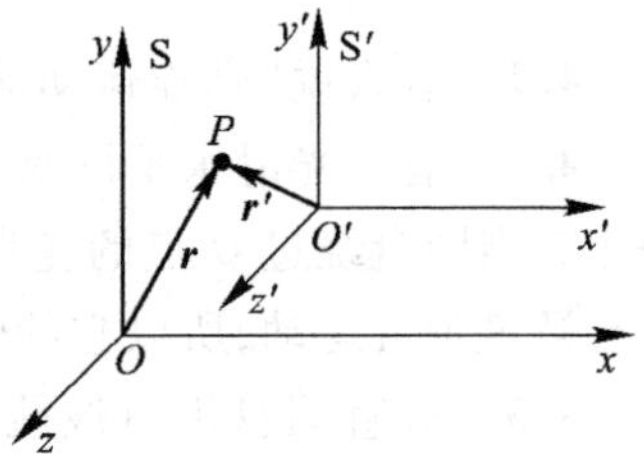

BST4.1 图

但读者应注意,现在讨论的运动参考系可能既加速平动,又有转动,其转动用 S′系的角速度 $\boldsymbol{\omega}$ 和 $\dot{\boldsymbol{\omega}}$ 描述,按牵连运动的定义,质点 P 的牵连速度 $\boldsymbol{v}_t=\boldsymbol{v}_{O'}+\boldsymbol{\omega}\times\boldsymbol{r}'$、牵连加速度 $\boldsymbol{a}_t=\boldsymbol{a}_{O'}+\dot{\boldsymbol{\omega}}\times\boldsymbol{r}'+\boldsymbol{\omega}\times(\boldsymbol{\omega}\times\boldsymbol{r}')$.

4.2 提示 小球的牵连速度与牵连加速度是在假设小球与运动参考系(圆盘)瞬时就地固连的前提下,由于圆盘的运动而引起的小球运动的速度和加速度,与小球是否真的被圆盘带动无关．在题目的条件下,小球的牵连速度与牵连加速度均不为零．

4.3 提示 (1) 因为$\dfrac{\mathrm{d}\boldsymbol{\omega}}{\mathrm{d}t}=\dfrac{\mathrm{d}^*\boldsymbol{\omega}}{\mathrm{d}t}+\boldsymbol{\omega}\times\boldsymbol{\omega}=\dfrac{\mathrm{d}^*\boldsymbol{\omega}}{\mathrm{d}t}$,即 $\boldsymbol{\omega}$ 的绝对变化率与相对变化率相等,不必区分,均记为 $\dot{\boldsymbol{\omega}}$. 注意,标量的绝对变化率与相对变化率也相等,记为 $\dot{x}$、$\dot{G}_y$ 等即可．

(2) $\boldsymbol{a}=\boldsymbol{a}_0+\dot{\boldsymbol{\omega}}\times\boldsymbol{r}'+\boldsymbol{\omega}\times(\boldsymbol{\omega}\times\boldsymbol{r}')$ 中,$\boldsymbol{a}_0$ 为牵连加速度,$\dot{\boldsymbol{\omega}}\times\boldsymbol{r}'$ 和 $\boldsymbol{\omega}\times(\boldsymbol{\omega}\times\boldsymbol{r}')$ 为相对加速度．

4.4 提示 $\boldsymbol{a}=\boldsymbol{a}_0+\dot{\boldsymbol{\omega}}\times\boldsymbol{r}'+\boldsymbol{\omega}\times(\boldsymbol{\omega}\times\boldsymbol{r}')$ 依然成立,右方三项均为牵连加速度．

评述 当选定静止系 S 和运动系 S′后,绝对速度和绝对加速度可以分割为 $\boldsymbol{v}=\boldsymbol{v}'+\boldsymbol{v}_t$ 和 $\boldsymbol{a}=\boldsymbol{a}'+\boldsymbol{a}_t+\boldsymbol{a}_c$. 对于相同的 S 系,选用不同的 S′系,绝对速度和绝对加速度的分割结果也会发生变化,相对速度、牵连速度、相对加速度、牵连加速度和科里奥利加速度的内容会不同．

身处 S 系的观察者只能观察到绝对速度和绝对加速度,身处 S′系的观察者只能观察到相对速度和相对加速度．只有对于可以同时考虑到 S 系和 S′系的理性研究者,才能完成对绝对速度和绝对加速度的分割 $\boldsymbol{v}=\boldsymbol{v}'+\boldsymbol{v}_t$ 和 $\boldsymbol{a}=\boldsymbol{a}'+\boldsymbol{a}_t+\boldsymbol{a}_c$.

4.5 提示 最高点速度 $\boldsymbol{v}_{最高}=2\boldsymbol{v}_0=2v_0\boldsymbol{i}$ 是正确的,最高点加速度是错误的．错误在于 $\boldsymbol{a}_{最高}\neq\dfrac{\mathrm{d}\boldsymbol{v}_{最高}}{\mathrm{d}t}$,应为 $\boldsymbol{a}_{最高}=\left(\dfrac{\mathrm{d}\boldsymbol{v}}{\mathrm{d}t}\right)_{最高}$. t 时刻某质元处于最高点,到 $t+\mathrm{d}t$ 时刻这个质元就不再在最高点了,所以此质元的加速度不等于$\dfrac{\mathrm{d}\boldsymbol{v}_{最高}}{\mathrm{d}t}$. 最高点加速度应为 $\boldsymbol{a}_{最高}=2\boldsymbol{a}_0-\omega^2r'\boldsymbol{j}$.

4.6 提示 $R\left(\omega-\dfrac{u}{R}\right)^2$ 为 M 的绝对加速度(沿 $\boldsymbol{e}_n$ 方向)的大小,$R\omega^2$ 为 M 的牵连加速度(沿

$\boldsymbol{e}_{\mathrm{n}}$ 方向)的大小,$2\omega u$ 为 M 的科里奥利加速度(沿 $-\boldsymbol{e}_{\mathrm{n}}$ 方向)的大小,$\dfrac{u^2}{R}$为 M 的相对加速度(沿 $\boldsymbol{e}_{\mathrm{n}}$ 方向)的大小.

4.7 提示　仅当除静止系 S 外,还建立了确定的运动系 S′后,才有科里奥利加速度. 建立极坐标公式时仅有静止的 S 系,所以说 $2\dot{r}\dot{\theta}$ 是科里奥利加速度是不恰当的.

4.8 提示　小球受不受惯性力,取决于选用的参考系是惯性系还是非惯性系,与小球是否随非惯性系运动无关.

以匀加速上升的电梯为参考系,小球受惯性力的作用.

4.9 提示　这种说法不正确.

牵连惯性力和科里奥利力都是惯性力,它只存在于非惯性系之中. 若有一观察者在一非惯性系中,并以此非惯性系为参考系,他观察到质点受相互作用力和惯性力的作用,以相对加速度 $\boldsymbol{a}'$运动,牵连惯性力和科里奥利力是产生相对加速度 $\boldsymbol{a}'$的一部分的原因. 而质点的牵连加速度和科里奥利加速度是此观察者无法观察到的.

如另一观察者在惯性系中,并以此惯性系为参考系,则他观察到质点只受相互作用力作用,质点以绝对加速度 $\boldsymbol{a}$ 运动. 只有在理性地考察 S 系与 S′系的关系时,才可将绝对加速度 $\boldsymbol{a}$ 分割为 $\boldsymbol{a}=\boldsymbol{a}'+\boldsymbol{a}_{\mathrm{t}}+\boldsymbol{a}_{\mathrm{c}}$. 绝对加速度 $\boldsymbol{a}$ 作为一个整体,是由质点所受所有相互作用力的合力产生的.

§4.2　主教材思考题提示

4.1　为什么当运动参考系 S′相对静止参考系 S 以角速度 $\boldsymbol{\omega}$ 转动时,一个矢量 $\boldsymbol{G}$ 的绝对变化率应当写作$\dfrac{\mathrm{d}\boldsymbol{G}}{\mathrm{d}t}=\dfrac{\mathrm{d}^*\boldsymbol{G}}{\mathrm{d}t}+\boldsymbol{\omega}\times\boldsymbol{G}$? 在什么情况下$\dfrac{\mathrm{d}^*\boldsymbol{G}}{\mathrm{d}t}=\boldsymbol{0}$? 在什么情况下,$\boldsymbol{\omega}\times\boldsymbol{G}=\boldsymbol{0}$? 又在什么情况下,$\dfrac{\mathrm{d}\boldsymbol{G}}{\mathrm{d}t}=\boldsymbol{0}$?

提示　任意矢量 $\boldsymbol{G}$ 的绝对变化率,是 $\boldsymbol{G}$ 对静止参考系 S 的时间变化率. 若 $\boldsymbol{G}$ 为 S 系的常矢量,则$\dfrac{\mathrm{d}\boldsymbol{G}}{\mathrm{d}t}=\boldsymbol{0}$. 重要关系式$\dfrac{\mathrm{d}\boldsymbol{G}}{\mathrm{d}t}=\dfrac{\mathrm{d}^*\boldsymbol{G}}{\mathrm{d}t}+\boldsymbol{\omega}\times\boldsymbol{G}$ 请读者参阅主教材自行导出. $\dfrac{\mathrm{d}^*\boldsymbol{G}}{\mathrm{d}t}$是矢量 $\boldsymbol{G}$ 的相对变化率,是 $\boldsymbol{G}$ 对运动参考系 S′的时间变化率. 若 $\boldsymbol{G}$ 为 S′系的常矢量,则$\dfrac{\mathrm{d}^*\boldsymbol{G}}{\mathrm{d}t}=\boldsymbol{0}$. $\boldsymbol{\omega}\times\boldsymbol{G}$ 为矢量 $\boldsymbol{G}$ 的牵连变化率,是指当 $\boldsymbol{G}$ 相对运动参考系 S′"瞬时就地固连"时,由于 S′系的运动而引起的 $\boldsymbol{G}$ 对于静止参考系 S 的时间变化率. 若 $\boldsymbol{\omega}=\boldsymbol{0}$ 或 $\boldsymbol{G}//\boldsymbol{\omega}$,则 $\boldsymbol{\omega}\times\boldsymbol{G}=\boldsymbol{0}$.

4.2　(4.1.2)式和(4.2.3)式都是求单位矢量 $\boldsymbol{i}$、$\boldsymbol{j}$、$\boldsymbol{k}$ 对时间 t 的微商,它们有何区别? 你能否由(4.2.3)式推出(4.1.2)式?

提示　(4.1.2)式适用于运动参考系 S′为绕 S′系 Oz 轴转动的平面转动参考系的情况,$\boldsymbol{\omega}=\omega\boldsymbol{k}$. (4.2.3)式适用于运动参考系 S′为任意的转动参考系的情况. 把 $\boldsymbol{\omega}=\omega\boldsymbol{k}$ 代入,则(4.2.3)式即化为(4.1.2)式.

4.3　在卫星式宇宙飞船中,宇航员发现身体轻飘飘的,这是什么缘故?

提示 卫星式宇宙飞船和由空中自由坠落的电梯一样,都是在引力场中自由降落,只不过卫星式宇宙飞船有较大的初速度而已.

可以把在引力场中自由降落的物体(卫星式宇宙飞船)作为平动的非惯性参考系,设地球质量为 m_E,飞船对地心的位置矢量为 $\boldsymbol{r}$,则参考系具有加速度 $\boldsymbol{a}_{O'} = -\frac{Gm_E}{r^2}\boldsymbol{e}_r$. 在飞船非惯性系中,质量为 m 的质点受地球引力 $\boldsymbol{F}_{引} = -\frac{Gm_Em}{r^2}\boldsymbol{e}_r$,同时受惯性力 $\boldsymbol{F}_{惯} = \frac{Gm_Em}{r^2}\boldsymbol{e}_r$,二者正好抵消,物体处于失重状态.

4.4 惯性离心力和离心力有哪些不同的地方?

提示 惯性离心力指牵连惯性力中 $-m\boldsymbol{\omega}\times(\boldsymbol{\omega}\times\boldsymbol{r}')$ 一项,它垂直地背离非惯性系的瞬时轴(沿非惯性系转动的角速度 $\boldsymbol{\omega}$ 的方向),它存在于具有转动的非惯性系中.

离心力是一种不准确的生活语言,物理学中通常不使用这个概念.

物理学中使用向心力的概念. 当质点做曲线运动时,把质点所受合力沿运动曲线主法线方向、指向运动曲线曲率中心的分力称为向心力.

注意: ① 向心力是合力的一个分力,它不一定是一个相互作用力或惯性力. ② 向心力不一定有反作用力. 比如,在非惯性系中也可以有向心力,而且它可以是相互作用力和惯性力合力的一个分力,惯性力是没有反作用力的,所以这时向心力也没有反作用力. 所以也不能说"离心力是向心力的反作用力."

4.5 圆盘以匀角速度 $\boldsymbol{\omega}$ 绕过盘心的竖直轴转动. 离盘心为 r 的地方安装着一根竖直管,管中有一物体沿管下落. 以圆盘为非惯性系,非惯性系 $O'x'y'z'$ 的原点 O' 位于盘心,问此物体受到哪些惯性力的作用?

提示 由于非惯性系 $O'x'y'z'$ 的原点 O' 位于盘心,所以在非惯性系中牵连惯性力 $\boldsymbol{F}_{牵} = -m\dot{\boldsymbol{\omega}}\times\boldsymbol{r}' - m\boldsymbol{\omega}\times(\boldsymbol{\omega}\times\boldsymbol{r}')$. 由于物体相对速度 $\boldsymbol{v}'$ 与 $\boldsymbol{\omega}$ 平行或反平行,故物体不受科里奥利力. 由于 $\dot{\boldsymbol{\omega}}=0$,因此物体只受惯性离心力,惯性离心力垂直地背离转动轴,大小为 $m\omega^2 r$.

4.6 对于单线铁路来讲,两条铁轨磨损的程度有无不同? 为什么?

提示 在地面参考系中,火车在水平面内运动,受科里奥利力作用. 在北半球,科里奥利力对火车产生右偏作用,所以火车对右侧铁轨的磨损较大. 但是,单线铁路往返火车的数量及运动情况基本相同,因此两条铁轨的磨损程度没有不同.

4.7 自赤道沿水平方向朝北或朝南射出的炮弹,落地时和射出点相比是否发生东西方向上的偏差? 如以仰角 40°朝北射出,或垂直向上射出,则又如何? (忽略空气阻力和重力的变化的影响.)

提示 自赤道沿水平方向射出炮弹,由于炮弹的运动方向(相对速度方向)与地球自转角速度方向平行或反平行,故炮弹不受科里奥利力作用,不会发生东西方向上的偏斜.

如以仰角 40°或竖直射出,则落地时会发生向西的偏斜. 下面以竖直射出的情况加以说明:参见主教材自由落体偏东的讨论,在物体自由降落的过程中,由于受科里奥利力的作用,向东的速度会逐渐加大,最终落地时产生偏东的效果. 现在竖直向上抛出,在炮弹上升的过程中,由于其受科里奥利力的作用,会获得向西的速度,而且向西的速度会逐渐加大;炮弹达到最高点时向西的速度达到最大值；之后炮弹会自由降落，由于受科里奥利力的作用，向西的速度会逐渐减小；炮弹落地时向西的速度重归于零．可见在竖直上抛直至落地的过程中，炮弹都具有向西的速度，所以会向西偏斜．

4.8　在南半球，傅科摆的振动面沿什么方向旋转？如把傅科摆安装在赤道上某处，它旋转的周期是多大？

提示　参见主教材傅科摆的讨论．傅科摆的摆锤在水平面内运动，在北半球，摆锤受科里奥利力作用在运动中右偏；在南半球，摆锤受科里奥利力作用在运动中左偏．所以，在北半球，摆锤的振动面作顺时针旋转（由上向下看）；在南半球，摆锤的振动面则作逆时针旋转．

如果傅科摆安装在赤道上，摆锤的振动面旋转周期趋于无穷，即振动面不再旋转．

4.9　在第三章刚体运动学中，我们也常采用动坐标系，但为什么不出现科里奥利加速度？

提示　只有选定静止系 S 和运动系 S′两个参考系，运动系 S′相对静止系 S 转动（$\boldsymbol{\omega}\neq 0$），且研究的质点具有相对速度（$\boldsymbol{v}'\neq\boldsymbol{0}$）的情况下，质点绝对加速度的分割表达式 $\boldsymbol{a}=\boldsymbol{a}'+\boldsymbol{a}_t+\boldsymbol{a}_C$ 中才出现科里奥利加速度 $\boldsymbol{a}_C=2\boldsymbol{\omega}\times\boldsymbol{v}'$.

在刚体力学中动坐标系一般只是进行计算的工具，所求的刚体上任一点的速度和加速度是对惯性参考系的速度和加速度，动坐标系一般并不是运动参考系（注意坐标系和参考系的区别），因此不会涉及科里奥利加速度．

对刚体一般运动的加速度公式 $\boldsymbol{a}=\boldsymbol{a}_A+\dot{\boldsymbol{\omega}}\times\boldsymbol{r}'+\boldsymbol{\omega}\times(\boldsymbol{\omega}\times\boldsymbol{r}')$ 也可以从另一个角度理解：认为惯性参考系为静止系 S，运动系 S′和刚体固连，运动系 $Ax'y'z'$ 的原点即为研究刚体运动的基点 A，此时运动系 S′的角速度和刚体角速度 $\boldsymbol{\omega}$ 相同．这种情况下刚体上的任意一点相对运动系 S′均静止不动，相对加速度 $\boldsymbol{a}'$ 和科里奥利加速度 $\boldsymbol{a}_C$ 均为零，绝对加速度 $\boldsymbol{a}=\boldsymbol{a}_A+\dot{\boldsymbol{\omega}}\times\boldsymbol{r}'+\boldsymbol{\omega}\times(\boldsymbol{\omega}\times\boldsymbol{r}')$，等式右方三项均为牵连加速度．

§4.3　补充例题

例题 4.1　一直管在水平面内绕其一端 O 以匀角速度 $\boldsymbol{\omega}$ 转动．管内有一质点相对管的速率为 $v'=\alpha+\beta t$，方向背离 O 点向外，α 和 β 为常量．以地面 $Oxyz$ 为 S 系，与管固连的 $Ox'y'z'$ 为 S′系，如 BL4.1 图所示．试求：

(1) $\dfrac{\mathrm{d}^*\boldsymbol{v}'}{\mathrm{d}t}$；(2) $\dfrac{\mathrm{d}\boldsymbol{v}'}{\mathrm{d}t}$；(3) $\dfrac{\mathrm{d}^*\boldsymbol{a}'}{\mathrm{d}t}$；(4) $\dfrac{\mathrm{d}\boldsymbol{a}'}{\mathrm{d}t}$.

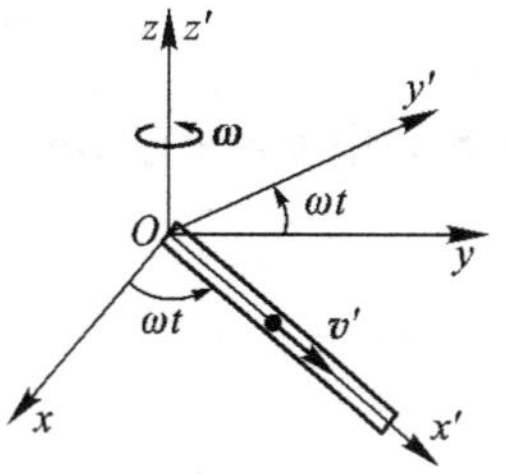

BL4.1 图

评述　先讨论两个问题：

问题 1　此题求$\dfrac{\mathrm{d}\boldsymbol{v}'}{\mathrm{d}t}$. 有人提出疑问："$\boldsymbol{v}'$是质点相对 S′系的速度，它的存在依赖于 S′系．质点相对 S 系的速度是 $\boldsymbol{v}$ 而不是 $\boldsymbol{v}'$. 为什么可以对 S 系求 $\boldsymbol{v}'$的时间变化率呢？"

解答　$\boldsymbol{v}'$的定义依赖 S′系，但它又是一个客观存在的矢量．$\boldsymbol{v}'$既可以向$O'x'y'z'$投影，也可以向 $Oxyz$ 投影．随时间推移，$\boldsymbol{v}'$相对 S′系会发生变化，相对 S 系也会发生变化，因此当然可以求相

对速度 $\boldsymbol{v}'$ 的绝对变化率 $\frac{\mathrm{d}\boldsymbol{v}'}{\mathrm{d}t}$. 要注意的是，$\frac{\mathrm{d}\boldsymbol{v}'}{\mathrm{d}t}$ 既不是绝对加速度，也不是相对加速度！

问题 2　有人认为 $\frac{\mathrm{d}\boldsymbol{v}'}{\mathrm{d}t}=\frac{\mathrm{d}}{\mathrm{d}t}[(\alpha+\beta t)\boldsymbol{i}']=\beta\boldsymbol{i}'$，他的做法正确吗？

解答　求绝对变化率时 $\boldsymbol{i}'$ 不是常矢量，所以上述做法不对，$\frac{\mathrm{d}\boldsymbol{v}'}{\mathrm{d}t}=\frac{\mathrm{d}}{\mathrm{d}t}[(\alpha+\beta t)\boldsymbol{i}']\neq\beta\boldsymbol{i}'$.

解　(1) 求相对变化率时 $\boldsymbol{i}'$ 为常矢量，所以

$$\frac{\mathrm{d}^*\boldsymbol{v}'}{\mathrm{d}t}=\frac{\mathrm{d}^*}{\mathrm{d}t}[(\alpha+\beta t)\boldsymbol{i}']=\beta\boldsymbol{i}'=\boldsymbol{a}'$$

(2)
$$\frac{\mathrm{d}\boldsymbol{v}'}{\mathrm{d}t}=\frac{\mathrm{d}^*\boldsymbol{v}'}{\mathrm{d}t}+\boldsymbol{\omega}\times\boldsymbol{v}'=\beta\boldsymbol{i}'+\omega(\alpha+\beta t)\boldsymbol{j}'$$

(3)
$$\frac{\mathrm{d}^*\boldsymbol{a}'}{\mathrm{d}t}=\frac{\mathrm{d}^*}{\mathrm{d}t}(\beta\boldsymbol{i}')=0$$

(4)
$$\frac{\mathrm{d}\boldsymbol{a}'}{\mathrm{d}t}=\frac{\mathrm{d}^*\boldsymbol{a}'}{\mathrm{d}t}+\boldsymbol{\omega}\times\boldsymbol{a}'=\boldsymbol{\omega}\times\beta\boldsymbol{i}'=\omega\beta\boldsymbol{j}'$$

例题 4.2　一等腰直角三角形 $\triangle ABO$，在自身平面内以匀角速度 $\boldsymbol{\omega}$ 绕顶点 O 转动．质点 P 在 $t=0$ 时刻由 A 点出发，相对三角形以不变的速度 $\boldsymbol{u}$ 沿 AB 边运动．已知 $AB=BO=b$，如 BL4.2 图所示，求 P 点的速度和加速度．

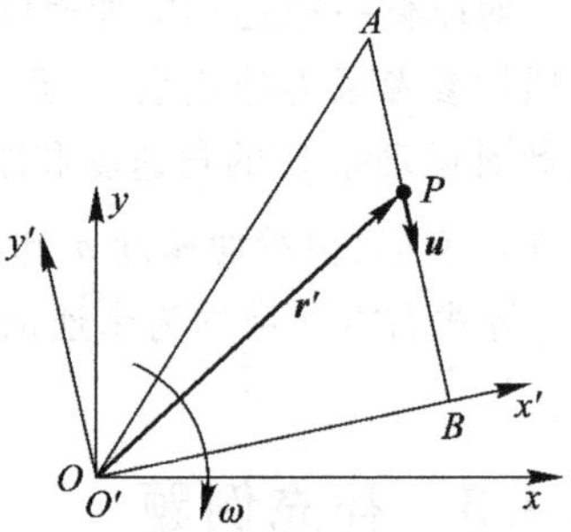

BL4.2 图

解　建立 S 系 $Oxyz$ 及与 $\triangle ABO$ 固连的 S′系 $O'x'y'z'$ 如图所示．$\boldsymbol{v}'=\boldsymbol{u}$，故

$$\boldsymbol{v}=\boldsymbol{u}+\boldsymbol{\omega}\times\boldsymbol{r}'$$

$$\boldsymbol{a}=\boldsymbol{\omega}\times(\boldsymbol{\omega}\times\boldsymbol{r}')+2\boldsymbol{\omega}\times\boldsymbol{u}$$

在 S′系中 $\boldsymbol{u}=-u\boldsymbol{j}'$，$\boldsymbol{\omega}=-\omega\boldsymbol{k}'$，$\boldsymbol{r}'=b\boldsymbol{i}'+(b-ut)\boldsymbol{j}'$．所以

$$\boldsymbol{v}=\omega(b-ut)\boldsymbol{i}'-(u+\omega b)\boldsymbol{j}'$$

$$\boldsymbol{a}=-(\omega^2b+2\omega u)\boldsymbol{i}'-\omega^2(b-ut)\boldsymbol{j}'$$

评述　参考系是用来描述物体运动的标准，参考系一经选定，物体的运动情况就确定了．坐标系如果和参考系固连，可以作为该参考系的标志．但坐标系还是描述物体运动的数学工具，选定参考系后还可以选用不同的坐标系来描述物体的运动．本例题中，所求 $\boldsymbol{v}$ 和 $\boldsymbol{a}$ 是相对 S 系的绝对速度和绝对加速度，但利用 $Oxyz$ 系计算不方便，而在 $O'x'y'z'$ 系中计算和表述 $\boldsymbol{v}$ 和 $\boldsymbol{a}$ 较为简洁便利．

通过本例题还可以看到，质点 P 相对 S 系的运动情况较为复杂，现在借助 S′系把质点的复杂运动分解为两个简单的运动：质点 P 相对 S′系（$\triangle ABO$）的匀速直线运动和 S′系（$\triangle ABO$）绕 Oz 轴的定轴转动，物理图像简单清晰．

例题 4.3 质量为 m 的小环，套在半径为 a 的光滑水平圆圈上，并可沿圆圈滑动；圆圈在水平面内以匀角速度 $\boldsymbol{\omega}$ 绕圈上 O 点转动．试求小环沿圆圈切线方向的运动微分方程．小环相对圆圈的位置可用 BL4.3－1 图中 θ 角表示．

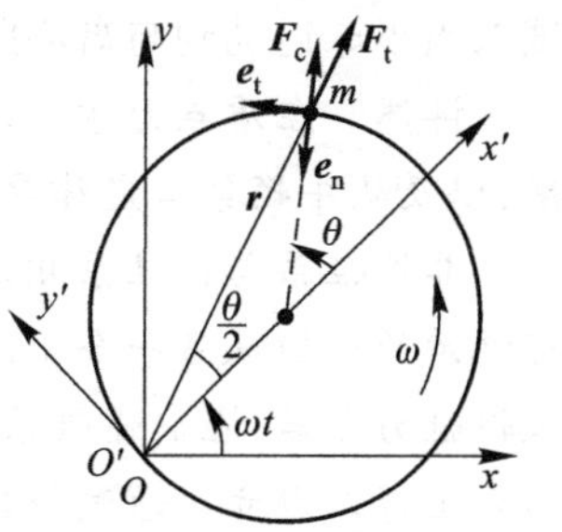

BL4.3－1 图

解法一 以静止的 $Oxyz$ 为 S 系，与圆圈固连的 $O'x'y'z'$ 为 S′系，如 BL4.3－1 图所示．以 S′为参考系．小环在水平面内受相互作用力为圆圈施与的约束力 $\boldsymbol{F}_{\mathrm{N}} = F_{\mathrm{Nn}}\boldsymbol{e}_{\mathrm{n}}$；受惯性力

$$\boldsymbol{F}_{\mathrm{t}} = -m\boldsymbol{\omega}\times(\boldsymbol{\omega}\times\boldsymbol{r}') = 2ma\omega^2\cos\frac{\theta}{2}\boldsymbol{e}'_{\mathrm{r}}$$

$$\boldsymbol{F}_{\mathrm{c}} = -2m\boldsymbol{\omega}\times\boldsymbol{v}' = -2m\boldsymbol{\omega}\times(a\dot{\theta}\boldsymbol{e}_{\mathrm{t}}) = -2m\omega a\dot{\theta}\boldsymbol{e}_{\mathrm{n}}$$

在 S′系中小环沿切向（$\boldsymbol{e}_{\mathrm{t}}$）的运动微分方程为

$$ma'_{\mathrm{t}} = ma\ddot{\theta} = -2ma\omega^2\cos\frac{\theta}{2}\sin\frac{\theta}{2}$$

即

$$\ddot{\theta} + \omega^2\sin\theta = 0$$

解法二 以静止的 $Oxyz$ 为 S 系，以圆圈中心 O' 为原点建立平动的 $O'x'y'z'$ 作为 S′系，如 BL4.3－2 图所示．以 S′为参考系，小环在水平面内受约束力为 $\boldsymbol{F}_{\mathrm{N}} = F_{\mathrm{Nn}}\boldsymbol{e}_{\mathrm{n}}$；惯性力为

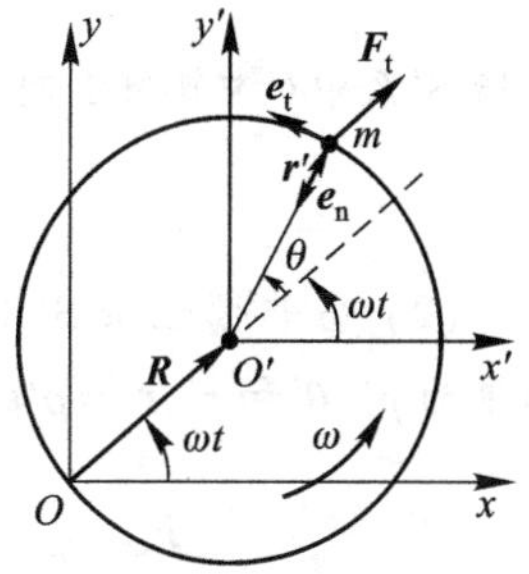

BL4.3－2 图

$$\boldsymbol{F}_{\mathrm{t}} = -m\boldsymbol{a}_{O'} = -m\frac{\mathrm{d}^2\boldsymbol{R}}{\mathrm{d}t^2}$$

$$= -ma\omega^2\cos\theta\boldsymbol{e}_{\mathrm{n}} - ma\omega^2\sin\theta\boldsymbol{e}_{\mathrm{t}}$$

（因 S′系为平动非惯性系，故其他各项惯性力均为零．）

S′系中小环沿切向（$\boldsymbol{e}_{\mathrm{t}}$）的运动微分方程为

$$ma'_{\mathrm{t}} = ma\ddot{\theta} = -ma\omega^2\sin\theta$$

即

$$\ddot{\theta} + \omega^2\sin\theta = 0$$

评述 （1）补充思考题 4.3 和 4.4 中已指出，选用不同的 S′系，绝对加速度的分割结果不同．相应在动力学问题中，如本例题所示，选用不同的 S′非惯性系，惯性力中各项的具体内容也是不同的．

（2）本例题中 $\boldsymbol{\omega}$ 是圆圈的角速度，当解法一中 S′系与圆圈固连时，$\boldsymbol{\omega}$ 即是 S′系的角速度．但在解法二中，虽然 S′系原点 O' 绕 O 点做圆周运动，但平动的 S′系的角速度为零．

至于"O' 点绕 O 点以角速度 $\boldsymbol{\omega}$ 转动"，只是一种习惯的说法，严格说角速度是描述刚体转动的物理量．一个点无转动可言，也没有角速度．S′系以刚性标架 $O'x'y'z'$ 标志，S′系具有角速度，在解法二中其角速度为零．

解法二中，在 S′系中小环做圆周运动的速度为 $\boldsymbol{v}' = a(\dot{\theta}+\omega)\boldsymbol{e}_{\mathrm{t}}$．

例题 4.4 有一内壁光滑的弯曲细管，固定在水平圆盘上，圆盘绕过盘心的竖直轴以匀角速度 $\boldsymbol{\omega}$ 转动，如 BL4.4 图所示．管内有一质量为 m 的小球，初始时与盘心距离为 r_0，相对管静止．

试求当小球运动到与盘心距离为 $r(r>r_0)$ 时，小球相对管的速率．

评述 在质点力学一章中对惯性系内的质点动力学作了详尽讨论，包括牛顿运动定律的应用，以及从牛顿第二定律导出质点动力学的三个定理及相应的三个守恒律等．

非惯性系与惯性系相比是不同的，在非惯性系中牛顿第二定律不能成立，这是必须牢记、不可混淆的．但从另一个角度看，非惯性系中的动力学与惯性系中的动力学又有相似之处．在引入惯性力之后，在非惯性系中把惯性力与相互作用力等同看待，则在非惯性系内牛顿第二定律在形式上得以成立．通过简单的类比就可以知道，在惯性系中得到的动力学规律（如三个定理、三个守恒律等），只要涉及惯性力，则其在非惯性系中亦可形式上不变地成立，惯性系与非惯性系的差别也仅在于是否考虑惯性力而已．

在应用非惯性系内的机械能定理和机械能守恒定律处理问题时，需要注意在非惯性系内惯性力不但是一个真实的力，而且也可以是保守力，并存在与其相关的势能．对此只讨论两种简单情况：

（1）当非惯性系 S′做匀加速平动时，设其加速度为 $\boldsymbol{a}$，令 S′系的 Ox' 轴沿 $\boldsymbol{a}$ 的方向，则质量为 m 的质点受牵连惯性力

$$\boldsymbol{F}_{\mathrm{t}} = -m\boldsymbol{a} = -ma\boldsymbol{i}' = -\nabla'(max')$$

∇' 指 S′系中的 ∇ 算符．可见在 S′系中 $\boldsymbol{F}_{\mathrm{t}}$ 为保守力，其势能为

$$V' = max'（x' = 0 \text{ 为势能零点}）$$

（2）当非惯性系 S′以匀角速度 $\boldsymbol{\omega}$ 绕固定轴转动时，令 Oz' 轴沿 $\boldsymbol{\omega}$ 方向建立柱坐标系（3 个坐标量为 ρ'、θ' 和 z'，$\boldsymbol{r}'=\rho'\boldsymbol{e}_{\rho'}+z'\boldsymbol{k}'$），则质量为 m 的质点所受惯性离心力

$$\boldsymbol{F}_{\text{惯性离心}} = -m\boldsymbol{\omega}\times(\boldsymbol{\omega}\times\boldsymbol{r}') = m\omega^2\rho'\boldsymbol{e}_{\rho'} = -\nabla'\left(-\frac{1}{2}m\omega^2\rho'^2\right)$$

可见在 S′系中 $\boldsymbol{F}_{\text{惯性离心}}$ 为保守力，其势能为

$$V' = -\frac{1}{2}m\omega^2\rho'^2（\rho' = 0 \text{ 为势能零点}）$$

其中用了柱坐标的梯度公式 $\nabla f = \dfrac{\partial f}{\partial\rho}\boldsymbol{e}_\rho + \dfrac{1}{\rho}\dfrac{\partial f}{\partial\theta}\boldsymbol{e}_\theta + \dfrac{\partial f}{\partial z}\boldsymbol{k}$.

解 以圆盘为非惯性参考系 S′，建立与其固连的柱坐标系如 BL4.4 图所示，Oz 轴沿 $\boldsymbol{\omega}$ 方向，θ 角正向与 $\boldsymbol{\omega}$ 成右手螺旋关系．质点受重力 $\boldsymbol{W}=-mg\boldsymbol{k}$，管壁施与的约束力 $\boldsymbol{F}_{\mathrm{N}}$，惯性离心力 $-m\boldsymbol{\omega}\times(\boldsymbol{\omega}\times\boldsymbol{r}')$，科里奥利力 $-2m\boldsymbol{\omega}\times\boldsymbol{v}'$.

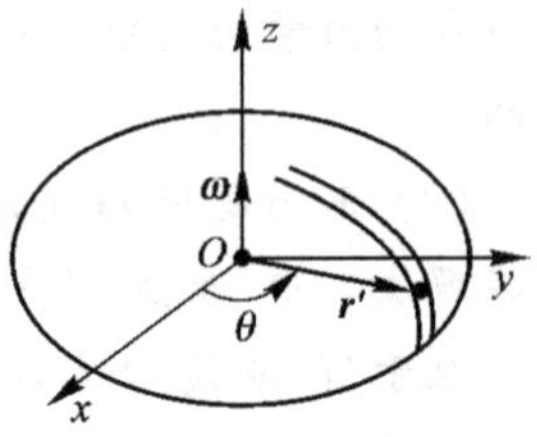

BL4.4 图

方法一 用非惯性系内的动能定理求解 因为 $\boldsymbol{W}=m\boldsymbol{g}$，$\boldsymbol{F}_{\mathrm{N}}$ 和 $-2m\boldsymbol{\omega}\times\boldsymbol{v}'$ 均与相对速度 $\boldsymbol{v}'$ 垂直，都不做功，由动能定理可得

$$\mathrm{d}\left(\frac{1}{2}mv'^2\right) = [-m\boldsymbol{\omega}\times(\boldsymbol{\omega}\times\boldsymbol{r}')]\cdot\mathrm{d}\boldsymbol{r}' = m\omega^2\boldsymbol{r}'\cdot\mathrm{d}\boldsymbol{r}'$$

$$\int_0^{v'}\mathrm{d}\left(\frac{1}{2}mv'^2\right) = \int_{r_0}^{r} m\omega^2 r'\mathrm{d}r'$$

故
$$\frac{1}{2}mv'^2=\frac{1}{2}m\omega^2(r^2-r_0^2)$$

即
$$v'=\omega\sqrt{r^2-r_0^2}$$

方法二 用非惯性系内的"机械能守恒定律"求解 由于 $\boldsymbol{W}=m\boldsymbol{g}$, $\boldsymbol{F}_N$ 和 $-2m\boldsymbol{\omega}\times\boldsymbol{v}'$ 不做功，惯性离心力为保守力，所以质点运动过程中"机械能守恒"，以 O 点为势能零点，则

$$\frac{1}{2}mv'^2-\frac{1}{2}m\omega^2r^2=0-\frac{1}{2}m\omega^2r_0^2$$

故
$$v'=\omega\sqrt{r^2-r_0^2}$$

§4.4 主教材习题提示

4.1 一等腰直角三角形 OAB 在其自身平面内以匀角速 ω 绕顶点 O 转动．某一点 P 以匀相对速度沿 AB 边运动，当三角形转了一周时，P 点走过了 AB，如 X4.1 图所示．已知 $AB=b$，试求 P 点在 A 时的绝对速度与绝对加速度．

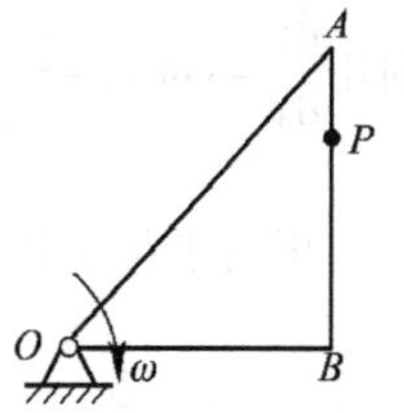

X4.1 图

提示 参见补充例题 4.2. 例题中的 $u=\dfrac{\omega b}{2\pi}$，$\boldsymbol{r}'=b\boldsymbol{i}'+b\boldsymbol{j}'$，则

$$\boldsymbol{v}=\omega b\boldsymbol{i}'-\omega b\left(\frac{1}{2\pi}+1\right)\boldsymbol{j}'$$

$$\boldsymbol{a}=-\omega^2b\left(1+\frac{1}{\pi}\right)\boldsymbol{i}'-\omega^2b\boldsymbol{j}'$$

上两式已经给出了 $\boldsymbol{v}$ 和 $\boldsymbol{a}$ 的完备表达式，不需要再求其具体的大小和方向．

4.2 一直线以匀角速度 ω 在一固定平面内绕其一端 O 转动．当直线位于 Ox 的位置时，有一质点 P 开始从 O 点沿该直线运动．如欲使此点的绝对速度 $\boldsymbol{v}$ 的量值为常量，问此点应按何种规律沿此直线运动？

提示 建立 S 系和 S′系如 X4.2 图所示，以 S′系为非惯性参考系．质点 P 的绝对速度

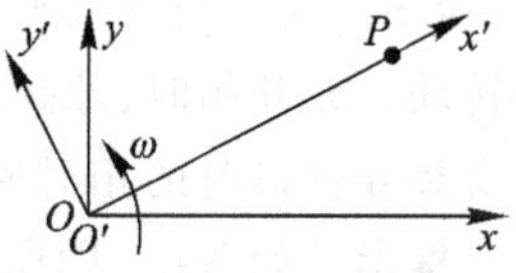

X4.2 图

$$\boldsymbol{v}=\boldsymbol{v}'+\boldsymbol{\omega}\times\boldsymbol{r}'=\dot{x}'\boldsymbol{i}'+\omega x'\boldsymbol{j}'$$

由
$$v^2=\dot{x}'^2+\omega^2x'^2=\text{常量}$$

对时间求导数得 $2\dot{x}'(\ddot{x}'+\omega^2x')=0$，因 $\dot{x}'\neq0$，故

$$\ddot{x}'+\omega^2x'=0$$

其解为 $x'=A\sin(\omega t+\varphi)$．由初始条件 $t=0$ 时 $x'=0$、$\dot{x}'=v$ 可得质点 P 沿直线的运动规律为 $x'=\dfrac{v}{\omega}\sin\omega t$.

4.3 P 点离开圆锥顶点 O，以速度 $\boldsymbol{v}'$ 沿母线做匀速运动，此圆锥则以匀角速度 ω 绕其轴转

动．求开始 t 时间后 P 点绝对加速度的量值，假定圆锥体的半顶角为 α.

提示 如 X4.3 图所示，以圆锥顶点为 O 点，Oz 沿对称轴向上，建立运动 $Oxyz$ 为 S′系，使该母线位于 Oxz 平面内．则

$$\boldsymbol{r}' = v't\sin\alpha\boldsymbol{i} - v't\cos\alpha\boldsymbol{k}$$

$$\boldsymbol{v}' = v'\sin\alpha\boldsymbol{i} - v'\cos\alpha\boldsymbol{k}$$

$$\boldsymbol{a} = \boldsymbol{\omega}\times(\boldsymbol{\omega}\times\boldsymbol{r}') + 2\boldsymbol{\omega}\times\boldsymbol{v}' = -\omega^2 v't\sin\alpha\boldsymbol{i} + 2\omega v'\sin\alpha\boldsymbol{j}$$

所以

$$a = \omega v'\sqrt{4+\omega^2t^2}\sin\alpha$$

4.4 小环重 W，穿在曲线形 $y=f(x)$ 的光滑钢丝上，此曲线通过坐标原点，并绕竖直轴 Oy 以匀角速 ω 转动．如欲使小环在曲线上任何位置均处于相对平衡状态，求此曲线的形状及曲线对小环的约束反作用力．

提示 如 X4.4 图所示，以 $Oxyz$ 为非惯性参考系，$v'=a'=0$ 情况下小环受力：$\boldsymbol{W}=m\boldsymbol{g}$，$\boldsymbol{F}_{\mathrm{N}}$，$\boldsymbol{F}_{\mathrm{t}}=m\omega^2x\boldsymbol{i}$. 平衡方程为

$$m\omega^2x - F_{\mathrm{N}}\cos\alpha = 0,\quad F_{\mathrm{N}}\sin\alpha - mg = 0$$

利用$\dfrac{\mathrm{d}y}{\mathrm{d}x}=\cot\alpha=\dfrac{\omega^2x}{g}$，积分可得曲线方程 $y=\dfrac{\omega^2}{2g}x^2$.

再由平衡方程求出 $F_{\mathrm{N}}=mg\sqrt{1+\dfrac{\omega^4x^2}{g^2}}$.

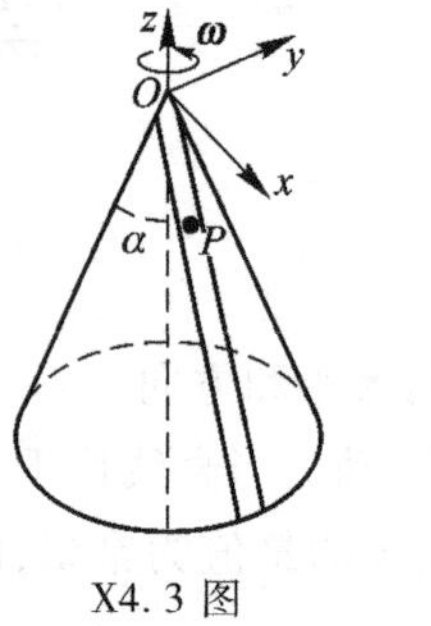

X4.3 图

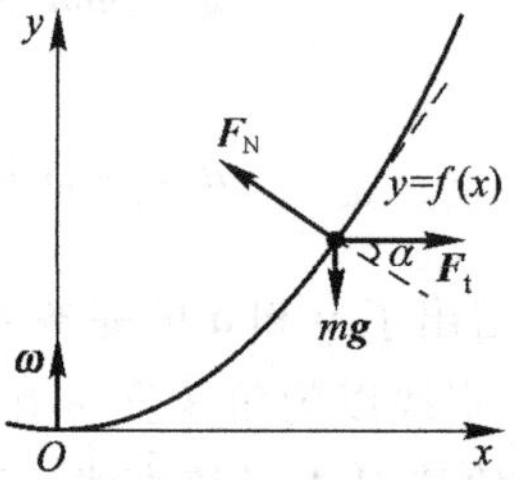

X4.4 图

4.5 在一光滑水平直管中有一质量为 m 的小球．此管以匀角速度 ω 绕通过其一端的竖直轴转动．如开始时，球距转动轴的距离为 a，球相对于管的速率为零，而管的总长则为 $2a$. 求球刚要离开管口时的相对速度与绝对速度，并求小球从开始运动到离开管口所需的时间．

提示 如 X4.5 图所示，以直管为非惯性参考系，建立与管固连的坐标系 $Oxyz$. 小球受重力 $m\boldsymbol{g}$，管的约束力 $\boldsymbol{F}_{\mathrm{N}}=\boldsymbol{F}_{\mathrm{N}y}\boldsymbol{j}+\boldsymbol{F}_{\mathrm{N}z}\boldsymbol{k}$ 和惯性力 $\boldsymbol{F}_{\mathrm{t}}=m\omega^2x\boldsymbol{i}$、$\boldsymbol{F}_{\mathrm{C}}=-2m\omega\dot{x}\boldsymbol{j}$. 沿 Ox 方向的运动微分方程为 $\ddot{x}-\omega^2x=0$，其解为 $x=\dfrac{a}{2}(\mathrm{e}^{\omega t}+\mathrm{e}^{-\omega t})$.

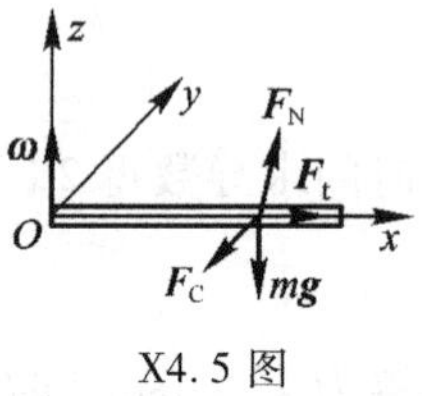

X4.5 图

小球出管口时 $x=2a$，$\mathrm{e}^{\omega t}=2\pm\sqrt{3}$. $\omega t>0$ 情况，因$(2-\sqrt{3})<1$，故舍去．所以$t=\dfrac{1}{\omega}\ln(2+\sqrt{3})$.

此时 $\boldsymbol{v}'=\dot{x}\boldsymbol{i}=\sqrt{3}a\omega\boldsymbol{i}$，$\boldsymbol{v}=(\boldsymbol{v}'+\boldsymbol{\omega}\times2a\boldsymbol{i})=\sqrt{3}a\omega\boldsymbol{i}+2a\omega\boldsymbol{j}$.

4.6 一光滑细管可在竖直平面内绕通过其一端的水平轴以匀角速度 ω 转动,管中有一质量为 m 的质点.开始时,细管取水平方向并向水平线方向转动,质点距转动轴的距离为 a,质点相对于管的速度大小为 v_0,方向背离水平轴,试求质点相对于管的运动规律.

提示 如 X4.6 图所示,以细管为非惯性参考系,建立与管固连的坐标系 $Oxyz$. 小球受重力 $m\boldsymbol{g}$,管的约束力 $\boldsymbol{F}_{\mathrm{N}}=\boldsymbol{F}_{\mathrm{N}y}\boldsymbol{j}$ 和惯性力 $\boldsymbol{F}_{\mathrm{t}}=m\omega^2x\boldsymbol{i}$、$\boldsymbol{F}_{\mathrm{C}}=-2m\omega\dot{x}\boldsymbol{j}$. 沿 Ox 方向的运动微分方程为

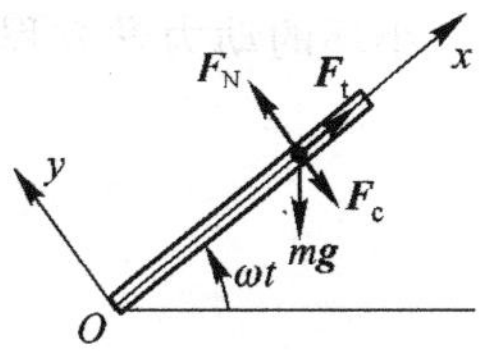

X4.6 图

$$\ddot{x}-\omega^2x=-g\sin\omega t$$

其通解为

$$x=C_1\mathrm{e}^{\omega t}+C_2\mathrm{e}^{-\omega t}+\frac{g}{2\omega^2}\sin\omega t$$

因 $t=0$ 时 $x=a$,故

$$C_1+C_2=a$$

因 $t=0$ 时 $\dot{x}=v_0$,故

$$(C_1-C_2)\omega+\frac{g}{2\omega}=v_0,\quad 即\ C_1-C_2=\frac{v_0}{\omega}-\frac{g}{2\omega^2}$$

由上述两式求出 $C_1=\dfrac{1}{2}\left(a+\dfrac{v_0}{\omega}\right)-\dfrac{g}{4\omega^2}$,$C_2=\dfrac{1}{2}\left(a-\dfrac{v_0}{\omega}\right)+\dfrac{g}{4\omega^2}$,所以

$$x=\left[\frac{1}{2}\left(a+\frac{v_0}{\omega}\right)-\frac{g}{4\omega^2}\right]\mathrm{e}^{\omega t}+\left[\frac{1}{2}\left(a-\frac{v_0}{\omega}\right)+\frac{g}{4\omega^2}\right]\mathrm{e}^{-\omega t}+\frac{g}{2\omega^2}\sin\omega t$$

4.7 质量分别为 m 及 m' 的两个质点,用一固有长度为 a 的弹性轻绳相连,绳的弹性系数为 $k=\dfrac{2mm'\omega^2}{m+m'}$. 如将此系统放在光滑的水平管中,管子绕管上某点以匀角速 ω 转动,试求任一瞬时两质点间的距离 s. 设开始时,质点相对于管子是静止的,两质点间的距离为 a.

提示 如 X4.7 图所示,以水平管为参考系,Ox 沿管、Oz 沿竖直转动轴建立坐标系 $Oxyz$. 质点 m、m' 受力:重力、管的约束力和科里奥利(惯性)力与 Ox 轴垂直,弹性轻绳张力和惯性离心力沿 Ox 轴.两质点沿 Ox 方向的动力学方程为

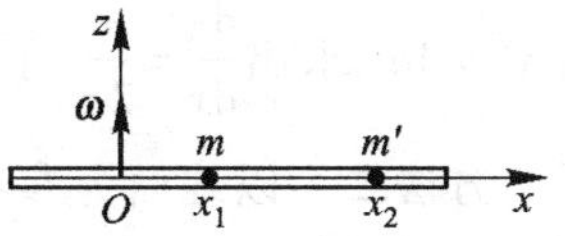

X4.7 图

$$m\ddot{x}_1=m\omega^2x_1+k[(x_2-x_1)-a]$$

$$m'\ddot{x}_2=m'\omega^2x_2-k[(x_2-x_1)-a]$$

令 $s=x_2-x_1$,由上述二式可得

$$\ddot{s}=\omega^2s-2\omega^2(s-a),\quad 即\ \ddot{s}+\omega^2s=2\omega^2a$$

其通解为 $s=C_1\sin\omega t+C_2\cos\omega t+2a$. 由初始条件 $t=0$ 时 $s=a$,$\dot{s}=0$,确定出积分常量 $C_1=0$ 和 $C_2=-a$. 所以 $s=a(2-\cos\omega t)$.

4.8 轴为竖直而顶点在下的抛物线形金属丝,以匀角速 ω 绕竖直轴转动.另有一质量为 m 的小环套在此金属丝上,并沿着金属丝滑动.试求小球运动微分方程.已知抛物线的方程为 $x^2=4ay$,式中 a 为常量.计算时可忽略摩擦阻力.

提示 如 X4.8 图所示，以金属丝为非惯性参考系 $Oxyz$. 质点受力：重力 $m\boldsymbol{g}$，管的约束力 $\boldsymbol{F}_{\mathrm{N}}=F_{\mathrm{N}x}\boldsymbol{i}+F_{\mathrm{N}y}\boldsymbol{j}+F_{\mathrm{N}z}\boldsymbol{k}$，惯性力 $\boldsymbol{F}_{\mathrm{t}}=m\omega^2x\boldsymbol{i}$、$\boldsymbol{F}_{\mathrm{C}}=2m\omega\dot{x}\boldsymbol{k}$.

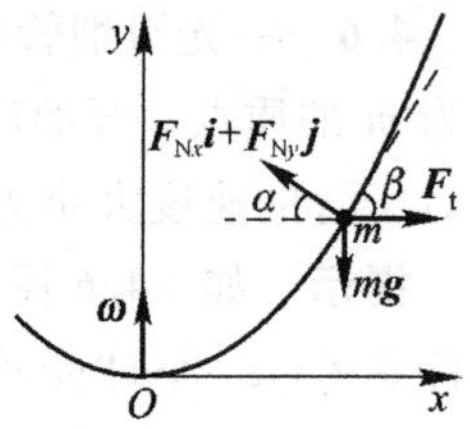

X4.8 图

小环的动力学方程为

$$m\ddot{x}=F_{\mathrm{N}x}+m\omega^2x \tag{1}$$

$$m\ddot{y}=F_{\mathrm{N}y}-mg \tag{2}$$

$$m\ddot{z}=F_{\mathrm{N}z}+2m\omega\dot{x} \tag{3}$$

评述 (1)式、(2)式、(3)式即为小环的运动微分方程.

下面按主教材习题答案推导仅含一个未知量 x 的运动微分方程.

由(1)式、(2)式得

$$\frac{\ddot{x}-\omega^2x}{\ddot{y}+g}=\frac{F_{\mathrm{N}x}}{F_{\mathrm{N}y}}=-\cot\alpha=-\tan\beta=-\frac{\dot{y}}{\dot{x}}$$

对 $x^2=4ay$ 求导数可得 $\dot{y}=\dfrac{x\dot{x}}{2a}$和 $\ddot{y}=\dfrac{1}{2a}(\dot{x}^2+x\ddot{x})$，代入上式可得

$$\left(1+\frac{x^2}{4a^2}\right)\ddot{x}+\frac{x\dot{x}^2}{4a^2}-\omega^2x+\frac{g}{2a}x=0$$

4.9 在上题中，试用两种方法求小环相对平衡的条件.

提示 **方法一** 以金属丝为非惯性参考系，相对平衡时相对加速度 $\boldsymbol{a}'=\boldsymbol{0}$，由平衡方程

$$F_{\mathrm{N}x}+m\omega^2x=0,F_{\mathrm{N}y}-mg=0$$

可得
$$\frac{\omega^2x}{g}=-\frac{F_{\mathrm{N}x}}{F_{\mathrm{N}y}}=\cot\alpha=\tan\beta=\frac{\mathrm{d}y}{\mathrm{d}x}$$

由 $x^2=4ay$ 求出$\dfrac{\mathrm{d}y}{\mathrm{d}x}=\dfrac{x}{2a}$，于是$\dfrac{\omega^2x}{g}=\dfrac{x}{2a}$，所以平衡条件为 $x=0$(小环处于抛物线顶点)或 $\omega^2=\dfrac{g}{2a}$.

方法二 以地面为参考系，小环相对金属丝平衡时在水平面内做圆周运动，由牛顿第二定律可得动力学方程为

$$-m\omega^2x=F_{\mathrm{N}x},0=F_{\mathrm{N}y}-mg$$

同样可求出平衡条件为 $x=0$ 或 $\omega^2=\dfrac{g}{2a}$.

4.10 见补充例题 4.3.

4.11 如自北纬为 λ 的地方，以仰角 α 自地面向东方发射一炮弹，炮弹的膛口速度为 v. 计及地球自转，试证此炮弹落地时的横向偏离为

$$d=\frac{4v^3}{g^2}\omega\sin\lambda\sin^2\alpha\cos\alpha$$

式中 ω 为地球自转的角速度，计算时可忽略 ω^2 项及空气阻力.

提示 以地面为非惯性参考系，建立坐标系 $Oxyz$，以发射点为原点 O，Ox 指向正南，Oy 指向

正东，Oz 轴竖直向上，如 X4.11 图所示．炮弹的运动微分方程为

$$m\ddot{x} = 2m\omega\dot{y}\sin\lambda \tag{1}$$

$$m\ddot{y} = -2m\omega(\dot{z}\cos\lambda + \dot{x}\sin\lambda) \tag{2}$$

$$m\ddot{z} = -mg + 2m\omega\dot{y}\cos\lambda \tag{3}$$

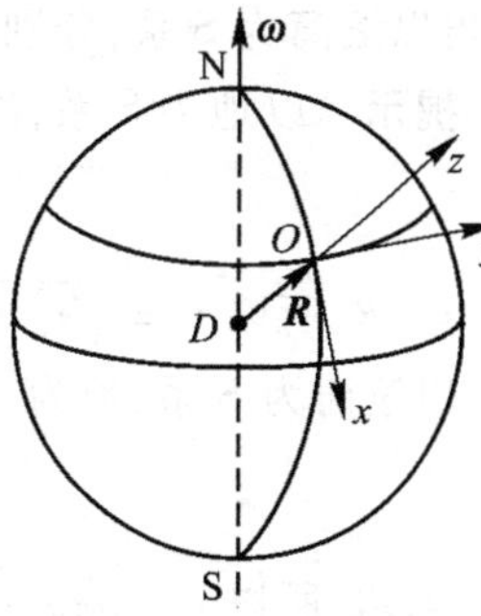

X4.11 图

把(1)式、(2)式、(3)式积分并确定积分常量，得到

$$\dot{x} = 2\omega y\sin\lambda$$

$$\dot{y} = -2\omega(z\cos\lambda + x\sin\lambda) + v\cos\alpha$$

$$\dot{z} = -gt + 2\omega y\cos\lambda + v\sin\alpha$$

再代回(1)式、(2)式、(3)式，略去 ω^2 项，得

$$\ddot{x} = 2\omega v\sin\lambda\cos\alpha \tag{4}$$

$$\ddot{y} = 2\omega(gt - v\sin\alpha)\cos\lambda \tag{5}$$

$$\ddot{z} = -g + 2\omega v\cos\lambda\cos\alpha \tag{6}$$

令 $b = \dfrac{2v}{g}\omega\cos\lambda\cos\alpha \ll 1$，由(6)式得 $\ddot{z} = -g(1-b)$，略去 b^2 项求出落地时间：

$$t = \frac{2v\sin\alpha}{g(1-b)} \approx \frac{2v\sin\alpha}{g}(1+b),\quad t^2 \approx \frac{4v^2\sin^2\alpha}{g^2}(1+2b)$$

由(4)式可求得 $x \approx \dfrac{4v^3}{g^2}\omega\sin\lambda\sin^2\alpha\cos\alpha$.

4.12 一质点如以初速度 v_0 在纬度为 λ 的地方竖直向上射出，达到 h 高后，复落至地面．假定空气阻力可以忽略不计，试求落至地面时的偏差．

提示 参考系、坐标系、运动微分方程及解法同上题(主教材习题 4.11)，相应上题的(4)式、(5)式、(6)式，考虑质点竖直上抛$\left(\alpha = \dfrac{\pi}{2}\right)$，则可得

$$\ddot{x} = 0 \tag{1}$$

$$\ddot{y} = 2\omega\cos\lambda(gt - v_0) \tag{2}$$

$$\ddot{z} = -g \tag{3}$$

由(3)式求出落地时间 $t = \dfrac{2v_0}{g}$，由(2)式求出 $y = -\dfrac{4}{3}\sqrt{\dfrac{8h^3}{g}}\omega\cos\lambda$，$y$ 取负值，说明落地时偏西(北半球).

§4.5 补充习题及提示

4.1 半径为 R 的记录器滚筒绕水平固定轴以角速度 $\boldsymbol{\omega}$ 转动．记录器笔尖 P 在与固定轴等高的水平线上，以速度 $\boldsymbol{v}_0$ 运动，如 BX4.1－1 图所示．求笔尖 P 相对滚筒的速率．(先以地为 S

系，再以滚筒为 S 系，分别用两种方法求解．）

提示　以地为 S 系，滚筒为 S′系．如 BX4.1－2 图(1)所示，

$$\boldsymbol{v}' = \boldsymbol{v} - \boldsymbol{v}_t = \boldsymbol{v}_0 - \boldsymbol{v}_t$$

因 $v_t = \omega R$，所以 $v' = \sqrt{v_0^2 + \omega^2 R^2}$．

以滚筒为 S 系，地为 S′系．如 BX4.1－2 图(2)所示，

$$\boldsymbol{v} = \boldsymbol{v}' + \boldsymbol{v}_t = \boldsymbol{v}_0 + \boldsymbol{v}_t$$

因 $v_t = \omega R$，所以 $v = \sqrt{v_0^2 + \omega^2 R^2}$．

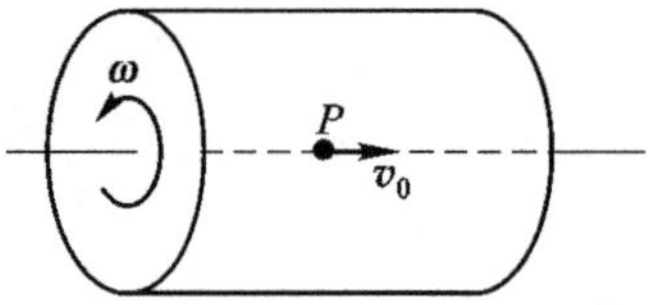

BX4.1－1 图

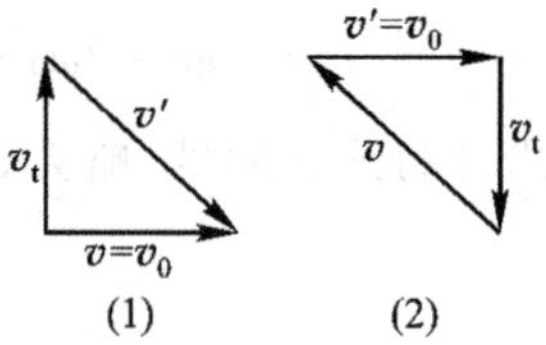

BX4.1－2 图

评述　把问题中涉及的两个参考系中的哪一个作为静止系，哪一个作为运动系，原则上是任意的．S 系和 S′系选法不同，则绝对速度、相对速度和牵连速度不同，但结果是等价的．一般情况下，常将地面作为 S 系．

4.2　如 BX4.2 图所示，瓦特节速器的 4 根连杆长度均为 l，4 根杆和 2 个小球 P 所在平面绕竖直轴转动的规律为 $\varphi = \varphi(t)$，连杆与转轴间夹角的变化规律为 $\theta = \theta(t)$．试求其中一个小球相对地面的加速度．

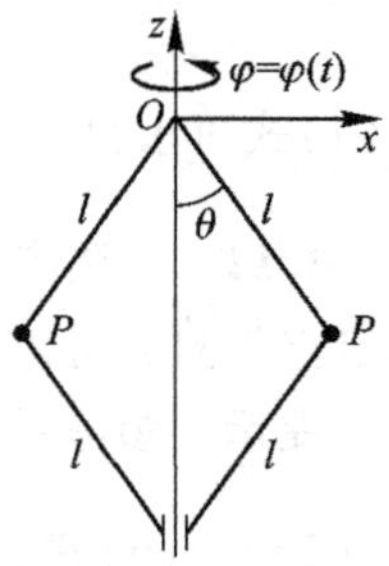

BX4.2 图

提示　以地面为 S 系，建立运动 $Oxyz$ 为 S′系，4 根杆和 2 个小球在 Oxz 平面内，如图所示．S′系角速度 $\boldsymbol{\omega} = \dot{\varphi}\boldsymbol{k}$.

$$\boldsymbol{r}' = l\sin\theta\boldsymbol{i} - l\cos\theta\boldsymbol{k}, \quad \boldsymbol{v}' = l\dot{\theta}\cos\theta\boldsymbol{i} + l\dot{\theta}\sin\theta\boldsymbol{k}$$

$$\boldsymbol{a}' = (l\ddot{\theta}\cos\theta - l\dot{\theta}^2\sin\theta)\boldsymbol{i} + (l\ddot{\theta}\sin\theta + l\dot{\theta}^2\cos\theta)\boldsymbol{k}$$

$$\boldsymbol{a}_t = \dot{\varphi}\boldsymbol{k} \times (\dot{\varphi}\boldsymbol{k} \times \boldsymbol{r}') + \ddot{\varphi}\boldsymbol{k} \times \boldsymbol{r}' = -l\dot{\varphi}^2\sin\theta\boldsymbol{i} + l\ddot{\varphi}\sin\theta\boldsymbol{j}$$

$$\boldsymbol{a}_C = 2\dot{\varphi}\boldsymbol{k} \times \boldsymbol{v}' = 2l\dot{\theta}\dot{\varphi}\cos\theta\boldsymbol{j}$$

$$\boldsymbol{a} = \boldsymbol{a}' + \boldsymbol{a}_t + \boldsymbol{a}_C = (l\ddot{\theta}\cos\theta - l\dot{\theta}^2\sin\theta - l\dot{\varphi}^2\sin\theta)\boldsymbol{i} +$$

$$(l\ddot{\varphi}\sin\theta + 2l\dot{\theta}\dot{\varphi}\cos\theta)\boldsymbol{j} + (l\ddot{\theta}\sin\theta + l\dot{\theta}^2\cos\theta)\boldsymbol{k}$$

4.3　半径为 R 的车轮在竖直平面内沿一直线轨道做无滑滚动，已知轮心的速率为常量 v. 轮缘上有一质点以与轮心速率相等的速率 v，相对车轮沿轮缘顺着车轮滚动方向运动．求：(1) 质点相对车轮的加速度；(2) 质点相对地面的加速度．

提示　以地面为静止 S 系，车轮为运动 S′系．以指向轮心方向为 $\boldsymbol{e}_n$ 的方向，沿轮缘切线指向质点运动前方为 $\boldsymbol{e}_t$ 的方向，如 BX4.3 图所示．则 $\boldsymbol{v}' = v\boldsymbol{e}_t, \omega = \dfrac{v}{R}$，所以

$$a' = \frac{v^2}{R}e_n$$

$$a = a' + \omega \times (\omega \times r') + 2\omega \times v'$$

$$= \frac{v^2}{R}e_n + \omega^2 R e_n + 2\omega v e_n = \frac{4v^2}{R}e_n$$

4.4 半径为 R 的圆环绕过环心 O 的竖直轴以匀角速度 $\boldsymbol{\omega}$ 转动,有一质量为 m 的小环套在此圆环上,并可在其上无摩擦地滑动. 初始时小环和 O 点连线与竖直轴夹角为 θ_0,相对圆环静止,如 BX4.4 图所示. 试求小环相对圆环的角速度以及圆环对小环的约束力.

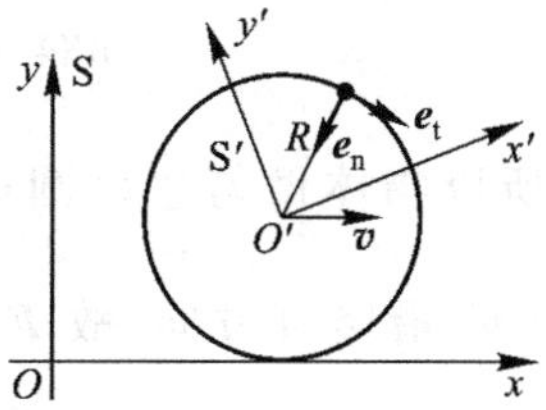

BX4.3 图

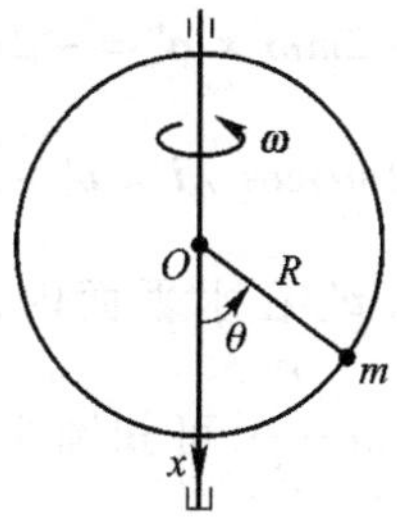

BX4.4 图

提示 以圆环为非惯性参考系,以环心为原点 O,Ox 轴竖直向下,Oz 轴与环面垂直建立柱坐标系. 小环受力:

$$m\boldsymbol{g} = mg\cos\theta \boldsymbol{e}_r - mg\sin\theta \boldsymbol{e}_\theta, \quad \boldsymbol{F}_N = F_{Nr}\boldsymbol{e}_r + F_{Nz}\boldsymbol{k}$$

$$\boldsymbol{F}_t = m\omega^2 R\sin^2\theta \boldsymbol{e}_r + m\omega^2 R\sin\theta\cos\theta \boldsymbol{e}_\theta, \boldsymbol{F}_C = 2m\omega R\dot{\theta}\cos\theta \boldsymbol{k}$$

小环的运动微分方程为:

$$-mR\dot{\theta}^2 = mg\cos\theta + F_{Nr} + m\omega^2 R\sin^2\theta \tag{1}$$

$$mR\ddot{\theta} = -mg\sin\theta + m\omega^2 R\sin\theta\cos\theta \tag{2}$$

$$0 = F_{Nz} + 2m\omega R\dot{\theta}\cos\theta \tag{3}$$

由(2)式作变换 $\ddot{\theta} = \dot{\theta}\dfrac{d\dot{\theta}}{d\theta}$可求出

$$R\dot{\theta}\frac{d\dot{\theta}}{d\theta} = -g\sin\theta + \omega^2 R\sin\theta\cos\theta$$

$$\int_0^{\dot{\theta}} R\dot{\theta}d\dot{\theta} = \int_{\theta_0}^{\theta}(-g\sin\theta + \omega^2 R\sin\theta\cos\theta)d\theta$$

$$\dot{\theta} = \pm\left[\frac{2g}{R}(\cos\theta - \cos\theta_0) + \omega^2(\sin^2\theta - \sin^2\theta_0)\right]^{\frac{1}{2}}$$

代入(1)式、(3)式可求出

$$F_{Nr} = -mg(3\cos\theta - 2\cos\theta_0) - m\omega^2 R(2\sin^2\theta - \sin^2\theta_0)$$

$$F_{Nz}=\mp 2m\omega R\cos\theta\left[\frac{2g}{R}(\cos\theta-\cos\theta_0)+\omega^2(\sin^2\theta-\sin^2\theta_0)\right]^{\frac{1}{2}}$$

4.5　给放置在光滑水平面上的物体一个水平初速度，考虑地球自转，证明该物体运动轨迹是一个圆，并求出圆半径及物体所受水平面的支持力．

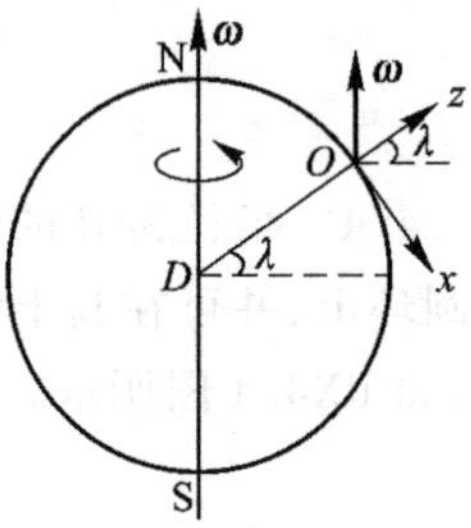

BX4.5 图

提示　以地面为(非惯性)参考系，建立坐标系 $Oxyz$，以物体出发点为原点 O，Ox 指向正南，Oy 指向正东，Oz 轴竖直向上，如 BX4.5 图所示．物体受重力 $m\boldsymbol{g}$ 和地面支撑力 $\boldsymbol{F}_N$ 沿竖直方向，科里奥利力 $\boldsymbol{F}_C$ 与速度垂直，故物体做匀速运动，相对水平速度的大小 v'_- 不变．由于

$$\boldsymbol{F}_C=-2m\boldsymbol{\omega}\times\boldsymbol{v}'_-=-2m(-\omega\cos\lambda\boldsymbol{i}+\omega\sin\lambda\boldsymbol{k})\times\boldsymbol{v}'_-$$

$$=2m\omega\cos\lambda\boldsymbol{i}\times\boldsymbol{v}'_--2m\omega\sin\lambda\boldsymbol{k}\times\boldsymbol{v}'_-$$

$-2m\omega\sin\lambda\boldsymbol{k}\times\boldsymbol{v}'_-$ 在水平面内，即为向心力，其大小不变，所以物体做匀速率圆周运动．由 $2m\omega v'_-\sin\lambda=m\dfrac{v'^2_-}{R}$，可知圆半径 $R=\dfrac{v'_-}{2\omega\sin\lambda}$．$2m\omega\cos\lambda\boldsymbol{i}\times\boldsymbol{v}'_-$ 沿竖直方向，故 $\boldsymbol{F}_N=-m\boldsymbol{g}-2m\omega\cos\lambda\boldsymbol{i}\times\boldsymbol{v}'_-$．

第五章　分析力学

§5.1　补充思考题及提示

一、补充思考题

5.1　一质点的约束方程是 $x\dot{x}+y\dot{y}+z\dot{z}=0$，问质点受到的约束是否是完整约束？

5.2　在水平冰面上滑行的（装在冰鞋上的）冰刀，见 BS5.2 图．冰面对冰刀横向运动的限制使冰刀质心的速度只能沿着冰刀的纵向，问冰刀受到的约束是否是完整约束？

5.3　如 BS5.3 图所示，杆 AB 的长度为 l，其 A 端可沿光滑水平 Ox 轴滑动，在下面的两种情况中，杆所受约束是否稳定？杆的自由度为多少？

（1）A 端按指定规律 $OA=a\sin\omega t$ 运动；（2）A 端运动并未预先给定．

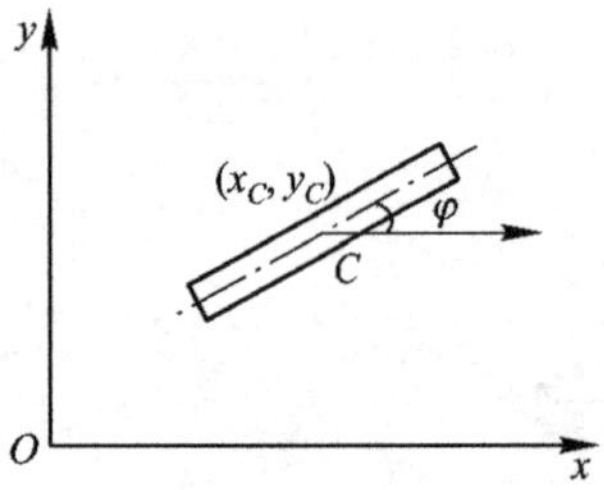

BS5.2 图

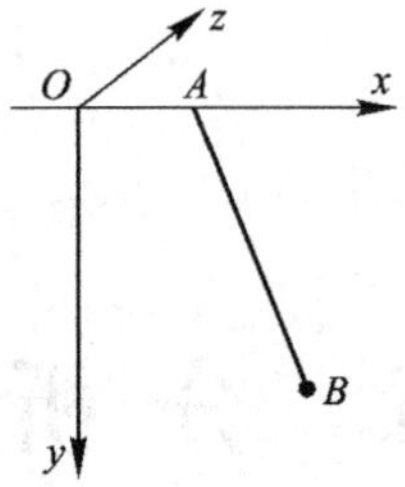

BS5.3 图

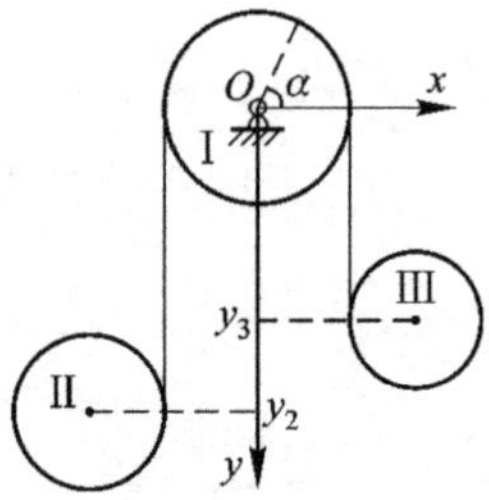

BS5.4 图

5.4　一根不可伸长的细绳跨过定滑轮Ⅰ，绳的两端分别缠绕在滑轮Ⅱ和Ⅲ上，滑轮Ⅱ和Ⅲ可自由地沿绳无滑竖直滚下，如 BS5.4 图所示．以 3 个滑轮和绳作为一个力学系统，请判断系统的自由度并选择广义坐标．

5.5　虚位移和实位移的主要区别是什么？

5.6　有 1 和 2 两个质点，受到大小相等、方向相反、并在同一直线上的约束力 $\boldsymbol{F}_{r1}$ 和 $\boldsymbol{F}_{r2}$ 的作用，问在何种条件下，约束力 $\boldsymbol{F}_{r1}$ 和 $\boldsymbol{F}_{r2}$ 的虚功之和为零？举例说明.

5.7　竖直面内的圆轮在固定水平面上做无滑滚动，圆轮受理想约束．如果竖直面内的圆轮在水平平板上做无滑滚动，平板又可以在光滑的固定水平面上沿圆轮运动方向滑动．对两种情况：（1）平板的滑动规律是给定的；（2）平板的滑动没有预先给以限制．试分析圆轮是否受到理想约束？如果以平板和圆轮作为一个力学系统，该系统是否受到理想约束？

5.8　在达朗贝尔（达朗伯）原理中的 $-m_i\ddot{\boldsymbol{r}}_i$ 和非惯性系内质点受到的惯性力一样吗？

5.9　在保守系的拉格朗日方程中，广义动量积分（循环积分）表述为：如果拉格朗日函数 L 不显含某个广义坐标 q_α，即 $\dfrac{\partial L}{\partial q_\alpha}=0$，则与该广义坐标 q_α 对应的广义动量守恒，$p_\alpha=$常量．广义能量积分（能量积分）应如何表述？

5.10　什么情况下，广义能量 $H=\sum p_\alpha\dot{q}_\alpha-L$ 为系统的机械能？

5.11　在拉格朗日方程和哈密顿正则方程中，$H=\sum\limits_{\alpha=1}^{s}p_\alpha\dot{q}_\alpha-L$ 有何不同？

5.12 在哈密顿原理中，与真实运动能相互比较的可能运动，必须具备哪些共同特征？

二、补充思考题提示

5.1 提示 约束方程可积分，变成 $x^2+y^2+z^2=C$，所以约束属于完整约束．

5.2 提示 冰面对冰刀质心运动方向限制的约束方程为

$$\frac{\dot{x}_C}{\dot{y}_C}=\cot\varphi \quad \text{或} \quad \mathrm{d}x_C=\cot\varphi\mathrm{d}y_C$$

由于 φ 与 y_C 的函数关系不能确定，所以不可积分，冰刀受到非完整约束．

5.3 提示 情况(1)的约束方程为

$$x_A=a\sin\omega t,\quad y_A=0,\quad z_A=0$$

$$(x_A-x_B)^2+(y_A-y_B)^2+(z_A-z_B)^2=l^2$$

杆受非稳定约束，杆的自由度 $s=6-4=2$．

情况(2)的约束方程为

$$y_A=0,\quad z_A=0,\quad (x_A-x_B)^2+(y_A-y_B)^2+(z_A-z_B)^2=l^2$$

杆受稳定约束，杆的自由度 $s=6-3=3$．

5.4 提示 确定定滑轮Ⅰ转过的角度 α，即可确定定滑轮Ⅰ，从而确定细绳的位置；再确定滑轮Ⅱ和Ⅲ的轮心纵坐标 y_2 和 y_3，则可确定体系的位置．因此可以用 α、y_2 和 y_3 为广义坐标，系统自由度 $s=3$．

评述 用分析力学方法研究问题时，一般首先要确定系统的自由度并选取广义坐标．对于由 n 个质点构成的系统，$s=3n-k$，k 为系统所受完整约束的个数．

确定系统自由度一般有两种方式：(1) 写出系统所受约束的约束方程，用 $s=3n-k$ 求出系统自由度，如补充思考题 5.3；(2) 分析系统的运动，找出互相独立的、可以完全确定系统位置的坐标为系统的广义坐标，广义坐标的个数即为系统的自由度，如补充思考题 5.4. 第二种方法较为便捷，当有疑虑时可再用第一种方法作校验．

5.5 提示 质点的真实运动要满足约束方程、动力学方程和初始条件．质点在真实运动中的位移称为实位移，它由真实运动产生，与一定的时间间隔相对应．在 $\mathrm{d}t$ 时间内，实位移只有一个．在直角坐标中 $\mathrm{d}\boldsymbol{r}=\mathrm{d}x\boldsymbol{i}+\mathrm{d}y\boldsymbol{j}+\mathrm{d}z\boldsymbol{k}$.

质点在满足当时约束条件下的一切可能的无限小位移，称为该时刻质点的虚位移．在直角坐标中 $\delta\boldsymbol{r}=\delta x\boldsymbol{i}+\delta y\boldsymbol{j}+\delta z\boldsymbol{k}$：

(1) 虚位移由质点当时所处位置和约束条件确定，与质点真实运动无关；

(2) 虚位移与时间无关，是在当时约束条件下的可能位移；

(3) 虚位移是假想的，同一时刻可以有多个、甚至无穷多个虚位移；

(4) 虚位移是无穷小位移，作泰勒展开时可略去 δx、δy 和 δz 的二次以上高阶项．

5.6 提示 参见 BST5.6 图，约束力 $\boldsymbol{F}_{\mathrm{r1}}$ 和 $\boldsymbol{F}_{\mathrm{r2}}$ 的虚功之和为

$$\begin{aligned}\boldsymbol{F}_{\mathrm{r1}}\cdot\delta\boldsymbol{r}_1+\boldsymbol{F}_{\mathrm{r2}}\cdot\delta\boldsymbol{r}_2&=\boldsymbol{F}_{\mathrm{r1}}\cdot(\delta\boldsymbol{r}_1-\delta\boldsymbol{r}_2)=\boldsymbol{F}_{\mathrm{r1}}\cdot\delta(\boldsymbol{r}_1-\boldsymbol{r}_2)\\&=\boldsymbol{F}_{\mathrm{r1}}\cdot\delta\boldsymbol{r}_{12}=-F_{\mathrm{r1}}\boldsymbol{e}_{12}\cdot\delta(r_{12}\boldsymbol{e}_{12})\end{aligned}$$

$= -F_{r1}\boldsymbol{e}_{12}\cdot[(\delta r_{12})\boldsymbol{e}_{12}+r_{12}\delta\boldsymbol{e}_{12}] = -F_{r1}\delta r_{12}$

（若 $\boldsymbol{F}_{r1}$ 和 $\boldsymbol{F}_{r2}$ 为斥力，则 $\boldsymbol{F}_{r1}\cdot\delta\boldsymbol{r}_1+\boldsymbol{F}_{r2}\cdot\delta\boldsymbol{r}_2 = F_{r1}\delta r_{12}$.）

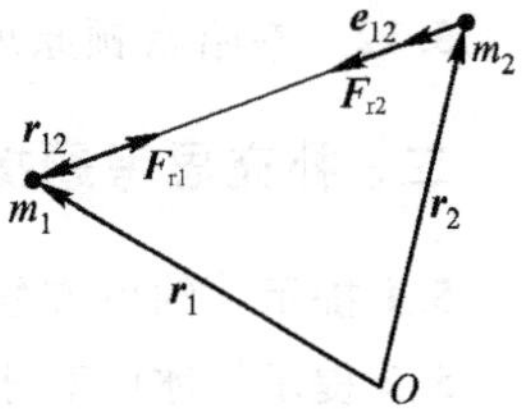

BST5.6 图

所以 $\boldsymbol{F}_{r1}$和 $\boldsymbol{F}_{r2}$的虚功之和为零的条件为：(1) $\delta\boldsymbol{r}_{12}=0$，即两个质点无相对虚位移，如刚体在另一个固定刚体上无滑滚动时，两个刚体接触点处的一对约束力．(2) $\boldsymbol{F}_{r1}\perp\delta\boldsymbol{r}_{12}$，即两质点相对虚位移与约束力垂直，如光滑轴承的轴承与轴的接触点处的一对约束力．(3) $\mathrm{d}r_{12}=0$，即两质点间距离不变，如刚性连接的两个质点．

5.7 提示　(1) 圆轮与平板的接触点相对固定平面的绝对虚位移 $\delta\boldsymbol{r}=\delta\boldsymbol{r}'+\delta\boldsymbol{r}_t$，其中 $\delta\boldsymbol{r}'$为圆轮与平板的接触点相对平板的相对虚位移，$\delta\boldsymbol{r}_t$ 为牵连虚位移．由于已知平板的运动规律，计算虚位移时时间不变，所以计算虚位移时平板不动，因此 $\delta\boldsymbol{r}_t=0$. 又因圆轮在平板上做无滑滚动，故 $\delta\boldsymbol{r}'=0$. 于是 $\delta\boldsymbol{r}=0$，圆轮所受约束力的虚功之和 $\boldsymbol{F}_N\cdot\delta\boldsymbol{r}+\boldsymbol{F}_f\cdot\delta\boldsymbol{r}=0$，圆轮受理想约束．

(2) 由于平板的运动规律没有预先给定，可以在水平面上滑动，所以 $\delta\boldsymbol{r}_t\neq\boldsymbol{0}$，虽然 $\delta\boldsymbol{r}'=\boldsymbol{0}$，但 $\delta\boldsymbol{r}\neq\boldsymbol{0}$，所以 $\boldsymbol{F}_N\cdot\delta\boldsymbol{r}+\boldsymbol{F}_f\cdot\delta\boldsymbol{r}=\boldsymbol{F}_f\cdot\delta\boldsymbol{r}_t\neq 0$，因此圆轮受非理想约束．

如果以圆轮和平板作为一个系统，两种情况中约束力的虚功之和均为零（参见补充思考题 5.6），系统受理想约束．

5.8 提示　非惯性系内质点受到的惯性力是在非惯性系中可以测量的“真实力”，在广义相对论中惯性力与引力等价．

在达朗贝尔原理的 $-m_i\ddot{\boldsymbol{r}}_i$ 中 $\ddot{\boldsymbol{r}}_i$ 是质点本身的加速度（不同质点的 $\ddot{\boldsymbol{r}}_i$ 不同），不是参考系的加速度，是“假想的”惯性力．

5.9 提示　用 $\dot{q}_\alpha$ 与 $\dfrac{\mathrm{d}}{\mathrm{d}t}\dfrac{\partial L}{\partial\dot{q}_\alpha}-\dfrac{\partial L}{\partial q_\alpha}=0$ 的两端相乘，再将 s 个方程相加，得

$$\sum\left(\frac{\mathrm{d}}{\mathrm{d}t}\frac{\partial L}{\partial\dot{q}_\alpha}\right)\dot{q}_\alpha-\sum\frac{\partial L}{\partial q_\alpha}\dot{q}_\alpha=0$$

因 $\sum\left(\dfrac{\mathrm{d}}{\mathrm{d}t}\dfrac{\partial L}{\partial\dot{q}_\alpha}\right)\dot{q}_\alpha=\sum\dfrac{\mathrm{d}}{\mathrm{d}t}\left(\dfrac{\partial L}{\partial\dot{q}_\alpha}\dot{q}_\alpha\right)-\sum\dfrac{\partial L}{\partial\dot{q}_\alpha}\ddot{q}_\alpha$，交换 $\sum$ 和 $\dfrac{\mathrm{d}}{\mathrm{d}t}$，代入上式得

$$\frac{\mathrm{d}}{\mathrm{d}t}\sum\frac{\partial L}{\partial\dot{q}_\alpha}\dot{q}_\alpha-\sum\frac{\partial L}{\partial q_\alpha}\dot{q}_\alpha-\sum\frac{\partial L}{\partial\dot{q}_\alpha}\ddot{q}_\alpha=0$$

因 $\dfrac{\mathrm{d}L}{\mathrm{d}t}=\sum\dfrac{\partial L}{\partial q_\alpha}\dot{q}_\alpha+\sum\dfrac{\partial L}{\partial\dot{q}_\alpha}\ddot{q}_\alpha+\dfrac{\partial L}{\partial t}$，故上式后两项为 $-\dfrac{\mathrm{d}L}{\mathrm{d}t}+\dfrac{\partial L}{\partial t}$，于是可得

$$\frac{\mathrm{d}}{\mathrm{d}t}\left(\sum\frac{\partial L}{\partial\dot{q}_\alpha}\dot{q}_\alpha-L\right)=\frac{\mathrm{d}}{\mathrm{d}t}\left(\sum p_\alpha\dot{q}_\alpha-L\right)=-\frac{\partial L}{\partial t}$$

定义广义能量 $H=\sum p_\alpha\dot{q}_\alpha-L$，则$\dfrac{\mathrm{d}H}{\mathrm{d}t}=-\dfrac{\partial L}{\partial t}$. 所以广义能量积分表述为：

若 L 不显含时间 t，即$\dfrac{\partial L}{\partial t}=0$，则$\dfrac{\mathrm{d}H}{\mathrm{d}t}=0$，即 $H=$常量．

广义能量 $H=T_2-T_0+V$,用此式计算广义能量较为便捷,此式也说明,在一般情况下广义能量不等于系统的机械能.

5.10 提示 当坐标变换方程 $\boldsymbol{r}_i=\boldsymbol{r}_i(q_1,q_2,\cdots,q_s,t)$ 中不显含时间 t,即$\dfrac{\partial \boldsymbol{r}_i}{\partial t}=\boldsymbol{0}$,则 $T=T_2$,即系统动能为广义速度的二次齐次式($T_0=0$),广义能量即为系统的机械能,$H=T_2-T_0+V=T_2+V=T+V$.

评述 "系统受稳定约束,则$\dfrac{\partial \boldsymbol{r}_i}{\partial t}=\boldsymbol{0}$,则 $T=T_2$."此说法不够严谨.

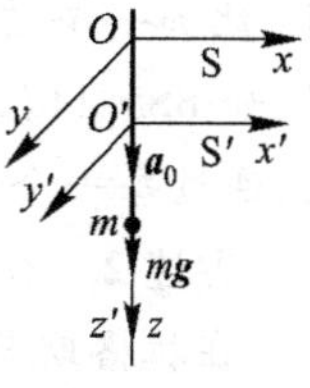

BST5.10 图

现举一个极简单的例子加以说明:如 BST5.10 图所示,质量为 m 的小环受重力 $m\boldsymbol{g}$,可沿光滑竖直钢丝滑动.惯性系 S 的 Oz 轴沿钢丝.非惯性系 S′的 $O'z'$轴也沿钢丝,S′系相对 S 系以匀加速度 $\boldsymbol{a}_0$ 沿 Oz 方向平动.小环自由度 $s=1$,受稳定约束,但如果以非惯性系的坐标 z'为广义坐标,则

$$T=\frac{1}{2}m(\dot{z}'+v_0+a_0t)^2=\frac{1}{2}m\dot{z}'^2+m\dot{z}'(v_0+a_0t)+\frac{1}{2}m(v_0+a_0t)^2$$

$$=T_2+T_1+T_0\neq T_2$$

可见是否 $T=T_2$ 与系统所受约束和广义坐标的选取有关,受稳定约束,并不能确定 $T=T_2$.

把$\dfrac{\partial \boldsymbol{r}_i}{\partial t}=\boldsymbol{0}$ 作为 $T=T_2$ 成立的条件较为适当.但实际上,条件$\dfrac{\partial \boldsymbol{r}_i}{\partial t}=\boldsymbol{0}$ 是否成立很难检验,而且也无需检验.因为用拉格朗日方程解决问题就必须先写出系统相对惯性系的动能 T,写出 T 以后观察一下就可以知道 T 是不是等于 T_2 了.

继续讨论上面的例子:以 O 为重力势能零点,则

$$L=\frac{1}{2}m\dot{z}'^2+m\dot{z}'(v_0+a_0t)+\frac{1}{2}m(v_0+a_0t)^2+mg\left(z'+z_0+v_0t+\frac{1}{2}a_0t^2\right)$$

代入保守系的拉格朗日方程$\dfrac{\mathrm{d}}{\mathrm{d}t}\dfrac{\partial L}{\partial \dot{q}_\alpha}-\dfrac{\partial L}{\partial q_\alpha}=0$,可得 $m\ddot{z}'+ma_0-mg=0$,即

$$m\ddot{z}'=-ma_0+mg$$

由此可以看到一个重要的结果:$L=T-V$ 总是相对惯性系写出的,但如果以非惯性系的坐标为广义坐标,则由拉格朗日方程得到的是系统相对非惯性系的动力学方程!这个结果也说明了拉格朗日方程的一个优势:具有极大的概括性.

5.11 提示 在拉格朗日方程中,$H=\sum\limits_{\alpha=1}^{s}p_\alpha\dot{q}_\alpha-L=H(q_\alpha,\dot{q}_\alpha,t)$ 为广义能量,是广义坐标 q_α、广义速度 $\dot{q}_\alpha$ 和时间 t 的函数;位形空间中的特征函数是拉格朗日函数 L.

在正则方程中,$H=\sum\limits_{\alpha=1}^{s}p_\alpha\dot{q}_\alpha-L=H(q_\alpha,p_\alpha,t)$ 为哈密顿函数,是广义坐标 q_α、广义动量 p_α 和时间 t 的函数;哈密顿函数是相空间中的特征函数.

评述 1　位形空间是由 s 个广义坐标 $q_1,q_2,\cdots,q_s$ 构成的 s 维正交空间．比如一个质点被约束在一个曲面上运动，自由度 $s=2$，其位形空间是 q_1 和 q_2 构成的 2 维正交空间，如 BST5. 11(1)图所示．系统的一组 q_1、q_2 对应系统的一个位形，对应位形空间中的一个位形点；位形点在位形空间中的运动不受限制，可以向任意方向运动．

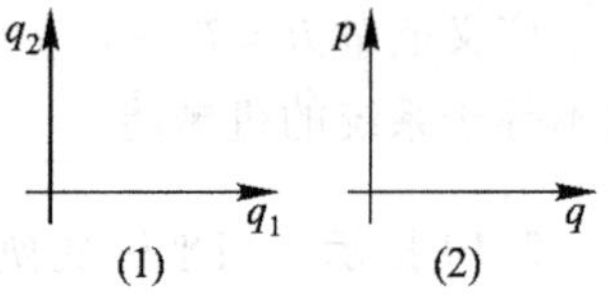

BST5. 11 图

相空间是由 s 个广义坐标 $q_1,q_2,\cdots,q_s$ 和 s 个广义动量 $p_1,p_2,\cdots,p_s$ 所构成的 $2s$ 维正交空间．比如一个质点被约束在一条曲线上运动，自由度 $s=1$，其相空间是 q 和 p 构成的 2 维正交空间，如 BS5. 11(2)图所示．相空间中的一个相点对应系统的一个运动状态，相点运动形成相轨迹，通过每一个相点都有唯一的一条相轨迹．

评述 2　分析力学中要特别关注函数中含有哪些变量．

在拉格朗日方程中，比如对于 $L=T-V=L(q_\alpha,\dot{q}_\alpha,t)$，不但要注意它的物理意义是系统的动能与势能之差，还要关注它必须是 q_α、$\dot{q}_\alpha$ 和 t 的函数，除去 q_α、$\dot{q}_\alpha$ 和 t 以外不可以有其他的变量．拉格朗日函数 L 是位形空间中的特征函数，广义坐标 $q_1,q_2,\cdots,q_s$ 是 s 个独立变量，广义速度 $\dot{q}_\alpha=\dfrac{\mathrm{d}q_\alpha}{\mathrm{d}t}$不是独立变量．拉格朗日方程是在位形空间中研究系统运动的动力学方程．

在正则方程中，比如对于 $H=T_2-T_0+V=H(q_\alpha,p_\alpha,t)$，不但要注意它的物理结构是否正确，还要关注它必须是 q_α、p_α 和 t 的函数，除去 q_α、p_α 和 t 以外不可以有其他变量(比如 $\dot{q}_\alpha$)．哈密顿函数 H 是相空间中的特征函数，广义坐标 $q_1,q_2,\cdots,q_s$ 和广义动量 $p_1,p_2,\cdots,p_s$ 是 $2s$ 个独立变量．正则方程是在相空间中研究系统运动的动力学方程．

不必追究“q_α 和 p_α 到底是不是独立的”，是在位形空间中研究问题还是在相空间中研究问题是研究者自己决定的，在不同的空间中研究问题的视角不同．

5.12 提示　在哈密顿原理中，一切可能运动必须具有以下共同的特点：(1) 这些运动都是同一系统在相同的约束条件下的可能运动；(2) 这些可能运动都是在时刻 t_1 和时刻 t_2 之间相同时间间隔内完成的运动；(3) 这些可能运动有相同的起点和终点．

评述　$\delta\int_{t_1}^{t_2}L(q_\alpha,\dot{q}_\alpha,t)\,\mathrm{d}t=0$ 是位形空间中的哈密顿原理的数学表达式，$q_1,q_2,\cdots,q_s$ 是 s 个独立变量，要求可能运动在位形空间中有相同的起点和终点．在位形空间中任取“起点”和“终点”，总可以在“起点”选择合适的初速度使真实轨道通过“终点”，所以总有真实轨道通过位形空间中的任意的“起点”和“终点”．

$\delta\int_{t_1}^{t_2}\left[\sum p_\alpha\dot{q}_\alpha-H(q_\alpha,p_\alpha,t)\right]\mathrm{d}t=0$ 是相空间中的哈密顿原理的数学表达式，$q_1,q_2,\cdots,q_s$ 和 $p_1,p_2,\cdots,p_s$ 是 $2s$ 个独立变量，要求可能运动在相空间中有相同的起点和终点．在相空间中，通过每一个相点都有唯一的一条相轨迹，所以相同的“起点”和“终点”必须是真实相轨迹上的两点．

§5.2　主教材思考题提示

5.1　虚功原理中的“虚功”二字做何解释？用虚功原理解平衡问题，有何优点及缺点？

提示 虚功和实功的区别：实功是力在受力质点的实位移中所做的真实的功，伴随有功能转化过程．虚功是力与受力质点的虚位移的标积，具有功的量纲，但没有功能转化过程与之联系；虚位移可以有多种可能，虚功也可以有多种可能，可以与真实运动没有关系．

虚功原理的意义：(1) 是分析静力学的基本原理，可以解决各类系统（质点、质点系和刚体等）的静力学问题．

(2) 不从力的角度，而是从功的角度研究静力学问题；不是通过静止的观点解决静平衡问题，而是通过虚功这个动态概念去研究静平衡问题，虚功原理为研究各类静平衡问题提供了统一的观点和方法．

(3) 为研究受多个约束的复杂系统的静力学问题提供了简单的方法．对受理想约束的系统，约束力不在虚功原理中出现，简化了求解过程．系统受约束越多，自由度越少，广义平衡方程的数目越少，使计算得以简化．

(4) 虚功原理推广到分析动力学中，与达朗贝尔（达朗伯）原理结合，可以导出拉格朗日方程.

虚功原理的缺点：(1) 仅适用于受理想约束的系统，不能直接求出约束力．

(2) 对简单的、受约束少的系统不一定有优势，还可能比用牛顿力学方法更复杂．

对虚功原理的缺点(1)，可以用释放约束、把约束力作为主动力看待的方法，使系统所受约束（除去释放了的约束）为理想约束，求出约束力．

5.2 为什么在拉格朗日方程中，Q_α 不包含约束力？又广义坐标有何特点？我们根据什么关系可以从广义坐标的量纲定出广义力的量纲？

提示 拉格朗日方程适用于受理想约束的系统，约束力不在方程中出现．

广义坐标的特点：(1) 彼此独立．

(2) 能唯一确定系统的位置．

(3) 选取范围广泛，可以是线量，也可以是角量，还可以是其他物理量．

(4) 系统广义坐标的数目不变，等于确定系统位置的最小变量数，但广义坐标的选取可以有多种选择．

由于广义力与对应的广义坐标的乘积 $Q_\alpha q_\alpha$ 为功的量纲，所以广义力的量纲由下式决定

$$[\text{广义力}] = \frac{[\text{功}]}{[\text{广义坐标}]}$$

比如：当广义坐标的量纲为长度，则广义力的量纲为力的量纲；当广义坐标为角度，量纲为 1，则广义力的量纲为力矩（功）的量纲．

5.3 广义动量 p_α 和广义速度 $\dot{q}_\alpha$ 是不是只相差一个乘数 m？为什么 p_α 比 $\dot{q}_\alpha$ 更富有物理意义？

提示 广义坐标、广义速度和广义动量都有更广的含义，p_α 与 $\dot{q}_\alpha$ 不一定仅差一个乘数 m.

p_α 是一个动力学量，$\dot{q}_\alpha$ 仅是一个运动学量，p_α 更重要些．p_α 是一个正则变量，可以由 q_α 和 p_α 构成相空间，在量子力学中广义动量才对应好量子数等．在基础力学中，p_α 比 $\dot{q}_\alpha$ 更富物理意义并不明显，比如在普物力学中就用 x 和 $\dot{x}$ 构成“相空间”，当然这个“相空间”严格说应称为广义相空间．

5.4 既然$\frac{\partial T}{\partial \dot{q}_\alpha}$是广义动量,那么根据动量定理,$\frac{\mathrm{d}}{\mathrm{d}t}\left(\frac{\partial T}{\partial \dot{q}_\alpha}\right)$是否应等于广义力$Q_\alpha$?为什么拉格朗日方程(5.3.14)中多出了$\frac{\partial T}{\partial q_\alpha}$项?你能说出它的物理意义和所代表的物理量吗?

提示 广义动量和广义力都有更广的含义,$\frac{\mathrm{d}}{\mathrm{d}t}\frac{\partial T}{\partial \dot{q}_\alpha}-\frac{\partial T}{\partial q_\alpha}=Q_\alpha$,一般$\frac{\mathrm{d}}{\mathrm{d}t}\frac{\partial T}{\partial \dot{q}_\alpha}\neq Q_\alpha$.

评述 笔者认为题目的后两问可以去掉.分析力学中广义坐标、广义速度、广义动量和广义力都有更广的含义.可以给$\frac{\partial T}{\partial q_\alpha}$项起名字,比如称$\frac{\partial T}{\partial q_\alpha}$为拉格朗日力,称$-\frac{\partial T}{\partial q_\alpha}$为广义惯性力等等,但一般性的讨论$\frac{\partial T}{\partial q_\alpha}$项的物理意义和代表的物理量似乎意义不大.

5.5 为什么拉格朗日方程只适用于完整系?如为不完整系,能否由式(5.3.13)得出式(5.3.14)?

评述 设完整系由n个质点组成,受k个完整约束,自由度$s=3n-k$,s个广义坐标q_α相互独立,s个广义坐标的变更δq_α也相互独立.

对于不完整系(非完整系),设系统由n个质点组成,受k个完整约束,l个非完整约束.按自由度的定义,自由度等于系统的独立坐标变更数,$s=3n-k-l$.非完整约束不限制系统的位置,因此系统的独立坐标数仍为$3n-k$.所以对于不完整系,$3n-k$个广义坐标q_α相互独立,而独立的广义坐标变更数为$s=3n-k-l$个,$s<3n-k$,自由度小于独立坐标数.

提示 由(5.3.13)式$\sum\limits_{\alpha=1}^{s}\left[\left(-\frac{\mathrm{d}}{\mathrm{d}t}\frac{\partial T}{\partial \dot{q}_\alpha}+\frac{\partial T}{\partial q_\alpha}+Q_\alpha\right)\delta q_\alpha\right]=0$,因为$\delta q_\alpha$是互相独立的,所以可得(5.3.14)式$\frac{\mathrm{d}}{\mathrm{d}t}\frac{\partial T}{\partial \dot{q}_\alpha}-\frac{\partial T}{\partial q_\alpha}=Q_\alpha$.

对于完整系,δq_α互相独立,可以得到拉格朗日方程.对于不完整系,δq_α互相不完全独立,不能导出拉格朗日方程.所以拉格朗日方程仅适用于完整系.

5.6 平衡位置附近的小振动的性质,由什么来决定?为什么$2s^2$个常量只有$2s$个是独立的?

提示 请读者仔细阅读主教材小振动一节,完成其推算过程.

5.7 什么叫做简正坐标?怎样去找?它的数目和力学体系的自由度之间有何关系?又每一简正坐标将作怎样的运动?

提示 请读者仔细阅读主教材小振动一节,完成其推算过程.

5.8 多自由度力学体系如果还有阻尼力,那么它们在平衡位置附近的运动和无阻尼时有何不同?能否列出它们的运动微分方程?

提示 如果阻尼力是约束力(比如摩擦力),则系统是非理想约束系统,这种情况下,可以把约束力中的阻尼力视为主动力,相应非理想约束化为理想约束,如此才可以使用拉格朗日方程进行讨论.若阻尼力是主动力(比如空气阻力),系统受理想约束,则可以直接进行下一步的工作.

系统受阻尼力,则系统不是保守系统.需要从一般形式的拉格朗日方程开始讨论,

$$\frac{\mathrm{d}}{\mathrm{d}t}\frac{\partial T}{\partial \dot{q}_\alpha}-\frac{\partial T}{\partial q_\alpha}=Q_\alpha \quad (\alpha=1,2,\cdots,s)$$

把主动力中的保守力和阻尼力分开考虑：设系统所受所有保守力的总势能为 V,阻尼力的广义力为 $Q_{阻尼\alpha}$,令 $L=T-V$,一般形式的拉格朗日方程化为

$$\frac{\mathrm{d}}{\mathrm{d}t}\frac{\partial L}{\partial \dot{q}_\alpha}-\frac{\partial L}{\partial q_\alpha}=Q_{阻尼\alpha} \quad (\alpha=1,2,\cdots,s)$$

用上式即可讨论有阻尼力的多自由度小振动问题.

请读者参阅主教材小振动一节,系统在稳定平衡位置附近的动力学方程由无阻尼力的

$$\sum_{\beta=1}^{s}(a_{\alpha\beta}\ddot{q}_\beta+c_{\alpha\beta}q_\beta)=0 \quad (\alpha=1,2,\cdots,s)$$

改变为有阻尼力的

$$\sum_{\beta=1}^{s}(a_{\alpha\beta}\ddot{q}_\beta+c_{\alpha\beta}q_\beta)=Q_{阻尼\alpha} \quad (\alpha=1,2,\cdots,s)$$

5.9 $\mathrm{d}L$ 与 $\mathrm{d}\overline{L}$ 有何区别？$\dfrac{\partial L}{\partial q_\alpha}$与$\dfrac{\partial \overline{L}}{\partial q_\alpha}$有何区别？

提示 参见补充思考题 5.11,$L=L(q_\alpha,\dot{q}_\alpha,t)$是位形空间中的特征函数,即拉格朗日函数.可认为 $\overline{L}=\overline{L}(q_\alpha,p_\alpha,t)$是相空间中的“拉格朗日函数”,但不再是特征函数了.

$$\mathrm{d}L=\sum\frac{\partial L}{\partial q_\alpha}\mathrm{d}q_\alpha+\sum\frac{\partial L}{\partial \dot{q}_\alpha}\mathrm{d}\dot{q}_\alpha+\frac{\partial L}{\partial t}\mathrm{d}t$$

$$\mathrm{d}\overline{L}=\sum\frac{\partial \overline{L}}{\partial q_\alpha}\mathrm{d}q_\alpha+\sum\frac{\partial \overline{L}}{\partial p_\alpha}\mathrm{d}p_\alpha+\frac{\partial \overline{L}}{\partial t}\mathrm{d}t$$

利用 $p_\alpha=\dfrac{\partial L}{\partial \dot{q}_\alpha}(\alpha=1,2,\cdots,s)$,反解出 $\dot{q}_\alpha=\dot{q}_\alpha(q_\alpha,p_\alpha,t)(\alpha=1,2,\cdots,s)$,根据 $\dot{q}_\alpha=\dot{q}_\alpha(q_\alpha,p_\alpha,t)$把 $L=L(q_\alpha,\dot{q}_\alpha,t)$变换为 $\overline{L}=\overline{L}(q_\alpha,p_\alpha,t)$,所以$\dfrac{\partial \overline{L}}{\partial q_\alpha}\neq\dfrac{\partial L}{\partial q_\alpha}$.

5.10 哈密顿正则方程能适用于不完整系吗？为什么？能适用于非保守系吗？为什么？

提示 请读者仔细阅读主教材哈密顿正则方程一节,正则方程是由保守系的拉格朗日方程导出的,所以哈密顿正则方程也仅适用于保守的完整系.

5.11 哈密顿函数在什么情况下是常量？在什么情况下是总能量？试详加讨论,有无是总能量而不为常量的情况？

提示 因为$\dfrac{\mathrm{d}H}{\mathrm{d}t}=\dfrac{\partial H}{\partial t}$,所以若$\dfrac{\partial H}{\partial t}=0$($H$ 中不显含 t),则$\dfrac{\mathrm{d}H}{\mathrm{d}t}=0$,即 $H=$常量.

由于 $H=T_2-T_0+V$,所以若 $T=T_2$(参见补充思考题 5.10),则 $H=T+V$ 为系统机械能.

如果 $T=T_2$ 而 H 中显含 t,则 $H=T+V$ 为系统机械能,但 $H\neq$常量.

5.12 何谓泊松括号与泊松定理？泊松定理在实际上的功用如何？

提示　请读者仔细阅读主教材泊松括号和泊松定理一节．

5.13　哈密顿原理是用什么方法确定运动规律的？为什么变分符号 δ 可置于积分号内也可移到积分号外？又全变分符号 Δ 能否这样？

提示　请读者仔细阅读主教材哈密顿原理一节．

$\int_{t_1}^{t_2} L[q_\alpha(t),\dot{q}_\alpha(t),t]\mathrm{d}t=0$ 不是 t 的函数，它的取值取决于 s 个函数 $q_\alpha(t)$ 的函数形式．所以 $\int_{t_1}^{t_2} L[q_\alpha(t),\dot{q}_\alpha(t),t]\mathrm{d}t=0$ 是 $q_\alpha(t)$ 函数形式的函数，称之为泛函．

δ 为等时变分，即在时间不变 $\delta t=0$ 的条件下，由于处于自变量地位的函数形式的变化而引起的变化．所以 $\int_{t_1}^{t_2} L[q_\alpha(t),\dot{q}_\alpha(t),t]\mathrm{d}t=0$ 的等时变分为

$$\begin{aligned}&\delta\int_{t_1}^{t_2} L[q_\alpha(t),\dot{q}_\alpha(t),t]\mathrm{d}t\\&=\int_{t_1}^{t_2} L[q_\alpha(t)+\delta q_\alpha(t),\dot{q}_\alpha(t)+\delta\dot{q}_\alpha(t),t]\mathrm{d}t-\int_{t_1}^{t_2} L[q_\alpha(t),\dot{q}_\alpha(t),t]\mathrm{d}t\end{aligned}$$

根据定积分的性质，可知

$$\begin{aligned}&\delta\int_{t_1}^{t_2} L[q_\alpha(t),\dot{q}_\alpha(t),t]\mathrm{d}t\\&=\int_{t_1}^{t_2}\{L[q_\alpha(t)+\delta q_\alpha(t),\dot{q}_\alpha(t)+\delta\dot{q}_\alpha(t),t]-L[q_\alpha(t),\dot{q}_\alpha(t),t]\}\mathrm{d}t\\&=\int_{t_1}^{t_2}\delta L[q_\alpha(t),\dot{q}_\alpha(t),t]\mathrm{d}t\end{aligned}$$

可见等时变分算符 δ 和积分算符 $\int_{t_1}^{t_2}$ 的先后次序可以对易．

全变分 Δq_α 是由函数 $q_\alpha(t)$ 的函数形式的变化和函数 $q_\alpha(t)$ 的自变量 t 的变化 Δt 共同引起的变化

$$\Delta q_\alpha=\delta q_\alpha+\frac{\mathrm{d}q_\alpha}{\mathrm{d}t}\Delta t$$

泛函 $\int_{t_1}^{t_2} L[q_\alpha(t),\dot{q}_\alpha(t),t]\mathrm{d}t=0$ 只是 $q_\alpha(t)$ 函数形式的函数，所以

$$\Delta\int_{t_1}^{t_2} L[q_\alpha(t),\dot{q}_\alpha(t),t]\mathrm{d}t=\delta\int_{t_1}^{t_2} L[q_\alpha(t),\dot{q}_\alpha(t),t]\mathrm{d}t=\int_{t_1}^{t_2}\delta L[q_\alpha(t),\dot{q}_\alpha(t),t]\mathrm{d}t$$

而

$$\Delta L[q_\alpha(t),\dot{q}_\alpha(t),t]=\delta L[q_\alpha(t),\dot{q}_\alpha(t),t]+\frac{\mathrm{d}L}{\mathrm{d}t}\Delta t$$

显然 $\Delta\int_{t_1}^{t_2} L[q_\alpha(t),\dot{q}_\alpha(t),t]\mathrm{d}t$ 和 $\int_{t_1}^{t_2}\Delta L[q_\alpha(t),\dot{q}_\alpha(t),t]\mathrm{d}t$ 不相等，所以全变分算符 Δ 和积分算符 $\int_{t_1}^{t_2}$ 的先后次序不可以对易．

5.14　正则变换的目的及功用何在？又正则变换的关键在于何处？

提示　请读者仔细阅读主教材正则变换一节．

5.15　哈密顿－雅可比理论的目的何在？试简述应用此理论解题时所应有的步骤．

提示　请读者仔细阅读主教材哈密顿－雅可比理论一节．

5.16　正则方程(5.5.15)与(5.10.10)式及(5.10.11)式之间的关系如何？我们能否用一正则变换由前者得出后者？

提示　请读者仔细阅读主教材正则变换一节．

5.17　在研究机械运动的力学中,刘维尔定理能否发挥其作用？何故？

提示　刘维尔定理(又称刘维定理)是统计力学的基本原理．在研究机械运动的力学中,刘维尔定理依然可以发挥作用．刘维尔定理可以对由 s 个广义坐标 q_α 所描述的完整系的运动做出描述,参见主教材习题5.42提示．又比如,一维运动的相空间为一个平面(参见补充思考题5.11),研究一维振动时,就经常要用相图来研究其振动规律．对于保守系统,刘维尔定理指出相体积不变(参见主教材习题5.42);对于耗散系统,相体积逐渐减小;所以对有耗散机制的一维振动,相轨迹会被"吸引"在某区域附近而形成吸引子;而对于保守系统,则不会出现吸引子．

5.18　分析力学学完后,请把本章中的方程和原理与牛顿运动定律相比较,并加以评价．

提示　请读者复习全书并总结．

§5.3　补充例题

例题5.1　长为 l 的四根轻杆,用光滑铰链连成菱形 $ABCD$,如BL5.1图所示．AB 和 AD 支于相距 $2a$ 且在同一水平线上的两根钉子上,C 点受竖直恒力 $\boldsymbol{F}$．求平衡时 A 处半顶角 β．

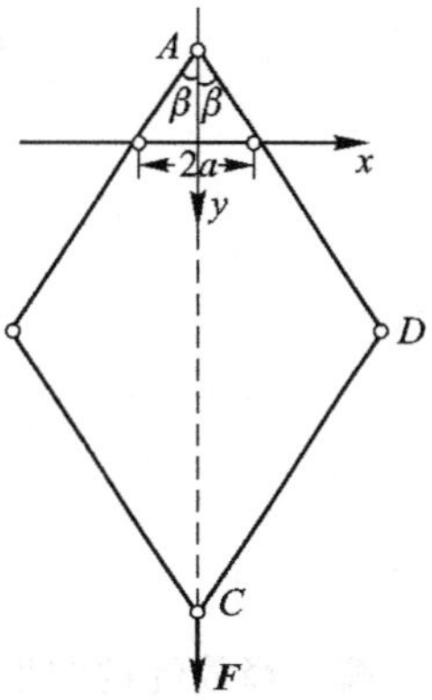

BL5.1 图

解　由对称性可知,AC 沿竖直方向．(因 β 确定则系统位置确定．)$s=1$,以 β 为广义坐标．建立坐标系 Oxy 如图所示(因为 A 点不固定,故不可以过 A 点建立 Ox 轴)．由虚功原理,得

$$\boldsymbol{F}\cdot\delta\boldsymbol{r}_C=F\delta y_C=0 \tag{1}$$

由坐标变换方程 $y_C=2l\cos\beta-a\cot\beta$,求变分得

$$\delta y_C=(-2l\sin\beta+a\csc^2\beta)\delta\beta$$

上式代入虚功原理表达式,得

$$F(-2l\sin\beta+a\csc^2\beta)\delta\beta=0$$

因为 $\delta\beta$ 是任意的,所以

$$-2l\sin\beta+a\csc^2\beta=0$$

因此

$$\sin^3\beta=\frac{a}{2l},\quad 即\ \beta=\arcsin\left(\frac{a}{2l}\right)^{\frac{1}{3}}$$

评述1　对于由 n 个质点、m 个刚体构成的系统,$s=3n+6m-k$,k 为系统所受完整约束的个数．本例题刚体细杆在竖直平面内运动,确定一根刚体细杆的位置需要3个变量,所以 $s=4\times3-k$.

但是要写出全部的约束方程,对读者并非易事,实际上本题是先看用哪几个广义坐标可以唯一地确定系统的位置,从而确定系统的自由度.

读者还需注意,确定系统平衡时必在同一个竖直面内,这并非是约束的限制,而是由牛顿力学的知识,或由对称性断定的.在系统平衡时在同一个竖直面内的基础上,AC 也还可能不沿竖直方向,所以系统的自由度应为2,但由于自由度越少计算越简便,所以进一步根据对称性断定 AC 沿竖直方向(这个结论也不是由于约束的限制得到的),使得最终 $s=1$.

在分析力学中,判断系统自由度是解题的第一步,其中既有必须坚持的原则,又需要灵活处理,读者应细心领悟.

评述 2　对单个刚体的平衡问题,一般用牛顿力学方法较好,虚功原理用于较复杂的多约束系统时较为有利.从处理力学问题的角度,在牛顿力学和分析力学之间,应优选简约的方法,所以选择了这个较适当的例题.

另一方面,分析力学是学习后续理论物理学课程和近代物理学课程及从事理论物理学研究的基础,学习分析力学的理论和方法意义重大.为使讨论不过于复杂,往往选用简单的例子进行讨论,常会使读者有“杀鸡用牛刀”的感觉,对这些问题读者应理解为“牛刀使用法”的练习,不必去追究是否有必要使用这些方法.

例题 5.2　同补充例题 5.1,在 B 与 D 间用不可伸长轻绳连接,A 处半顶角为 α,如 BL5.2 图(1)所示.求绳的张力.

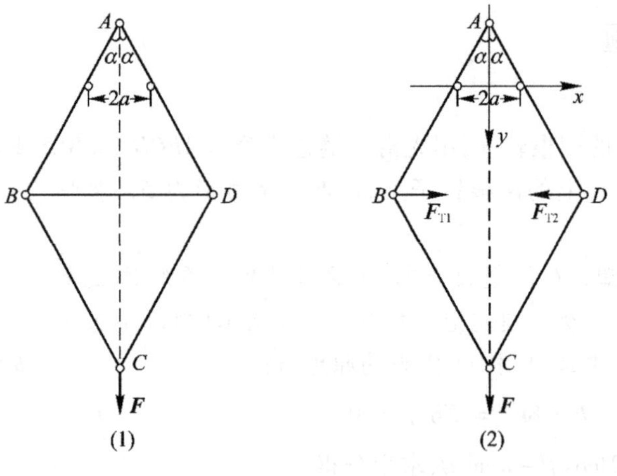

BL5.2 图

解　释放绳的约束,视绳张力为主动力,如 BL5.2 图(2)所示.(因释放约束,于是 α 可以在原值附近变化.)$s=1$,以 α 为广义坐标.由虚功原理,得

$$F\delta y_C + F_{T1}\delta x_B - F_{T2}\delta x_D = 0$$

注意到 $F_{T1}=F_{T2}$;δy_C、δx_B 和 δx_D 不是独立的、任意变化的,所以由坐标变换方程

$$\begin{cases} y_C = 2l\cos\alpha - a\cot\alpha \\ x_B = -l\sin\alpha \\ x_D = l\sin\alpha \end{cases} \tag{1}$$

得到

$$\begin{cases}\delta y_C = (-2l\sin\alpha + a\csc^2\alpha)\delta\alpha \\ \delta x_B = -l\cos\alpha\delta\alpha \\ \delta x_D = l\cos\alpha\delta\alpha\end{cases}$$

代入虚功原理表达式，得

$$[F(-2l\sin\alpha + a\csc^2\alpha) - 2F_{T1}l\cos\alpha]\delta\alpha = 0$$

因 $\delta\alpha$ 是任意的，所以绳子的张力 $F_{T1} = F\left(\dfrac{a}{2l}\csc^3\alpha - 1\right)\tan\alpha$.

评述 由于虚功原理的数学表述中不出现约束力，故不能直接求出约束力，但可以用释放约束的方法求出约束力：认为约束不存在，把相应的约束力作为主动力处理．但是读者应注意，"认为约束不存在"只是说系统可以在约束存在时的位置上发生虚位移而已，约束并非真的完全不存在．比如在本例题中，坐标变换方程(1)式依然是约束存在时的关系，只是 α 可以发生虚位移 $\delta\alpha$.

例题 5.3 质量为 m 的质点，受重力作用，被约束在半顶角为 α、尖端向下、对称轴沿竖直方向的光滑固定圆锥面内运动，如 BL5.3 图所示．试通过拉格朗日方程，写出质点的运动微分方程.

解 建立如 BL5.3 图所示的与圆锥固连的柱坐标系，质点的位置由 (ρ,θ,z) 确定．质点受到圆锥面的约束，约束方程为 $z=\rho\cot\alpha$，所以 $s=2$，选 ρ 和 θ 为广义坐标．

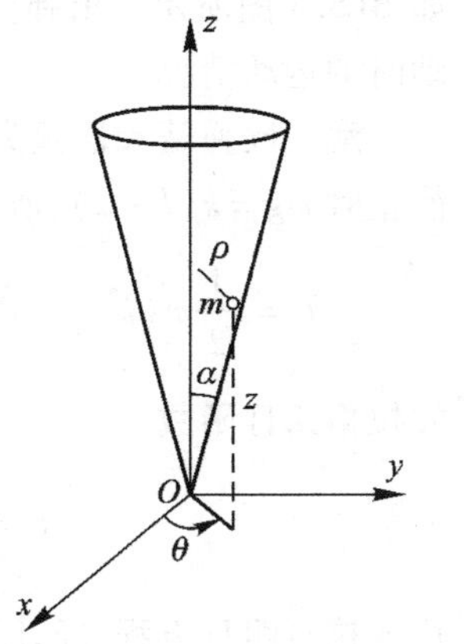

BL5.3 图

规定 O 点为重力势能零点，质点的拉格朗日函数为

$$L = T - V = \frac{1}{2}m(\dot{\rho}^2 + \rho^2\dot{\theta}^2 + \dot{z}^2) - mgz$$

利用坐标变换方程，将 L 变成仅含有 ρ、θ 和 $\dot{\rho}$、$\dot{\theta}$ 的函数

$$L = \frac{1}{2}m(\dot{\rho}^2 + \rho^2\dot{\theta}^2 + \dot{\rho}^2\cot^2\alpha) - mg\rho\cot\alpha$$

将上式代入拉格朗日方程：

$$\begin{cases}\dfrac{\mathrm{d}}{\mathrm{d}t}\dfrac{\partial L}{\partial\dot{\rho}} - \dfrac{\partial L}{\partial\rho} = 0 \\ \dfrac{\mathrm{d}}{\mathrm{d}t}\dfrac{\partial L}{\partial\dot{\theta}} - \dfrac{\partial L}{\partial\theta} = 0\end{cases}$$

经运算得质点的运动微分方程：

$$\begin{cases}\ddot{\rho} - \rho\dot{\theta}^2\sin^2\alpha + g\sin\alpha\cos\alpha = 0 \\ \rho\ddot{\theta} + 2\dot{\rho}\dot{\theta} = \dfrac{1}{\rho}\dfrac{\mathrm{d}}{\mathrm{d}t}(\rho^2\dot{\theta}) = 0\end{cases}$$

评述 广义坐标的选择不是唯一的．比如也可选择 θ 和 z 作为广义坐标，则 $L=L(\theta,z,\dot{\theta},$

$\dot{z}$)，运动微分方程也会不同．

再写出按照牛顿力学方法得到的质点的动力学方程组，以供比较：

$$\begin{cases} m(\ddot{\rho}-\rho\dot{\theta}^2)=-F_{\mathrm{N}}\cos\alpha \\ \rho\ddot{\theta}+2\dot{\rho}\dot{\theta}=0 \\ m\ddot{z}=F_{\mathrm{N}}\sin\alpha-mg \\ z=\rho\cot\alpha\quad(\text{约束方程}) \end{cases}$$

在牛顿力学中，运动微分方程中会出现约束力．约束力是未知力，所以运动微分方程需要和约束方程联立构成动力学方程组，以便使动力学方程组封闭(方程数与未知量个数相同)．因此，约束的两个侧面：对系统运动的限制和使系统受到约束力，都要在动力学方程组中加以考虑．所以系统受的约束越多，动力学方程组越复杂．

在分析力学中，如果系统受理想约束，则约束力不在方程中出现；而且系统受的约束越多，自由度越小，动力学方程组就越简单．此方法解决了牛顿力学的困难．

例题 5.4　已知质量为 m 的摆锤挂在弹性系数为 k 的轻弹簧上，弹簧另一端固定，系统静止时弹簧的长度为 l，摆在竖直平面内摆动，如 BL5.4 图所示．求弹簧摆的运动微分方程，并讨论当系统做小振动时的运动情况．

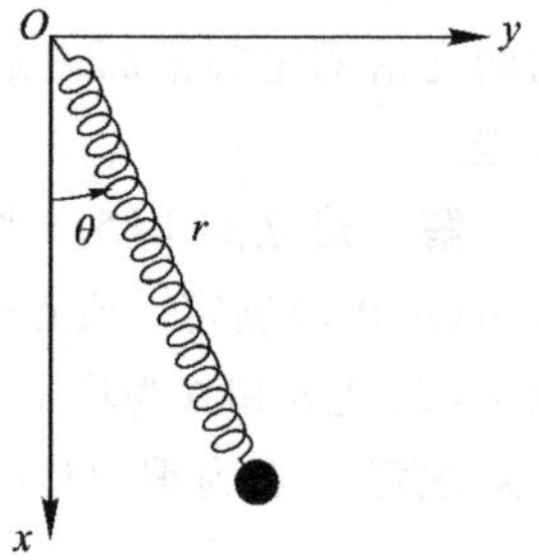

BL5.4 图

解　取弹簧和摆锤为系统，$s=2$，选 r 和 θ 为广义坐标．当系统静止时 $mg=k(l-l_0)$，所以弹簧原长 $l_0=l-mg/k$.

$$T=\frac{1}{2}m(\dot{r}^2+r^2\dot{\theta}^2),\quad V=-mgr\cos\theta+\frac{1}{2}k(r-l_0)^2$$

故拉格朗日函数

$$L=\frac{1}{2}m(\dot{r}^2+r^2\dot{\theta}^2)+mgr\cos\theta-\frac{1}{2}k\left(r-l+\frac{mg}{k}\right)^2$$

代入拉格朗日方程，经计算，得到系统的运动微分方程：

$$m\ddot{r}-mr\dot{\theta}^2-mg\cos\theta+k\left(r-l+\frac{mg}{k}\right)=0$$

$$r\ddot{\theta}+2\dot{r}\dot{\theta}+g\sin\theta=0$$

评述　上述二式是非线性微分方程组，一般可用计算机求数值解．如果系统做小振动，可通过近似计算，将非线性微分方程化为线性微分方程．

设 θ 很小，则 $\sin\theta\approx\theta$，$\cos\theta\approx1$，上述两式化为

$$m\ddot{r}-mr\dot{\theta}^2-mg+k\left(r-l+\frac{mg}{k}\right)=0\tag{1}$$

$$r\ddot{\theta}+2\dot{r}\dot{\theta}+g\theta=0\tag{2}$$

令 ρ 为弹簧相对平衡位置的相对伸长，$\rho=\dfrac{r-l}{l}$，$r=(\rho+1)l$，代入(2)式，得

$$(1+\rho)l\ddot{\theta}+2l\dot{\rho}\dot{\theta}+g\theta=0$$

考虑小振动，$\rho\ll 1$，$\dot{\rho}$ 和 $\dot{\theta}$ 也为一阶小量．忽略二阶小量 $\dot{\rho}\dot{\theta}$，则上式近似表示为 $\ddot{\theta}+\frac{g}{l}\theta=0$．如果将式 $r=(\rho+1)l$ 代入(1)式，可得 $\ddot{\rho}+\frac{k}{m}\rho=0$．可见，当系统做小振动时，摆锤沿弹簧的运动和摆锤的摆动均为简谐运动．

例题 5.5 光滑桌面上放一直角尖劈，质量为 m_1，倾角为 α，有一水平恒力 $\boldsymbol{F}$ 作用其上．斜面上有均质圆柱向下做无滑滚动，圆柱质量为 m_2，半径为 R，受到不变的阻力矩 $\boldsymbol{M}$ 的作用．如 BL5.5 图所示．求由尖劈和圆柱体组成的系统的运动微分方程．

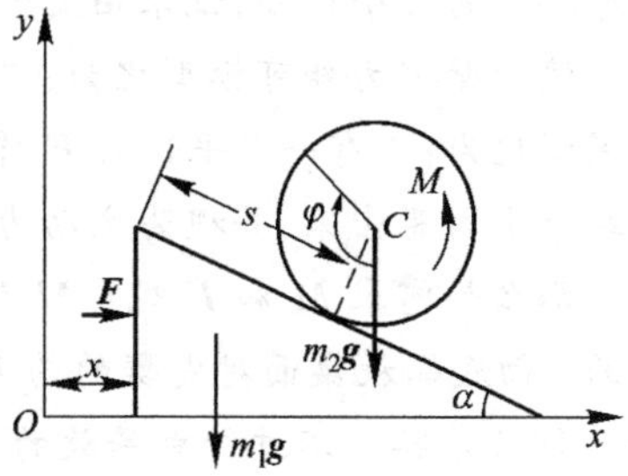

BL5.5 图

评述 实际上，恒力（力矩）是有势力（力矩）．在 BL5.5 图所示的坐标系 Oxy 和 φ 角正方向下，$\boldsymbol{F}\cdot d\boldsymbol{r}=Fdx=-d(-Fx)$，可见 $\boldsymbol{F}$ 的势函数为 $V_F=-Fx$（$x=0$ 为零点）．$\boldsymbol{M}\cdot d\varphi(-\boldsymbol{k})=M\boldsymbol{k}\cdot d\varphi(-\boldsymbol{k})=-Md\varphi=-d(M\varphi)$，可见 $\boldsymbol{M}$ 的势函数为 $V_M=M\varphi$（$\varphi=0$ 为零点）．在这种理解下，符合受理想约束的完整有势系的条件．

解 建立与桌面固连的坐标系 Oxy，圆柱转角 φ 的正方向如图所示．$s=2$，选尖劈的坐标 x 和圆柱体质心相对尖劈的坐标 s 为广义坐标．

设圆柱质心速度为 $\boldsymbol{v}_C$，圆柱对过质心轴的转动惯量为 I_C，则

$$T=\frac{1}{2}m_1\dot{x}^2+\frac{1}{2}m_2v_C^2+\frac{1}{2}I_C\dot{\varphi}^2$$

考虑到 $v_C^2=(\dot{x}+\dot{s}\cos\alpha)^2+(\dot{s}\sin\alpha)^2$，无滑条件 $\dot{\varphi}=\frac{\dot{s}}{R}$，$I_C=\frac{1}{2}m_2R^2$ 则

$$T=\frac{1}{2}(m_1+m_2)\dot{x}^2+m_2\dot{x}\dot{s}\cos\alpha+\frac{3}{4}m_2\dot{s}^2$$

系统受主动力 $m_1\boldsymbol{g}$、$m_2\boldsymbol{g}$、$\boldsymbol{F}$ 和阻力矩 $\boldsymbol{M}$．$V=m_1gy_1+m_2gy_2-Fx+M\varphi$，注意 y_1 为常量，$y_2=h-s\sin\alpha+R\cos\alpha$，$\varphi=\frac{s}{R}$，则

$$V=m_1gy_1+m_2g(h-s\sin\alpha+R\cos\alpha)-Fx+\frac{Ms}{R}$$

系统的拉格朗日函数为（略去常量项，因为它们代入拉格朗日方程求导数后为零）

$$L=\frac{1}{2}(m_1+m_2)\dot{x}^2+m_2\dot{x}\dot{s}\cos\alpha+\frac{3}{4}m_2\dot{s}^2+m_2gs\sin\alpha+Fx-\frac{Ms}{R}$$

代入拉格朗日方程，经运算，得到系统的运动微分方程：

$$(m_1+m_2)\ddot{x}+m_2\ddot{s}\cos\alpha-F=0$$

$$m_2\ddot{x}\cos\alpha+\frac{3}{2}m_2\ddot{s}-m_2g\sin\alpha+\frac{M}{R}=0$$

评述 经常涉及的非理想约束有两种：(1) 有滑动摩擦力的线面约束，(2) 有滚动摩擦力矩的无滑滚动．只要明确了补充例题 5.5 的实际背景，读者就会有所领悟．

补充例题 5.5 的实际背景：桌面上放一直角尖劈，质量为 m_1，倾角为 α. 斜面上有匀质圆柱向下做无滑滚动，圆柱质量为 m_2，半径为 R. 如 BL5.5 图所示．圆柱(比如是橡胶轮胎)很粗糙，与斜面间有足够的摩擦力保持做无滑滚动；但圆柱(橡胶轮胎)刚度不够，存在滚动摩擦阻力矩．尖劈与桌面间有摩擦但较小，圆柱下滚会引起尖劈滑动．设滚动摩擦阻力矩和尖劈受到桌面滑动摩擦力的大小已知，试求由尖劈和圆柱体组成的系统的运动微分方程．

滚动摩擦力矩可模型化为："受到不变的阻力矩 $\boldsymbol{M}$ 的作用"．尖劈受到桌面的滑动摩擦力可模型化为："有一水平恒力 $\boldsymbol{F}$ 作用其上"．把无滑滚动中的滚动摩擦力矩和桌面的滑动摩擦力从约束中剥离出来，并视为主动力，系统受到的约束就是理想约束了．

那么如何求 $\boldsymbol{M}$ 和 $\boldsymbol{F}$ 呢？$\boldsymbol{M}$ 和变形有关，在刚体模型下无法求出，可由实验确定．$\boldsymbol{F}$ 是可以求的：彻底释放桌面对尖劈的约束，把支撑力和摩擦力都视为主动力，再加上库仑摩擦定律 $F_f = \mu F_N$，即可求解．不过约束释放的多了，用拉格朗日方法的优势就丧失了．

例题 5.6 长 $2a$，质量为 m 的均质细杆 AB，A 端与光滑水平面接触，在重力作用下从竖直位置被自由释放而倒下．求杆落地瞬间的角速度．

解 由对称性可知，杆在一个竖直平面内运动，$s=2$. 在杆运动平面内建立如 BL5.6 图所示的坐标系 Oxy，杆 A 端在 Ox 轴上．选择 A 端的坐标 x 和杆与水平轴的夹角 φ 为广义坐标．杆的动能

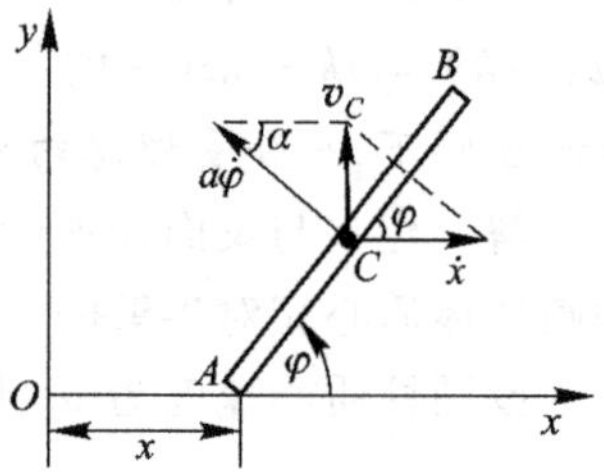

BL5.6 图

$$T = \frac{1}{2}m(\dot{x}^2 + a^2\dot{\varphi}^2 - 2a\dot{x}\dot{\varphi}\sin\varphi) + \frac{1}{6}ma^2\dot{\varphi}^2 = T_2$$

评述 杆动能算法的说明：$T = T_C + T' = \frac{1}{2}mv_C^2 + \frac{1}{2}I_C\dot{\varphi}^2$，这些读者不会有困难．主要说明 v_C^2 的算法，以 A 为基点，$\boldsymbol{v}_C = \boldsymbol{v}_A + \boldsymbol{v}'$，$v_A = \dot{x}$，$v' = a\dot{\varphi}$，如 BL5.6 图所示．$\boldsymbol{v}_A$ 沿 x 方向，$\boldsymbol{v}'$ 与杆垂直，$\boldsymbol{v}_A$ 与 $\boldsymbol{v}'$ 夹角 $\frac{\pi}{2}+\varphi$，$\alpha = \pi - \left(\frac{\pi}{2}+\varphi\right) = \frac{\pi}{2} - \varphi$. 由余弦定理，得

$$v_C^2 = \dot{x}^2 + a^2\dot{\varphi}^2 - 2\dot{x}a\dot{\varphi}\cos\left(\frac{\pi}{2}-\varphi\right) = \dot{x}^2 + a^2\dot{\varphi}^2 - 2a\dot{x}\dot{\varphi}\sin\varphi$$

当然，利用坐标变换方程计算也是可以的，这里是介绍一种较简单的方法．

以原点 O 为重力势能零点，杆的势能为 $V = mga\sin\varphi$，拉格朗日函数为

$$L = T - V = \frac{1}{2}m(\dot{x}^2 - 2a\dot{x}\dot{\varphi}\sin\varphi) + \frac{2}{3}ma^2\dot{\varphi}^2 - mga\sin\varphi$$

因 $\frac{\partial L}{\partial x} = 0$，所以 $p_x = \frac{\partial L}{\partial \dot{x}} = m\dot{x} - ma\dot{\varphi}\sin\varphi = C_1$(水平方向动量守恒)．根据初始条件，$t=0$ 时，$\dot{x} = 0$，$\dot{\varphi} = 0$，则 $C_1 = 0$，得

$$\dot{x} = a\dot{\varphi}\sin\varphi \tag{1}$$

又因$\dfrac{\partial L}{\partial t}=0$，且 $T=T_2$，所以杆的机械能守恒，$H=T+V=E$. 由于 $t=0$ 时，$\dot{x}=0,\dot{\varphi}=0$，$\varphi=\dfrac{\pi}{2}$，杆的机械能为 $E=mga$，所以

$$\frac{1}{2}m(\dot{x}^2-2a\dot{x}\dot{\varphi}\sin\varphi)+\frac{2}{3}ma^2\dot{\varphi}^2+mga\sin\varphi=mga \tag{2}$$

由(1)式、(2)式算出 $\dot{\varphi}=-\left[\dfrac{6g(1-\sin\varphi)}{a(4-3\sin^2\varphi)}\right]^{1/2}$，落地时，$\varphi=0$，$\dot{\varphi}=-\left(\dfrac{3g}{2a}\right)^{1/2}$.

评述 此例题有两个意义：(1) 在分析力学中优先考虑守恒定律(第一积分)，是解决问题的基本原则；(2) 介绍一种速度合成的计算方法. 实际上，本例题用拉格朗日方程解并不简约，用牛顿力学方法可直接写出两个守恒定律.

例题 5.7 质量为 m 的小环 P 被挂在一个半径为 R 的光滑大圆环上，大圆环绕过大环中心的竖直轴以匀角速度 $\boldsymbol{\omega}$ 转动，如 BL5.7 图所示. 已知初始时小环在大环的最高点，相对大环静止，然后无初速滑下. 试建立小环相对大环的运动微分方程.

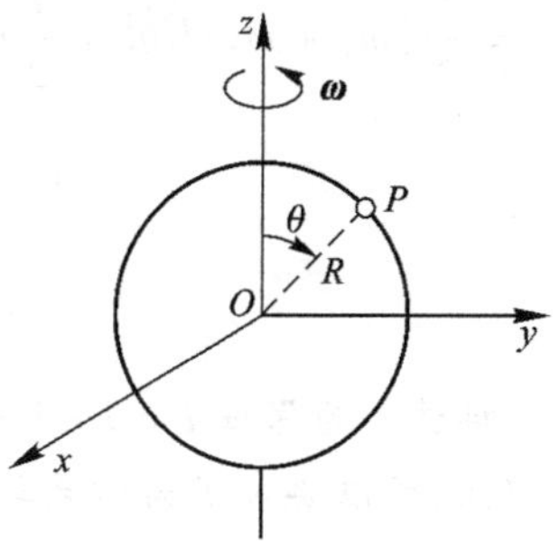

BL5.7 图

解 以小环为系统，$s=1$，选图中 θ 角为广义坐标. 质点动能用球坐标表示

$$T=\frac{1}{2}m(\dot{r}^2+r^2\dot{\theta}^2+r^2\dot{\varphi}^2\sin^2\theta)$$

由约束方程 $r=R,\varphi=\omega t+\varphi_0$，上式成为

$$T=\frac{1}{2}mR^2\dot{\theta}^2+\frac{1}{2}mR^2\omega^2\sin^2\theta=T_2+T_0$$

以大环中心为重力势能零点，小环势能 $V=mgR\cos\theta$，拉格朗日函数

$$L=T-V=\frac{1}{2}mR^2(\dot{\theta}^2+\omega^2\sin^2\theta)-mgR\cos\theta$$

因$\dfrac{\partial L}{\partial t}=0$，所以小环的广义能量守恒

$$H=T_2-T_0+V=\frac{1}{2}mR^2\dot{\theta}^2-\frac{1}{2}mR^2\omega^2\sin^2\theta+mgR\cos\theta=H_0$$

因 $t=0$ 时，$\theta_0=0,\dot{\theta}=0$，所以 $H_0=mgR$，因此小环的运动微分方程为

$$R\dot{\theta}^2-R\omega^2\sin^2\theta+2g(\cos\theta-1)=0$$

评述 大环以一定规律运动，则小环受非稳定约束 $\varphi=\omega t+\varphi_0$，$s=1$. 若大环可以运动但运动规律未知，则小环 $s=2$.

选非惯性系的坐标为广义坐标，则可以得出非惯性系的运动微分方程.

$T\neq T_2$，广义能量不是相对地面惯性系的机械能. 在本例题中，广义能量是相对于与大环固连的非惯性系的总能量. 对一般情况，广义能量不一定是总能量.

例题 5.8 如 BL5.8 图，质点 M_1，其质量为 m_1，用长为 l_1 的绳子系在固定点 O 上，在质点 M_1 上，用长为 l_2 的绳系另一质点 M_2，其质量为 m_2，以绳与竖直线所成的角度 θ_1 与 θ_2 为广义坐标，求此系统在竖直平面内做微振动的运动方程．如 $m_1=m_2=m$，$l_1=l_2=l$，试再求出此系统的振动周期．

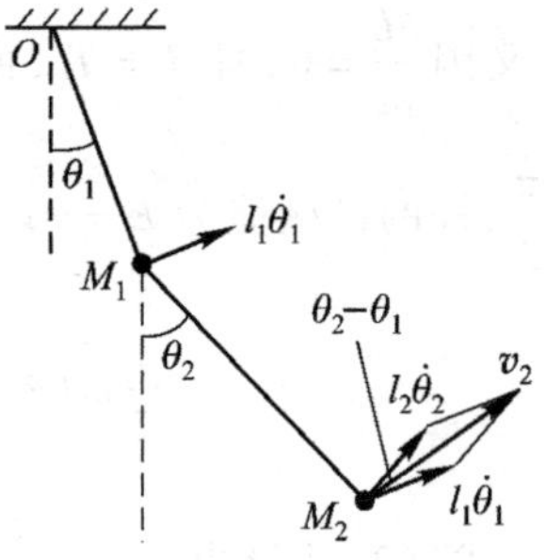

BL5.8 图

解 $s=2$，选 θ_1 和 θ_2 为广义坐标．参见 BL5.8 图，根据余弦定理写出 v_2^2，以 O 为势能零点，则

$$T=\frac{1}{2}m_1l_1^2\dot\theta_1^2+\frac{1}{2}m_2[l_1^2\dot\theta_1^2+l_2^2\dot\theta_2^2+2l_1l_2\dot\theta_1\dot\theta_2\cos(\theta_1-\theta_2)]$$

$$=\frac{1}{2}(m_1+m_2)l_1^2\dot\theta_1^2+\frac{1}{2}m_2l_2^2\dot\theta_2^2+m_2l_1l_2\dot\theta_1\dot\theta_2\cos(\theta_1-\theta_2)]$$

$$V=-m_1gl_1\cos\theta_1-m_2g(l_1\cos\theta_1+l_2\cos\theta_2)$$

$$=-(m_1+m_2)gl_1\cos\theta_1-m_2gl_2\cos\theta_2$$

评述 为保证 $L=T-V$ 代入拉格朗日方程后得到的运动方程是二阶常系数线性齐次微分方程组，所以要求 T 为常系数的广义速度的二次齐次式，V 为常系数的广义坐标的二次齐次式．因常数项代入拉格朗日方程后会消失，故 T 和 V 内均可以容忍有一个常量项，V 内出现常量项往往是由于势能零点的选取所致．

考虑微振动条件，θ_1、θ_2、$\dot\theta_1$、$\dot\theta_2$ 均为小量，把 $\cos(\theta_1-\theta_2)$、$\cos\theta_1$ 和 $\cos\theta_2$ 展开，T 和 V 都保留 2 阶小量．故取 $\cos(\theta_1-\theta_2)\approx1$，$\cos\theta_1\approx1-\frac{1}{2}\theta_1^2$，$\cos\theta_2\approx1-\frac{1}{2}\theta_2^2$，于是

$$T=\frac{1}{2}(m_1+m_2)l_1^2\dot\theta_1^2+\frac{1}{2}m_2l_2^2\dot\theta_2^2+m_2l_1l_2\dot\theta_1\dot\theta_2$$

$$V=-(m_1+m_2)gl_1-m_2gl_2+\frac{1}{2}(m_1+m_2)gl_1\theta_1^2+\frac{1}{2}m_2gl_2\theta_2^2$$

把 $L=T-V$ 代入拉格朗日方程，则可以得到系统的运动方程：

$$(m_1+m_2)l_1\ddot\theta_1+m_2l_2\ddot\theta_2+(m_1+m_2)g\theta_1=0$$

$$l_2\ddot\theta_2+l_1\ddot\theta_1+g\theta_2=0$$

如果 $m_1=m_2=m$，$l_1=l_2=l$，则系统的运动方程为

$$2l\ddot\theta_1+l\ddot\theta_2+2g\theta_1=0$$

$$l\ddot\theta_1+l\ddot\theta_2+g\theta_2=0$$

设方程组的解为 $\theta_1=A_1\cos(\omega t+\varphi)$，$\theta_2=A_2\cos(\omega t+\varphi)$，代入上两式，得

$$2(g-l\omega^2)A_1-l\omega^2A_2=0$$

$$-l\omega^2A_1+(g-l\omega^2)A_2=0$$

上两式视为 A_1、A_2 的方程，要有非零解，系数行列式必须为零

$$\begin{vmatrix}2(g-l\omega^2) & -l\omega^2\\ -l\omega^2 & g-l\omega^2\end{vmatrix}=0$$

即

$$2(g-l\omega^2)^2-l^2\omega^4=0$$

$$l^2\omega^4-4gl\omega^2+2g^2=0$$

所以简正频率 $\omega_1=\sqrt{(2+\sqrt{2})\frac{g}{l}}$ 和 $\omega_2=\sqrt{(2-\sqrt{2})\frac{g}{l}}$，相应周期为

$$\tau_1=2\pi\sqrt{\frac{l}{(2+\sqrt{2})g}},\quad \tau_2=2\pi\sqrt{\frac{l}{(2-\sqrt{2})g}}$$

例题 5.9 质量为 m 的质点，被约束在半径为 R 的圆柱面上运动，仅受到有心力 $F=-kr$ 的作用（k 为常量），原点在圆柱的中心，如 BL5.9 图所示．不计重力，求质点的运动微分方程．

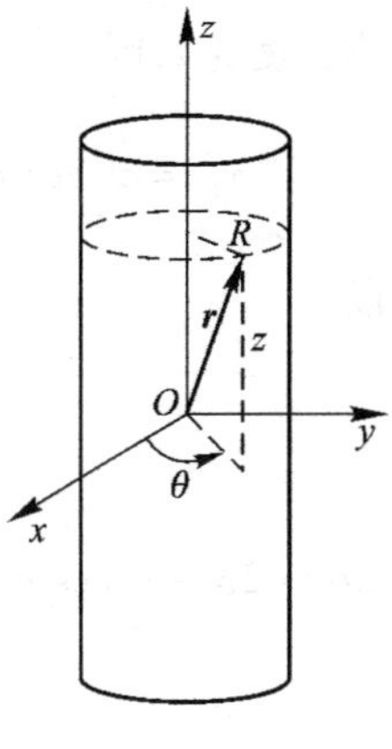

BL5.9 图

解 $s=2$，选柱坐标中的 θ 和 z 为广义坐标，坐标原点 O 在力心处．质点的动能为

$$T=\frac{1}{2}mv^2=\frac{1}{2}m(R^2\dot{\theta}^2+\dot{z}^2)=T_2$$

所以 $H=T_2+V=T+V$. 以 O 点为势能零点，质点的势能为

$$V=\frac{1}{2}kr^2=\frac{1}{2}k(R^2+z^2)$$

所以

$$H=\frac{1}{2}m(R^2\dot{\theta}^2+\dot{z}^2)+\frac{1}{2}k(R^2+z^2)$$

（上式物理内容正确，但变量不符合要求！）

$$\text{由}\begin{cases}p_\theta=\dfrac{\partial T}{\partial\dot{\theta}}=mR^2\dot{\theta}\\ p_z=\dfrac{\partial T}{\partial\dot{z}}=m\dot{z}\end{cases},\quad\text{反解出}\begin{cases}\dot{\theta}=\dfrac{p_\theta}{mR^2}\\ \dot{z}=\dfrac{p_z}{m}\end{cases}$$

将 H 化成 θ、z、p_θ 和 p_z 的函数（这是必需的一步！），则哈密顿函数为

$$H=T+V=\frac{p_\theta^2}{2mR^2}+\frac{p_z^2}{2m}+\frac{1}{2}k(R^2+z^2)$$

因 H 不显含 θ，$\frac{\partial H}{\partial\theta}=0$，则与 θ 对应的广义动量守恒

$$p_\theta=\text{常量}\tag{1}$$

因 H 不显含 t，$\frac{\partial H}{\partial t}=0$，则广义能量守恒；因 $T=T_2$，即为机械能守恒

$$H = T + V = \frac{p_\theta^2}{2mR^2} + \frac{p_z^2}{2m} + \frac{1}{2}k(R^2 + z^2) = \text{常量} \tag{2}$$

(1)式、(2)式即为系统的运动微分方程 .

§5.4 主教材习题提示

5.1 试用虚功原理解 3.1 题 .

提示 $s=1$，以 α 为广义坐标，如 X5.1 图所示 . 根据虚功原理，

$$mg\delta y_C = 0$$

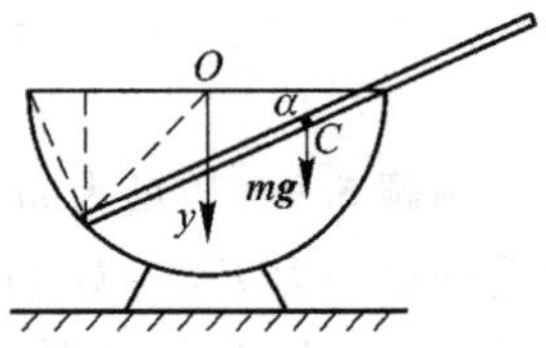

X5.1 图

设棒长度为 l，因

$$y_C = 2r\cos\alpha\sin\alpha - \frac{l}{2}\sin\alpha = r\sin 2\alpha - \frac{l}{2}\sin\alpha$$

所以

$$mg\delta y_C = mg\left(2r\cos 2\alpha - \frac{l}{2}\cos\alpha\right)\delta\alpha = 0$$

由 $2r\cos 2\alpha - \frac{l}{2}\cos\alpha = 0$，知 $\frac{l}{2}=\frac{2r\cos 2\alpha}{\cos\alpha}$，代入 $\cos\alpha=\frac{c}{2r}$，得

$$l = \frac{4r(2\cos^2\alpha - 1)}{\cos\alpha} = \frac{4(c^2 - 2r^2)}{c}$$

评述 因为在平衡位置系统势能必取极小值，所以在平衡位置附近同一个 y_C（质心纵坐标）会对应系统的不同位置 . 由于 y_C 不能唯一地确定系统的位置，所以不能以系统的质心纵坐标 y_C 为广义坐标 .

5.2 试用虚功原理解 3.4 题

提示 由于圆柱光滑，所以平衡时绳的延长线必过圆柱对称轴，且 $(l+R)\sin\alpha = 2R\sin\beta$，所以 $s=1$，以 α 为广义坐标，如 X5.2－1 图所示 . 由虚功原理有

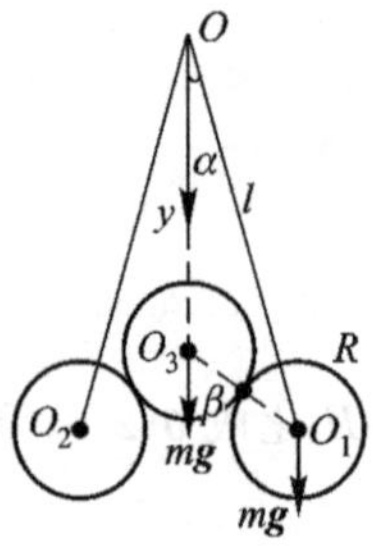

X5.2－1 图

$$2mg\delta y_1 + mg\delta y_3 = 0$$

由 $y_1=(l+R)\cos\alpha$，$y_3=(l+R)\cos\alpha-2R\cos\beta$，可得

$$\delta y_1 = -(l+R)\sin\alpha\delta\alpha,\quad \delta y_3 = -(l+R)\sin\alpha\delta\alpha + 2R\sin\beta\delta\beta$$

考虑到 $(l+R)\cos\alpha\delta\alpha = 2R\cos\beta\delta\beta$，则由 $2mg\delta y_1 + mg\delta y_3 = 0$ 可得

$$-3\sin\alpha + \cos\alpha\tan\beta = 0,\quad \text{即} \tan\beta = 3\tan\alpha$$

评述 由本习题和上一习题可见，对于此种简单问题，应用虚功原理主要具有学习分析力学

方法的意义，实际解法不如用牛顿力学简约、直观．下面把本例题再修改一下，读者或许可以体会分析力学的优势：

如 X5.2－2 图所示，三个半径为 R，相同的粗糙均质圆柱，相互间可做无滑滚动．两组长为 l 的不可伸长轻绳，一端系于 O，另一端各系于一个圆柱的表面，使圆柱轴线沿水平方向悬挂．再把第三个圆柱架于两圆柱之上．求平衡时 α 和 β 间的关系．

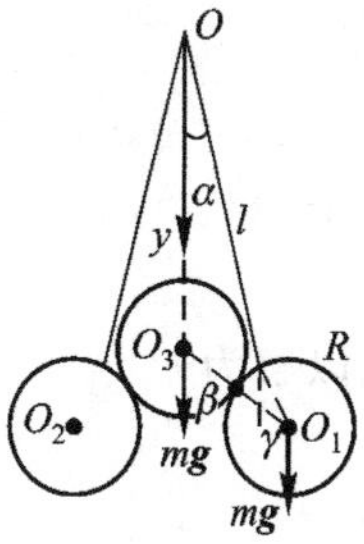

X5.2－2 图

解　由对称性，只需分析右侧一半即可．因圆柱粗糙，绳的延长线可能不过圆心 O_1．设圆柱悬点的半径与竖直线夹角为 γ．以三圆柱为系统，位置与 α、β 和 γ 有关；但有约束方程 $2R\sin\beta = l\sin\alpha + R\sin\gamma$，故 $s=2$；以 α 和 β 为广义坐标．由虚功原理有

$$2mg\delta y_1 + mg\delta y_3 = 0 \quad \text{（计入圆柱 2 重力虚功）}$$

由 $y_1 = l\cos\alpha + R\cos\gamma$，$y_3 = y_1 - 2R\cos\beta$，得

$$\delta y_1 = -l\sin\alpha\delta\alpha - R\sin\gamma\delta\gamma, \quad \delta y_3 = \delta y_1 + 2R\sin\beta\delta\beta$$

由 $2R\sin\beta = l\sin\alpha + R\sin\gamma$ 求出 $R\delta\gamma = \dfrac{2R\cos\beta\delta\beta - l\cos\alpha\delta\alpha}{\cos\gamma}$，代入 δy_1．再把 δy_1 和 δy_3 代入虚功原理，得

$$3l(-\sin\alpha + \cos\alpha\tan\gamma)\delta\alpha + 2R(\sin\beta - 3\cos\beta\tan\gamma)\delta\beta = 0$$

因为 $\delta\alpha$ 和 $\delta\beta$ 独立，可任意变化，所以

$$-\sin\alpha + \cos\alpha\tan\gamma = 0, \quad \sin\beta - 3\cos\beta\tan\gamma = 0$$

可知 $\gamma = \alpha$ 和 $\tan\beta = 3\tan\alpha$．平衡时绳的延长线过圆柱对称轴，实际如 X5.2－1 图，圆柱间摩擦力为零！当圆柱间做无滑滚动，两圆柱间既有正压力，又有摩擦力，且不能断定绳的延长线必过圆柱对称轴，这种情况用虚功原理解题就有优势了．

5.3 提示　见补充例题 5.1、5.2.

5.4　一质点的重量为 W，被约束在竖直圆周

$$x^2 + y^2 - r^2 = 0$$

上，并受一水平斥力 k^2x 的作用，式中 r 为圆的半径，k 为常量，试用未定乘数法求质点的平衡位置及约束反作用力的量值．

提示　设 Oy 竖直向下，$s=1$，$f(x,y) = x^2 + y^2 - r^2 = 0$，由

$$F_{ix} + \sum \lambda_\beta \frac{\partial f_\beta}{\partial x_i} = 0, \quad F_{iy} + \sum \lambda_\beta \frac{\partial f_\beta}{\partial y_i} = 0$$

对应 $i = 1$，得　$$k^2x + 2\lambda x = 0, \quad W + 2\lambda y = 0$$

上面两式与 $x^2 + y^2 = r^2$ 联立解出

$$x = 0, \quad y = \pm r, \quad \lambda = \mp\frac{W}{2r}$$

或 $$x = \pm\sqrt{r^2 - \frac{W^2}{k^4}},\quad y = \frac{W}{k^2},\quad \lambda = -\frac{k^2}{2}$$

由于 $$R = \lambda\,|\nabla f| = \lambda\sqrt{\left(\frac{\partial f}{\partial x}\right)^2 + \left(\frac{\partial f}{\partial y}\right)^2} = 2\lambda\sqrt{x^2 + y^2} = 2\lambda r$$

所以解为 $$x = 0,\quad y = \pm r,\quad R = \mp W$$

或 $$x = \pm\sqrt{r^2 - \frac{W^2}{k^4}},\quad y = \frac{W}{k^2},\quad R = -k^2 r$$

5.5 如图所示,在离心节速器中,质量为 m_2 的质点 C 沿着一竖直轴运动,而整个系统则以匀角速度 Ω 绕该轴转动.试写出此力学体系的拉格朗日函数.设连杆 AB,BC,CD,DA 等的质量均可不计.

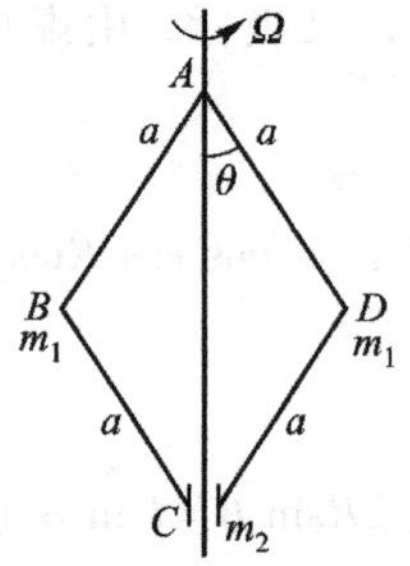

X5.5 图

提示 如 X5.5 图所示,$s=1$,以 θ 为广义坐标.

$$T = 2\times\frac{1}{2}m_1(a^2\dot\theta^2 + a^2\Omega^2\sin^2\theta) + \frac{1}{2}m_2(2a\dot\theta\sin\theta)^2$$

$$= m_1a^2(\dot\theta^2 + \Omega^2\sin^2\theta) + 2m_2a^2\dot\theta^2\sin^2\theta = T_2 + T_0$$

$$V = -2(m_1 + m_2)ga\cos\theta$$

$$L = T - V$$

$$= m_1a^2(\dot\theta^2 + \Omega^2\sin^2\theta) + 2m_2a^2\dot\theta^2\sin^2\theta + 2(m_1 + m_2)ga\cos\theta$$

5.6 试用拉格朗日方程解 4.10 题.

提示 $s=1$,以 θ 为广义坐标.如 X5.6 图所示,以 $O'x'y'$ 为 S′系,质点 m 的牵连速度(大小为 $a\omega$)和相对速度[大小为 $a(\dot\theta+\omega)$]的夹角为 θ,由余弦定理可知

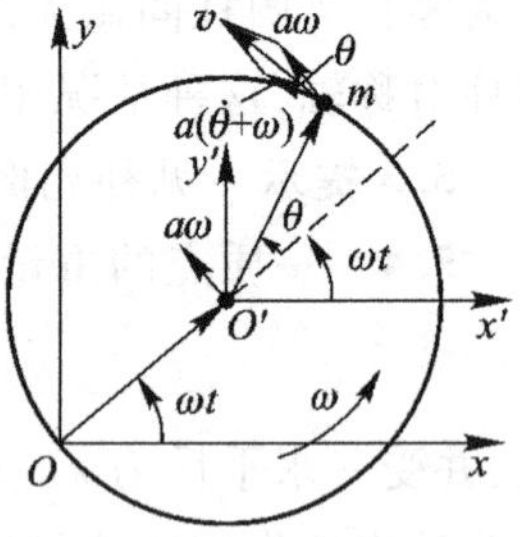

X5.6 图

$$T = \frac{1}{2}mv^2$$

$$= \frac{1}{2}m[a^2\omega^2 + a^2(\dot\theta + \omega)^2 + 2a^2\omega(\dot\theta + \omega)\cos\theta]$$

$$= \frac{1}{2}ma^2[\dot\theta^2 + 2\omega(1 + \cos\theta)\dot\theta + 2\omega^2(1 + \cos\theta)] = T_2 + T_1 + T_0$$

$$L = T - V = T$$

因为 $$\frac{\mathrm{d}}{\mathrm{d}t}\frac{\partial L}{\partial\dot\theta} = ma^2\ddot\theta - ma^2\omega\dot\theta\sin\theta,\quad \frac{\partial L}{\partial\theta} = -ma^2\omega\dot\theta\sin\theta - ma^2\omega^2\sin\theta$$

所以 $$\frac{\mathrm{d}}{\mathrm{d}t}\frac{\partial L}{\partial\dot\theta} - \frac{\partial L}{\partial\theta} = ma^2\ddot\theta + ma^2\omega^2\sin\theta = 0,\quad 即\ \ddot\theta + \omega^2\sin\theta = 0$$

5.7　轴为竖直而顶点在下的抛物线形金属丝，以匀角速度 $\boldsymbol{\omega}$ 绕轴转动．一质量为 m 的小环，套在此金属丝上，并可沿金属丝滑动．试用拉格朗日方程求小环在 x 方向的运动微分方程．已知抛物线方程为 $x^2=4ay$，式中 a 为一常量．

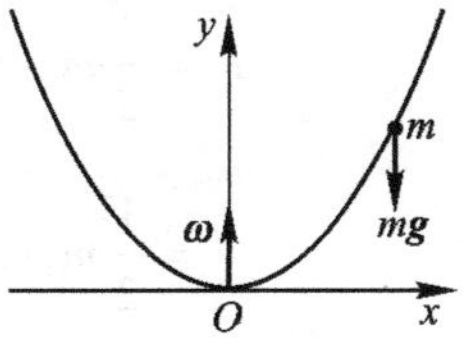

X5.7 图

提示　如 X5.7 图所示，$s=1$，以 x 为广义坐标．

$$L=T-V=\frac{1}{2}m[(\dot{x}^2+\dot{y}^2)+\omega^2x^2]-mgy$$

$$=\frac{1}{2}m\left[\dot{x}^2\left(1+\frac{x^2}{4a^2}\right)+\omega^2x^2\right]-mg\frac{x^2}{4a}$$

因 $\dfrac{\partial L}{\partial t}=0$，所以广义能量守恒

$$H=T_2-T_0+V=\frac{1}{2}m\left[\dot{x}^2\left(1+\frac{x^2}{4a^2}\right)-\omega^2x^2\right]+mg\frac{x^2}{4a}=\text{常量}$$

此即为小环在 x 方向的运动微分方程．

5.8　一光滑细管可在竖直平面内绕通过其一端的水平轴以匀角速度 ω 转动．管中有一质量为 m 的质点．开始时，细管取水平方向，质点距转动轴的距离为 a，质点相对于管的速度为 v_0，试由拉格朗日方程求质点相对于管的运动规律．

提示　如 X5.8 图所示，$s=1$，以 x 为广义坐标．

$$L=T-V=\frac{1}{2}m(\dot{x}^2+\omega^2x^2)-mgx\sin\omega t$$

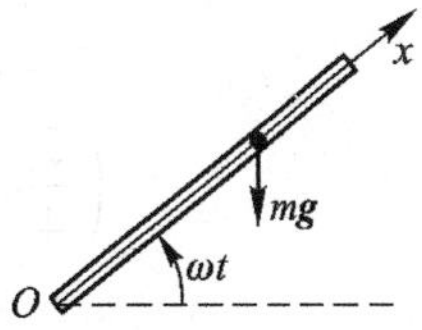

X5.8 图

代入拉格朗日方程，则得到质点相对管的运动微分方程：

$$\ddot{x}-\omega^2x=-g\sin\omega t$$

通解为齐次方程通解与非齐次方程特解之和：

$$x=C_1\mathrm{e}^{\omega t}+C_2\mathrm{e}^{-\omega t}+\frac{g}{2\omega^2}\sin\omega t$$

用初始条件 $t=0$ 时 $x=a,\dot{x}=v_0$ 定出积分常量

$$C_1=\frac{1}{2}\left(a+\frac{v_0}{\omega}\right)-\frac{g}{4\omega^2},\quad C_2=\frac{1}{2}\left(a-\frac{v_0}{\omega}\right)+\frac{g}{4\omega^2}$$

所以
$$x=\left[\frac{1}{2}\left(a+\frac{v_0}{\omega}\right)-\frac{g}{4\omega^2}\right]\mathrm{e}^{\omega t}+\left[\frac{1}{2}\left(a-\frac{v_0}{\omega}\right)+\frac{g}{4\omega^2}\right]\mathrm{e}^{-\omega t}+\frac{g}{2\omega^2}\sin\omega t$$

5.9 提示　见补充例题 5.3.

5.10　试用拉格朗日方程解 2.4 题中的(1)及(2).

提示　如 X5.10 图所示，$s=2$，以 x_1 和 x_2 为广义坐标．

由 $\dfrac{y_1}{x_2-x_1}=\tan\theta$，可知 $\dot{y}_1=(\dot{x}_2-\dot{x}_1)\tan\theta$，所以

$$T=\frac{1}{2}m_1(\dot{x}_1^2+\dot{y}_1^2)+\frac{1}{2}m_2\dot{x}_2^2$$

$$=\frac{1}{2}m_1[\dot{x}_1^2+(\dot{x}_2-\dot{x}_1)^2\tan^2\theta]+\frac{1}{2}m_2\dot{x}_2^2$$

$$V=m_1gy_1=m_1g(x_2-x_1)\tan\theta$$

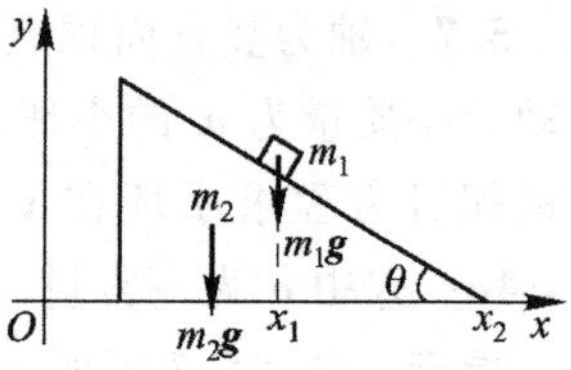

X5.10 图

$$L=T-V=\frac{1}{2}m_1[\dot{x}_1^2+(\dot{x}_2-\dot{x}_1)^2\tan^2\theta]+\frac{1}{2}m_2\dot{x}_2^2-m_1g(x_2-x_1)\tan\theta$$

代入拉格朗日方程得

$$\ddot{x}_1-\ddot{x}_2\sin^2\theta-g\sin\theta\cos\theta=0$$

$$m_1\ddot{x}_1\sin^2\theta-(m_2\cos^2\theta+m_1\sin^2\theta)\ddot{x}_2+m_1g\sin\theta\cos\theta=0$$

由上述两式即可解出 $\ddot{x}_1=\frac{m_2\sin\theta\cos\theta}{m_2+m_1\sin^2\theta}g$ 和 $\ddot{x}_2=-\frac{m_1\sin\theta\cos\theta}{m_2+m_1\sin^2\theta}g$.

5.11 试用拉格朗日方程求 3.20 题中的 a_1 及 a_2.

提示 如 X5.11 图所示，$s=1$，以 θ 为广义坐标.

$$T=\frac{1}{2}m'r^2\dot{\theta}^2+\frac{1}{2}\times\frac{1}{2}m'r^2\dot{\theta}^2+\frac{1}{2}m4r^2\dot{\theta}^2$$

$$=\left(\frac{3}{4}m'+2m\right)r^2\dot{\theta}^2$$

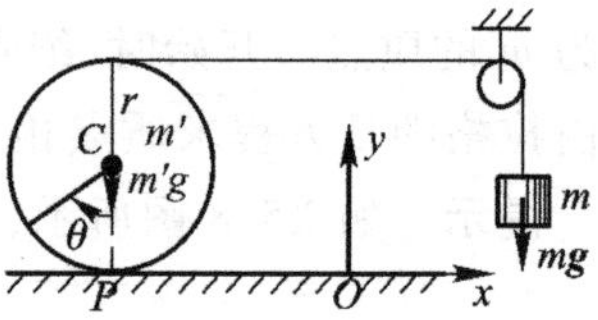

X5.11 图

$$V=-mg\cdot 2r\theta$$

把 $L=T-V$ 代入拉格朗日方程，得到系统的运动微分方程：

$$\left(\frac{3}{2}m'+4m\right)r^2\ddot{\theta}-2mgr=0$$

求出 $\ddot{\theta}=\frac{4mg}{(3m'+8m)r}$. 所以 $a_1=r\ddot{\theta}=\frac{4mg}{3m'+8m}$，$a_2=2a_1=\frac{8mg}{3m'+8m}$.

5.12 均质棒 AB，质量为 m，长为 $2a$，其 A 端可在光滑水平导槽上运动. 而棒本身又可在竖直面内绕 A 端摆动. 如除重力作用外，B 端还受一水平的力 F 的作用. 试用拉格朗日方程求其运动微分方程. 如摆动的角度很小，则又如何？

提示 如 X5.12 图所示，$s=2$，以 x 和 θ 为广义坐标.

$$T=\frac{1}{2}mv_C^2+\frac{1}{2}I\omega^2$$

$$=\frac{1}{2}m(\dot{x}^2+a^2\dot{\theta}^2+2\dot{x}a\dot{\theta}\cos\theta)+\frac{1}{2}mk^2\dot{\theta}^2$$

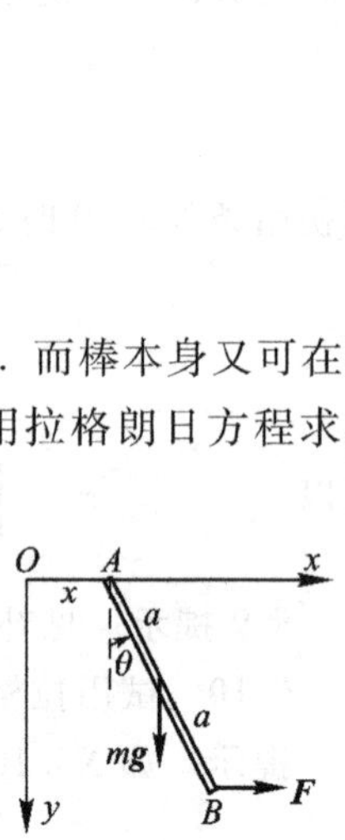

X5.12 图

式中 k 为棒对过质心轴的回转半径,$k^2=\frac{1}{3}a^2$. 由

$$\delta W = F\delta x + (2aF\cos\theta - amg\sin\theta)\delta\theta$$

可知

$$Q_x = F,\quad Q_\theta = 2aF\cos\theta - amg\sin\theta$$

把 T 和 Q_x、Q_θ 代入一般形式的拉格朗日方程,得到系统的运动微分方程:

$$m(\ddot{x} + a\ddot{\theta}\cos\theta - a\dot{\theta}^2\sin\theta) = F$$

$$m[a\ddot{x}\cos\theta + (a^2+k^2)\ddot{\theta}] = 2aF\cos\theta - amg\sin\theta$$

如摆动角度很小 $\theta\ll1$,则 $\sin\theta\approx\theta$,$\cos\theta\approx1$ 且 $\dot{\theta}$ 为小量,系统的运动微分方程为

$$\ddot{x} + a\ddot{\theta} = \frac{F}{m},\quad \ddot{x} + \frac{4}{3}a\ddot{\theta} + g\theta = \frac{2F}{m}$$

5.13　行星齿轮机构如图所示,曲柄 OA 带动行星齿轮Ⅱ在固定齿轮Ⅰ上滚动. 已知曲柄的质量为 m_1,且可认为是均质杆. 齿轮Ⅱ的质量为 m_2,半径为 r,且可认为是均质圆盘. 至于齿轮Ⅰ的半径则为 R. 今在曲柄上作用一不变的力矩 M. 如重力的作用可以略去不计,试用拉格朗日方程研究此曲柄的运动.

提示　如 X5.13 图所示,$s=1$,以 φ 为广义坐标.

$$T = \frac{1}{2}\times\frac{1}{3}m_1(R+r)^2\dot{\varphi}^2 + \frac{1}{2}m_2(R+r)^2\dot{\varphi}^2 + \frac{1}{2}\times\frac{1}{2}m_2r^2\dot{\theta}^2$$

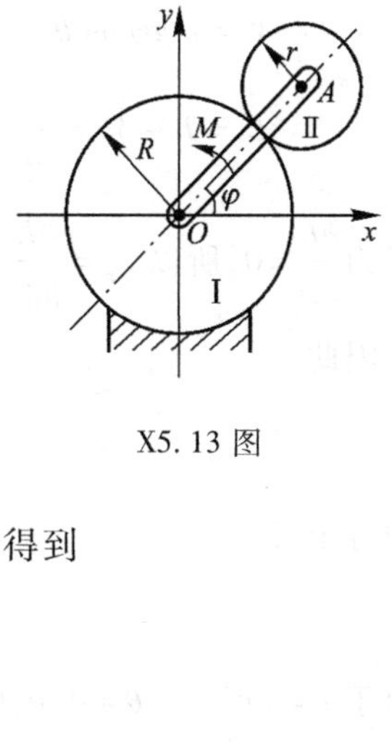

X5.13 图

$\dot{\theta}$ 为齿轮Ⅱ的角速度,因 $(R+r)\dot{\varphi}=r\dot{\theta}$,所以

$$T = \left(\frac{1}{6}m_1 + \frac{3}{4}m_2\right)(R+r)^2\dot{\varphi}^2$$

因 $\delta W=M\delta\varphi$,故 $Q_\varphi=M$. 把 T 和 Q_φ 代入一般形式的拉格朗日方程,则得到

$$\ddot{\varphi} = \frac{6M}{(2m_1+9m_2)(R+r)^2}$$

5.14　质量为 m 的圆柱体 S 放在质量为 m' 的圆柱体 P 上做相对纯滚动,而 P 则放在粗糙平面上. 已知两圆柱的轴都是水平的,且重心在同一竖直面内. 开始时此系统是静止的. 若以圆柱体 P 的重心的初始位置为固定坐标系的原点,则圆柱体 S 的重心在任意时刻的坐标为

$$\left.\begin{aligned} x &= c\,\frac{m\theta + (3m'+m)\sin\theta}{3(m'+m)} \\ y &= c\cos\theta \end{aligned}\right\}$$

试用拉格朗日方程证明之. 式中 c 为两圆柱轴线间的距离,θ 为两圆柱连心线与竖直向上的直线

间的夹角．

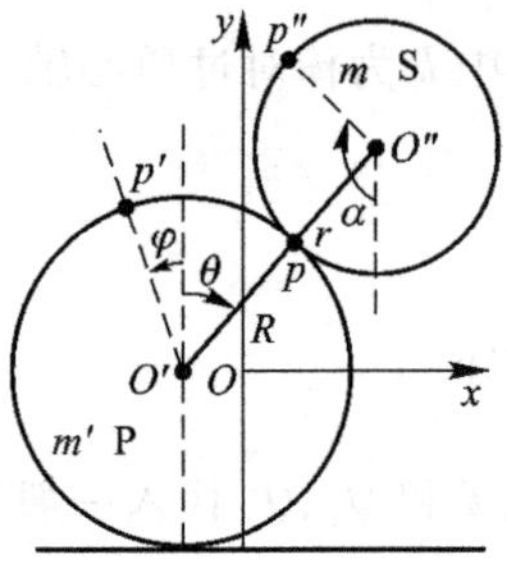

X5. 14 图

提示 如 X5. 14 图所示，$s=2$，以 θ 和 φ 为广义坐标．

初始时，O' 位于 O，$O'O''$ 竖直向上，p' 与 p'' 接触．因弧长 $\overparen{p'p}=\overparen{p''p}$，所以两圆柱间的无滑条件为 $r(\alpha-\theta)=R(\theta+\varphi)$．圆柱 P 与平面间的无滑条件为 $-x_{O'}=R\varphi$.

$$T=\frac{1}{2}m'v_{O'}^2+\frac{1}{2}I_{O'}\dot{\varphi}^2+\frac{1}{2}mv_{O''}^2+\frac{1}{2}I_{O''}\dot{\alpha}^2$$

（利用余弦定理计算 $v_{O''}^2$）

$$=\frac{1}{2}m'R^2\dot{\varphi}^2+\frac{1}{2}\times\frac{1}{2}m'R^2\dot{\varphi}^2+\frac{1}{2}m\left[R^2\dot{\varphi}^2+c^2\dot{\theta}^2+2R\dot{\varphi}c\dot{\theta}\cos(\pi-\theta)\right]+\frac{1}{2}\times\frac{1}{2}mr^2\dot{\alpha}^2$$

$$=\frac{3}{4}m'R^2\dot{\varphi}^2+\frac{1}{2}m(R^2\dot{\varphi}^2+c^2\dot{\theta}^2-2R\dot{\varphi}c\dot{\theta}\cos\theta)+\frac{1}{4}m(c\dot{\theta}+R\dot{\varphi})^2$$

$$=\frac{3}{4}(m'+m)R^2\dot{\varphi}^2+\frac{3}{4}mc^2\dot{\theta}^2+\frac{1}{2}mR\dot{\varphi}c\dot{\theta}(1-2\cos\theta)$$

$$V=mgc\cos\theta$$

$$L=T-V=\frac{3}{4}(m'+m)R^2\dot{\varphi}^2+\frac{3}{4}mc^2\dot{\theta}^2+\frac{1}{2}mR\dot{\varphi}c\dot{\theta}(1-2\cos\theta)-mgc\cos\theta$$

因为$\dfrac{\partial L}{\partial\varphi}=0$，所以 $p_\varphi=\dfrac{\partial L}{\partial\dot{\varphi}}=\dfrac{3}{2}(m'+m)R^2\dot{\varphi}+\dfrac{1}{2}mRc\dot{\theta}(1-2\cos\theta)=$ 常量．由于$t=0$ 时 $\dot{\varphi}=\dot{\theta}=0$，因此

$$3(m'+m)R^2\dot{\varphi}+mRc\dot{\theta}(1-2\cos\theta)=0$$

积分上式

$$\int 3(m'+m)R^2\mathrm{d}\varphi+\int mRc(1-2\cos\theta)\mathrm{d}\theta$$

$$=3(m'+m)R^2\varphi+mRc(\theta-2\sin\theta)=C$$

由于 $t=0$ 时 $\varphi=\theta=0$，因此

$$3(m'+m)R\varphi+mc(\theta-2\sin\theta)=0$$

$$R\varphi=\frac{mc(2\sin\theta-\theta)}{3(m'+m)}$$

所以 $x=-R\varphi+c\sin\theta=c\dfrac{m\theta+(3m'+m)\sin\theta}{3(m'+m)}$，$y=c\cos\theta$.

5. 15 如图所示，质量为 m'，半径为 a 的薄球壳，其外表面是完全粗糙的，内表面则完全光滑，放在粗糙水平桌上．在球壳内放一质量为 m，长为 $2a\sin\alpha$ 的均质棒．设此系统由静止开始运动，且在开始的瞬间，棒在通过球心的竖直平面内，两端都与球壳相接触，并与水平线成β 角．

试用拉格朗日方程证明在以后的运动中，此棒与水平线所夹的角 θ 满足关系

$$[(5m'+3m)(3\cos^2\alpha+\sin^2\alpha)-9m\cos^2\alpha\cos^2\theta]a\dot{\theta}^2$$

$$=6g(5m'+3m)(\cos\theta-\cos\beta)\cos\alpha$$

提示 如 X5.15 图所示，$s=2$，以 φ 和 θ 为广义坐标．

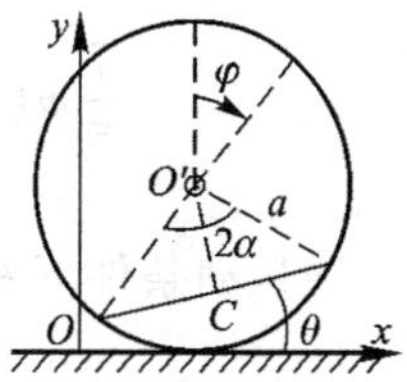

X5.15 图

$$T=\frac{1}{2}m'v_{O'}^2+\frac{1}{2}I_{O'}\dot{\varphi}^2+\frac{1}{2}mv_C^2+\frac{1}{2}I_C\dot{\theta}^2$$

（利用余弦定理计算 v_C^2）

$$=\frac{1}{2}m'a^2\dot{\varphi}^2+\frac{1}{2}\times\frac{2}{3}m'a^2\dot{\varphi}^2+$$

$$\frac{1}{2}m(a^2\dot{\varphi}^2+a^2\cos^2\alpha\cdot\dot{\theta}^2+2a\dot{\varphi}\cdot a\cos\alpha\cdot\dot{\theta}\cdot\cos\theta)+$$

$$\frac{1}{2}\times\frac{1}{12}m(2a\sin\alpha)^2\dot{\theta}^2$$

$$=\left(\frac{5}{6}m'+\frac{1}{2}m\right)a^2\dot{\varphi}^2+\left(\frac{1}{2}\cos^2\alpha+\frac{1}{6}\sin^2\alpha\right)ma^2\dot{\theta}^2+ma^2\dot{\varphi}\dot{\theta}\cos\alpha\cos\theta=T_2$$

$$V=-mga\cos\alpha\cos\theta,\quad L=T-V$$

因为$\frac{\partial L}{\partial\varphi}=0$，所以 $p_\varphi=\frac{\partial L}{\partial\dot{\varphi}}=\left(\frac{5}{3}m'+m\right)a^2\dot{\varphi}+ma^2\dot{\theta}\cos\alpha\cos\theta=$常量．由于$t=0$时 $\dot{\varphi}=\dot{\theta}=0$，所以此常量为零，可求出 $\dot{\varphi}=-\frac{3m\dot{\theta}\cos\alpha\cos\theta}{5m'+3m}$.

因为$\frac{\partial L}{\partial t}=0$ 且 $T=T_2$，所以系统机械能守恒，$T+V=$常量，即

$$(5m'+3m)a^2\dot{\varphi}^2+(3\cos^2\alpha+\sin^2\alpha)ma^2\dot{\theta}^2+$$

$$6ma^2\dot{\varphi}\dot{\theta}\cos\alpha\cos\theta-6mga\cos\alpha\cos\theta=-6mga\cos\alpha\cos\beta$$

把前面求出的 $\dot{\varphi}$ 代入上式，即可求出

$$[(5m'+3m)(3\cos^2\alpha+\sin^2\alpha)-9m\cos^2\alpha\cos^2\theta]a\dot{\theta}^2$$

$$=6g(5m'+3m)(\cos\theta-\cos\beta)\cos\alpha$$

5.16 半径为 r 的均质圆球，可在一具有水平轴，半径为 R 的固定圆柱的内表面滚动．限定圆球的质心在一个竖直平面内运动．试求圆球绕平衡位置做微振动的运动方程及其周期．

提示 如 X5.16 图所示，$s=1$，以 θ 为广义坐标．无滑条件为

$$R\theta=r(\theta+\alpha)\ ,\quad 或\ (R-r)\dot{\theta}-r\dot{\alpha}=0$$

$$T=\frac{1}{2}m(R-r)^2\dot{\theta}^2+\frac{1}{2}\times\frac{2}{5}mr^2\dot{\alpha}^2=\frac{7}{10}m(R-r)^2\dot{\theta}^2$$

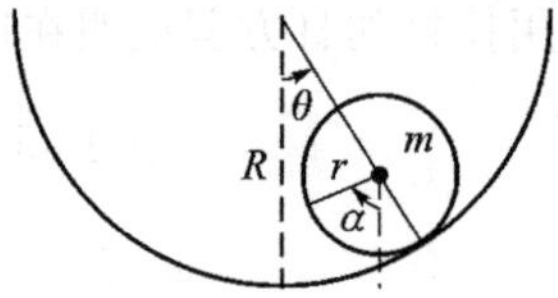

X5.16 图

$$V=-mg(R-r)\cos\theta$$

$$L=T-V=\frac{7}{10}m(R-r)^2\dot{\theta}^2+mg(R-r)\cos\theta$$

代入拉格朗日方程得

$$\frac{7}{5}m(R-r)^2\ddot{\theta}+mg(R-r)\sin\theta=0$$

微振动条件下 $\theta\ll 1$, $\sin\theta\approx\theta$,运动微分方程化为 $\ddot{\theta}+\frac{5g}{7(R-r)}\theta=0$,运动周期为 $\tau=\frac{2\pi}{\omega}=2\pi\sqrt{\frac{7(R-r)}{5g}}$.

5.17 提示 见补充例题 5.8.

5.18 在上题中,如双摆的上端不是系在固定点 O 上,而是系在一个套在光滑水平杆上,质量为 $2m$ 的小环上,小环可沿水平杆滑动. 如 $m_1=m_2=m$, $l_1=l_2=l$,试求其运动方程及其周期.

提示 参见补充例题 5.8.

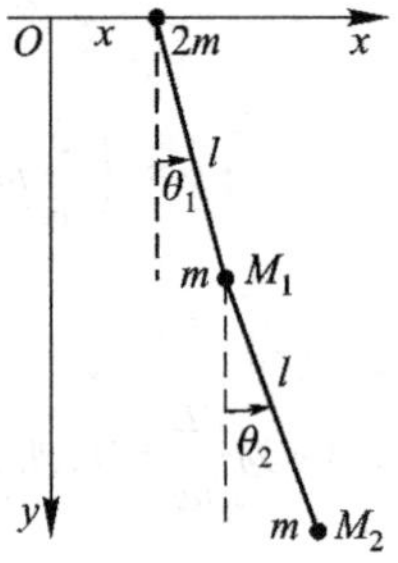

X5.18 图

如 X5.18 图所示, $s=3$,以 x、θ_1 和 θ_2 为广义坐标.

考虑微振动条件, $\sin\theta\approx\theta$, $\cos\theta\approx 1$,所以

$$T=\frac{1}{2}2m\dot{x}^2+\frac{1}{2}m(\dot{x}_1^2+\dot{y}_1^2)+\frac{1}{2}m(\dot{x}_2^2+\dot{y}_2^2)$$

$$=\frac{1}{2}2m\dot{x}^2+\frac{1}{2}m[(\dot{x}+l\dot{\theta}_1)^2+(-l\dot{\theta}_1\theta_1)^2]+$$

$$\frac{1}{2}m[(\dot{x}+l\dot{\theta}_1+l\dot{\theta}_2)^2+(-l\dot{\theta}_1\theta_1-l\dot{\theta}_2\theta_2)^2]$$

于是 θ_1、θ_2、$\dot{\theta}_1$、$\dot{\theta}_2$ 均为小量, T 保留 2 阶小量,则

$$T=\frac{1}{2}2m\dot{x}^2+\frac{1}{2}m(\dot{x}+l\dot{\theta}_1)^2+\frac{1}{2}m(\dot{x}+l\dot{\theta}_1+l\dot{\theta}_2)^2$$

$$=2m\dot{x}^2+ml^2\dot{\theta}_1^2+\frac{1}{2}ml^2\dot{\theta}_2^2+2ml\dot{x}\dot{\theta}_1+ml\dot{x}\dot{\theta}_2+ml^2\dot{\theta}_1\dot{\theta}_2$$

$$V=-mgl\cos\theta_1-mg(l\cos\theta_1+l\cos\theta_2)$$

展开 $\cos\theta_1\approx 1-\frac{1}{2}\theta_1^2$ 和 $\cos\theta_2\approx 1-\frac{1}{2}\theta_2^2$, V 保留 θ_1 和 θ_2 的 2 阶小量,则

$$V=-3mgl+mgl\theta_1^2+\frac{1}{2}mgl\theta_2^2$$

把 $L=T-V$ 代入拉格朗日方程,则可以得到系统的运动方程:

$$4\ddot{x}+2l\ddot{\theta}_1+l\ddot{\theta}_2=0$$

$$2\ddot{x}+2l\ddot{\theta}_1+l\ddot{\theta}_2+2g\theta_1=0$$

$$\ddot{x}+l\ddot{\theta}_1+l\ddot{\theta}_2+g\theta_2=0$$

代入 $x=A\cos(\omega t+\varphi)$,$\theta_1=A_1\cos(\omega t+\varphi)$,$\theta_2=A_2\cos(\omega t+\varphi)$,得

$$4A\omega^2+2A_1l\omega^2+A_2l\omega^2=0$$

$$2A\omega^2+2A_1(l\omega^2-g)+A_2l\omega^2=0$$

$$A\omega^2+A_1l\omega^2+A_2(l\omega^2-g)=0$$

上三式视为 A、A_1 和 A_2 的方程,要有非零解,系数行列式必须为零

$$\begin{vmatrix}4\omega^2 & 2l\omega^2 & l\omega^2\\ 2\omega^2 & 2(l\omega^2-g) & l\omega^2\\ \omega^2 & l\omega^2 & l\omega^2-g\end{vmatrix}=0$$

即

$$2\omega^2(l\omega^2-g)(l\omega^2-4g)=0$$

其解为

$$\omega=0,\quad \omega_1=\sqrt{\frac{g}{l}},\quad \omega_2=\sqrt{\frac{4g}{l}}$$

运动周期为

$$\tau_1=\frac{2\pi}{\omega_1}=2\pi\sqrt{\frac{l}{g}},\quad \tau_2=\frac{2\pi}{\omega_2}=\pi\sqrt{\frac{l}{g}}$$

5.19 质量分别为 m_1、m_2 的两原子分子,平衡时原子间的距离为 a,它们的相互作用力是准弹性的,取两原子的连线为 x 轴,试求此分子的运动方程.

评述 多自由度的微振动问题中,广义坐标应以平衡位置为零点,如 X5.19 图(1)所示.在振动中广义坐标 q_α、广义速度 $\dot{q}_\alpha$ 均为小量,于是可以通过小量展开的方法,使 T 成为常系数的广义速度的二次齐次式,V 成为常系数的广义坐标的二次齐次式(参见补充例题 5.8).

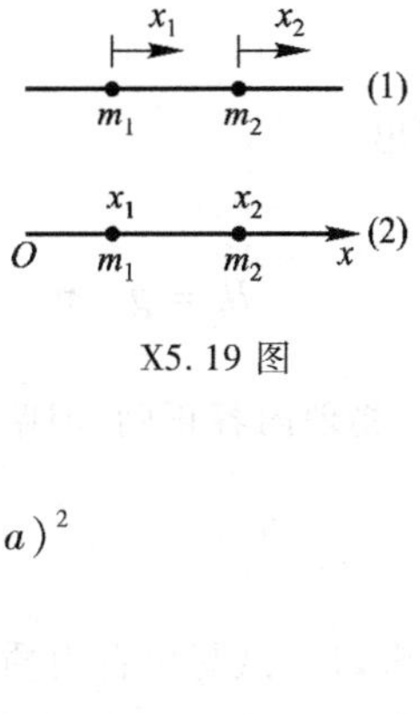

X5.19 图

此习题不是标准的多自由度的微振动问题,做法也较灵活.

提示 如 X5.19 图(2)所示,$s=2$,以 x_1 和 x_2 为广义坐标.

$$L=T-V=\frac{1}{2}m_1\dot{x}_1^2+\frac{1}{2}m_2\dot{x}_2^2-\frac{1}{2}k(x_2-x_1-a)^2$$

代入拉格朗日方程,即得此分子的运动微分方程:

$$m_1\ddot{x}_1=k(x_2-x_1-a) \tag{1}$$

$$m_2\ddot{x}_2=-k(x_2-x_1-a) \tag{2}$$

(1)式+(2)式得

$$m_1\ddot{x}_1+m_2\ddot{x}_2=0 \quad (Ox\text{ 方向动量守恒})$$

积分得

$$m_1x_1+m_2x_2=C_1t+C_2,\quad 即\ x_2=-\frac{m_1}{m_2}x_1+\frac{C_1t+C_2}{m_2}$$

代入(1)式得
$$m_1\ddot{x}_1 = k\left(-\frac{m_1}{m_2}x_1 + \frac{C_1t + C_2}{m_2} - x_1 - a\right)$$

即
$$\ddot{x}_1 + \frac{m_1 + m_2}{m_1m_2}kx_1 = \frac{C_1t + C_2}{m_1m_2} - \frac{a}{m_1}$$

设 $\omega = \sqrt{\dfrac{m_1 + m_2}{m_1m_2}k}$,则
$$x_1 = At + B + C\sin(\omega t + \varphi)$$

代入(1)式得
$$x_2 = At + B + a - C\frac{m_1}{m_2}\sin(\omega t + \varphi)$$

上述两式即为此分子的运动学方程.

5.20 已知一带电粒子在电磁场中的拉格朗日函数 L(非相对论的)为
$$L = T - q\varphi + q\boldsymbol{A}\cdot\boldsymbol{v} = \frac{1}{2}mv^2 - q\varphi + q\boldsymbol{A}\cdot\boldsymbol{v}$$
式中 $\boldsymbol{v}$ 为粒子的速度,m 为粒子的质量,q 为粒子所带的电荷,φ 为标量势,$\boldsymbol{A}$ 为矢量势. 试由此写出它的哈密顿函数.

提示 $s=3$,以 x、y 和 z 为广义坐标.

分析力学采用标量形式,但有时为了表达和计算的简单,也可以用矢量表述. 比如本题中,$s=3$,以 $\boldsymbol{r}$ 为广义坐标,$\boldsymbol{v}=\dot{\boldsymbol{r}}$ 为广义速度,广义动量
$$\boldsymbol{p} = \frac{\partial L}{\partial \boldsymbol{v}} = m\boldsymbol{v} + q\boldsymbol{A}$$

反解出
$$\boldsymbol{v} = \frac{\boldsymbol{p} - q\boldsymbol{A}}{m}$$

则
$$H = \boldsymbol{p}\cdot\boldsymbol{v} - L = (m\boldsymbol{v} + q\boldsymbol{A})\cdot\boldsymbol{v} - \frac{1}{2}mv^2 + q\varphi - q\boldsymbol{A}\cdot\boldsymbol{v} = \frac{1}{2}mv^2 + q\varphi$$

到此,物理内容正确,但哈密顿函数必须为广义动量和广义坐标的函数! 所以
$$H = \frac{1}{2m}(\boldsymbol{p} - q\boldsymbol{A})^2 + q\varphi$$

5.21 试写出自由质点在做匀速转动的坐标系中的哈密顿函数的表示式.

提示 $s=3$,以质点在动坐标系中的坐标 x、y 和 z 为广义坐标.

即以质点在动坐标系中的 $\boldsymbol{r}$ 为广义坐标,广义速度为相对速度 $\boldsymbol{v}'$. 设动坐标系的角速度为 $\boldsymbol{\Omega}$,则 $\boldsymbol{v}=\boldsymbol{v}'+\boldsymbol{\Omega}\times\boldsymbol{r}$,
$$T = \frac{1}{2}mv^2 = \frac{1}{2}m(\boldsymbol{v}' + \boldsymbol{\Omega}\times\boldsymbol{r})^2$$

广义动量 $\boldsymbol{p}=\dfrac{\partial T}{\partial \boldsymbol{v}'}=m(\boldsymbol{v}'+\boldsymbol{\Omega}\times\boldsymbol{r})$,反解出 $\boldsymbol{v}'=\dfrac{\boldsymbol{p}}{m}-\boldsymbol{\Omega}\times\boldsymbol{r}$,所以

$$H=\boldsymbol{p}\cdot\boldsymbol{v}'-L=\frac{p^2}{m}-\boldsymbol{p}\cdot(\boldsymbol{\Omega}\times\boldsymbol{r})-\frac{p^2}{2m}+V$$

$$=\frac{p^2}{2m}-\boldsymbol{p}\cdot(\boldsymbol{\Omega}\times\boldsymbol{r})+V=\frac{p^2}{2m}-\boldsymbol{\Omega}\cdot(\boldsymbol{r}\times\boldsymbol{p})+V$$

5.22 试写出§3.9中拉格朗日陀螺的哈密顿函数 H,并由此求出它的三个第一积分.

提示 如X5.22图所示,$Oxyz$ 为与陀螺固连的主轴坐标系,C 为陀螺质心,$OC=l$. $s=3$,以三个欧拉角 φ、θ 和 ψ 为广义坐标.

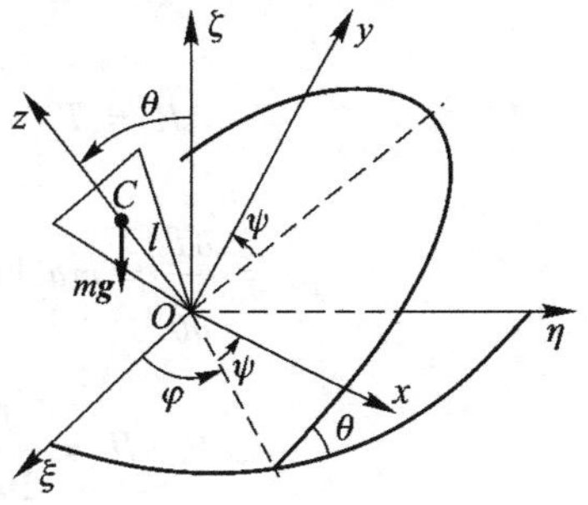

X5.22 图

利用欧拉运动学方程:

$$\begin{cases}\omega_x=\dot\varphi\sin\theta\sin\psi+\dot\theta\cos\psi\\ \omega_y=\dot\varphi\sin\theta\cos\psi-\dot\theta\sin\psi\\ \omega_z=\dot\varphi\cos\theta+\dot\psi\end{cases}$$

及 $I_1=I_2\neq I_3$,所以

$$T=\frac{1}{2}(I_1\omega_x^2+I_2\omega_y^2+I_3\omega_z^2)$$

$$=\frac{1}{2}[I_1(\omega_x^2+\omega_y^2)+I_3\omega_z^2)$$

$$=\frac{1}{2}[I_1(\dot\varphi^2\sin^2\theta+\dot\theta^2)+I_3(\dot\varphi\cos\theta+\dot\psi)^2]=T_2$$

于是 $$H=T+V=\frac{1}{2}[I_1(\dot\varphi^2\sin^2\theta+\dot\theta^2)+I_3(\dot\varphi\cos\theta+\dot\psi)^2]+mgl\cos\theta$$

由 $$p_\varphi=\frac{\partial T}{\partial\dot\varphi}=I_1\dot\varphi\sin^2\theta+I_3(\dot\varphi\cos\theta+\dot\psi)\cos\theta$$

$$p_\theta=\frac{\partial T}{\partial\dot\theta}=I_1\dot\theta,\quad p_\psi=\frac{\partial T}{\partial\dot\psi}=I_3(\dot\varphi\cos\theta+\dot\psi)$$

反解出 $$\dot\varphi=\frac{p_\varphi-p_\psi\cos\theta}{I_1\sin^2\theta},\quad \dot\theta=\frac{p_\theta}{I_1},\quad \dot\psi=\frac{p_\psi}{I_3}-\frac{p_\varphi-p_\psi\cos\theta}{I_1\sin^2\theta}\cos\theta$$

所以 $$H=\frac{(p_\varphi-p_\psi\cos\theta)^2}{2I_1\sin^2\theta}+\frac{p_\theta^2}{2I_1}+\frac{p_\psi^2}{2I_3}+mgl\cos\theta$$

因 $\dfrac{\partial H}{\partial\psi}=0$,故 $p_\psi=\dfrac{\partial T}{\partial\dot\psi}=I_3(\dot\varphi\cos\theta+\dot\psi)=$常量,即 $\dot\varphi\cos\theta+\dot\psi=s$(常量).

因 $\dfrac{\partial H}{\partial\varphi}=0$,故 $p_\varphi=I_1\dot\varphi\sin^2\theta+I_3s\cos\theta=\alpha$(常量).

因$\dfrac{\partial H}{\partial t}=0$,故 $H=T+V=\dfrac{1}{2}[I_1(\dot{\varphi}^2\sin^2\theta+\dot{\theta}^2)+I_3s^2]+mgl\cos\theta=E.$

5.23　试用哈密顿正则方程解 4.10 题.

提示　参见主教材习题5.6,$s=1$,以 θ 为广义坐标.

$$L=T-V=T=\frac{1}{2}ma^2[\dot{\theta}^2+2\omega(1+\cos\theta)\dot{\theta}+2\omega^2(1+\cos\theta)]$$

$$H=T_2-T_0+V=\frac{1}{2}ma^2[\dot{\theta}^2-2\omega^2(1+\cos\theta)]$$

$$p_\theta=\frac{\partial T}{\partial\dot{\theta}}=ma^2[\dot{\theta}+\omega(1+\cos\theta)],\quad \dot{\theta}=\frac{p_\theta}{ma^2}-\omega(1+\cos\theta)$$

$$H=\frac{p_\theta^2}{2ma^2}-p_\theta\omega(1+\cos\theta)-\frac{1}{2}ma^2\omega^2\sin^2\theta$$

代入正则方程得

$$\dot{\theta}=\frac{p_\theta}{ma^2}-\omega(1+\cos\theta)$$

$$\dot{p}_\theta=-p_\theta\omega\sin\theta+ma^2\omega^2\sin\theta\cos\theta$$

所以

$$\ddot{\theta}=\frac{\dot{p}_\theta}{ma^2}+\omega\dot{\theta}\sin\theta=\frac{-p_\theta\omega\sin\theta+ma^2\omega^2\sin\theta\cos\theta}{ma^2}+\omega\dot{\theta}\sin\theta$$

$$=-[\dot{\theta}+\omega(1+\cos\theta)]\omega\sin\theta+\omega^2\sin\theta\cos\theta+\omega\dot{\theta}\sin\theta$$

即

$$\ddot{\theta}+\omega^2\sin\theta=0$$

5.24　半径为 c 的均质圆球,自半径为 b 的固定圆球的顶端无初速地滚下,试由哈密顿正则方程求动球球心下降的切向加速度.

提示　如 X5.24 图所示,$s=1$,以 θ 为广义坐标.

无滑条件$(b+c)\dot{\theta}=c\dot{\varphi}$,故

$$T=\frac{1}{2}m(b+c)^2\dot{\theta}^2+\frac{1}{2}\times\frac{2}{5}mc^2\dot{\varphi}^2$$

$$=\frac{7}{10}m(b+c)^2\dot{\theta}^2=T_2$$

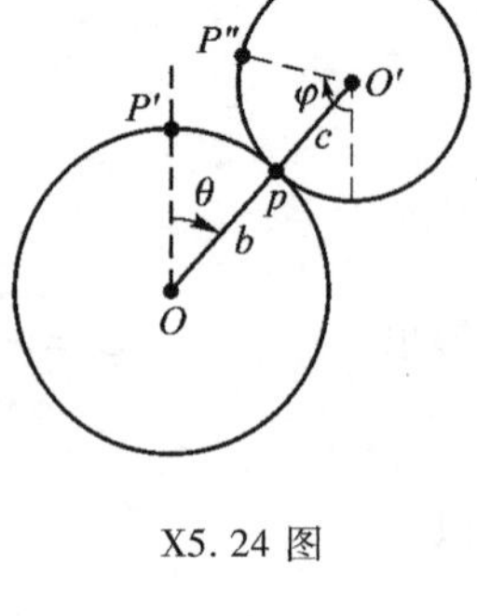

X5.24 图

$$H=T+V=\frac{7}{10}m(b+c)^2\dot{\theta}^2+mg(b+c)\cos\theta$$

$$p_\theta=\frac{\partial T}{\partial\dot{\theta}}=\frac{7}{5}m(b+c)^2\dot{\theta},\quad \dot{\theta}=\frac{5p_\theta}{7m(b+c)^2}$$

哈密顿函数为

$$H=\frac{5p_\theta^2}{14m(b+c)^2}+mg(b+c)\cos\theta$$

代入正则方程得

$$\dot{\theta}=\frac{5p_\theta}{7m(b+c)^2},\quad \dot{p}_\theta=mg(b+c)\sin\theta$$

由上述二式求出 $\ddot{\theta}=\frac{5g\sin\theta}{7(b+c)}$，所以 $a_{Ct}=(b+c)\ddot{\theta}=\frac{5}{7}g\sin\theta$.

5.25 试求由质点系的动量矩 J 的笛卡儿分量所组成的泊松括号.

提示 以直角坐标 x_i、y_i、z_i 和与之对应的动量 p_{ix}、p_{iy}、p_{iz} 作为正则变量. 因为 $J_x=\sum_{i=1}^{n}(y_ip_{iz}-z_ip_{iy})$，$J_y=\sum_{i=1}^{n}(z_ip_{ix}-x_ip_{iz})$，…. 根据泊松括号的定义

$$[J_x,J_x]=\sum_{i=1}^{n}\left[\left(\frac{\partial J_x}{\partial x_i}\frac{\partial J_x}{\partial p_{ix}}-\frac{\partial J_x}{\partial p_{ix}}\frac{\partial J_x}{\partial x_i}\right)+\left(\frac{\partial J_x}{\partial y_i}\frac{\partial J_x}{\partial p_{iy}}-\frac{\partial J_x}{\partial p_{iy}}\frac{\partial J_x}{\partial y_i}\right)+\left(\frac{\partial J_x}{\partial z_i}\frac{\partial J_x}{\partial p_{iz}}-\frac{\partial J_x}{\partial p_{iz}}\frac{\partial J_x}{\partial z_i}\right)\right]=0$$

$$\begin{aligned}[J_x,J_y]&=\sum_{i=1}^{n}\left[\left(\frac{\partial J_x}{\partial x_i}\frac{\partial J_y}{\partial p_{ix}}-\frac{\partial J_x}{\partial p_{ix}}\frac{\partial J_y}{\partial x_i}\right)+\left(\frac{\partial J_x}{\partial y_i}\frac{\partial J_y}{\partial p_{iy}}-\frac{\partial J_x}{\partial p_{iy}}\frac{\partial J_y}{\partial y_i}\right)+\left(\frac{\partial J_x}{\partial z_i}\frac{\partial J_y}{\partial p_{iz}}-\frac{\partial J_x}{\partial p_{iz}}\frac{\partial J_y}{\partial z_i}\right)\right]=\sum_{i=1}^{n}\left(\frac{\partial J_x}{\partial z_i}\frac{\partial J_y}{\partial p_{iz}}-\frac{\partial J_x}{\partial p_{iz}}\frac{\partial J_y}{\partial z_i}\right)\\&=\sum_{i=1}^{n}(x_ip_{iy}-y_ip_{ix})=J_z\end{aligned}$$

同理 $[J_y,J_y]=[J_z,J_z]=0$，$[J_y,J_z]=J_x$，$[J_z,J_x]=J_y$.

5.26 试求由质点系的动量 $\boldsymbol{p}$ 和动量矩 $\boldsymbol{J}$ 的笛卡儿分量所组成的泊松括号.

提示 以直角坐标 x_i、y_i、z_i 和与之对应的动量 p_{ix}、p_{iy}、p_{iz} 作为正则变量. 因为 $J_x=\sum_{i=1}^{n}(y_ip_{iz}-z_ip_{iy})$，$p_y=\sum_{i=1}^{n}p_{iy}$，$p_z=\sum_{i=1}^{n}p_{iz}$，…. 根据泊松括号的定义

$$\begin{aligned}[J_x,p_y]&=\sum_{i=1}^{n}\left[\left(\frac{\partial J_x}{\partial x_i}\frac{\partial p_y}{\partial p_{ix}}-\frac{\partial J_x}{\partial p_{ix}}\frac{\partial p_y}{\partial x_i}\right)+\left(\frac{\partial J_x}{\partial y_i}\frac{\partial p_y}{\partial p_{iy}}-\frac{\partial J_x}{\partial p_{iy}}\frac{\partial p_y}{\partial y_i}\right)+\left(\frac{\partial J_x}{\partial z_i}\frac{\partial p_y}{\partial p_{iz}}-\frac{\partial J_x}{\partial p_{iz}}\frac{\partial p_y}{\partial z_i}\right)\right]\\&=\sum_{i=1}^{n}\frac{\partial J_x}{\partial y_i}\frac{\partial p_y}{\partial p_{iy}}=\sum_{i=1}^{n}p_{iz}=p_z\end{aligned}$$

同理$[J_y,p_z]=p_x,[J_z,p_x]=p_y$.

$$[J_x,p_z]=\sum_{i=1}^{n}\frac{\partial J_x}{\partial z_i}\frac{\partial p_z}{\partial p_{iz}}=-\sum_{i=1}^{n}p_{iy}=-p_y$$

同理$[J_y,p_x]=-p_z,[J_z,p_y]=-p_x;[J_x,p_x]=[J_y,p_y]=[J_z,p_z]=0$.

5.27 如果φ是坐标和动量的任意标量函数,即$\varphi=a\boldsymbol{r}^2+b\boldsymbol{r}\cdot\boldsymbol{p}+c\boldsymbol{p}^2$,其中$a,b,c$为常量,试证

$$[\varphi,J_z]=0$$

评述 如果φ是关于坐标和动量的任意标量函数,则应表述为$\varphi=\varphi(r,p,\boldsymbol{r}\cdot\boldsymbol{p})$,其中$r=\sqrt{x^2+y^2+z^2}$,$p=\sqrt{p_x^2+p_y^2+p_z^2}$,$\boldsymbol{r}\cdot\boldsymbol{p}=xp_x+yp_y+zp_z$. $\varphi=ar^2+b\boldsymbol{r}\cdot\boldsymbol{p}+cp^2$只是一个特殊函数,下面讨论任意标量函数$\varphi=\varphi(r,p,\boldsymbol{r}\cdot\boldsymbol{p})$.

提示 以直角坐标x、y、z和与之对应的动量p_x、p_y、p_z作为正则变量.

$$[\varphi,J_z]=[\varphi,xp_y-yp_x]=x[\varphi,p_y]+p_y[\varphi,x]-y[\varphi,p_x]-p_x[\varphi,y] \tag{1}$$

$$[\varphi,p_y]=\left[\left(\frac{\partial\varphi}{\partial x}\frac{\partial p_y}{\partial p_x}-\frac{\partial\varphi}{\partial p_x}\frac{\partial p_y}{\partial x}\right)+\left(\frac{\partial\varphi}{\partial y}\frac{\partial p_y}{\partial p_y}-\frac{\partial\varphi}{\partial p_y}\frac{\partial p_y}{\partial y}\right)+\left(\frac{\partial\varphi}{\partial z}\frac{\partial p_y}{\partial p_z}-\frac{\partial\varphi}{\partial p_z}\frac{\partial p_y}{\partial z}\right)\right]=\frac{\partial\varphi}{\partial y}$$

$$[\varphi,x]=-\frac{\partial\varphi}{\partial p_x},\quad [\varphi,p_x]=\frac{\partial\varphi}{\partial x},\quad [\varphi,y]=-\frac{\partial\varphi}{\partial p_y}$$

把以上四式代入(1)式得

$$[\varphi,J_z]=x\frac{\partial\varphi}{\partial y}-p_y\frac{\partial\varphi}{\partial p_x}-y\frac{\partial\varphi}{\partial x}+p_x\frac{\partial\varphi}{\partial p_y} \tag{2}$$

$$\frac{\partial\varphi}{\partial y}=\frac{\partial\varphi}{\partial r}\frac{y}{r}+\frac{\partial\varphi}{\partial\boldsymbol{r}\cdot\boldsymbol{p}}p_y,\quad \frac{\partial\varphi}{\partial p_x}=\frac{\partial\varphi}{\partial p}\frac{p_x}{p}+\frac{\partial\varphi}{\partial\boldsymbol{r}\cdot\boldsymbol{p}}x$$

$$\frac{\partial\varphi}{\partial x}=\frac{\partial\varphi}{\partial r}\frac{x}{r}+\frac{\partial\varphi}{\partial\boldsymbol{r}\cdot\boldsymbol{p}}p_x,\quad \frac{\partial\varphi}{\partial p_y}=\frac{\partial\varphi}{\partial p}\frac{p_y}{p}+\frac{\partial\varphi}{\partial\boldsymbol{r}\cdot\boldsymbol{p}}y$$

把以上四式代入(2)式即可得$[\varphi,J_z]=0$.

5.28 半径为a的光滑圆形金属丝圈,以匀角速度ω绕竖直直径转动,圈上套着一质量为m的小环.起始时,小环自圆圈的最高点无初速地沿着圆圈滑下,当环和圈中心的连线与竖直向上的直径成θ角时,用哈密顿原理求出小环的运动微分方程.

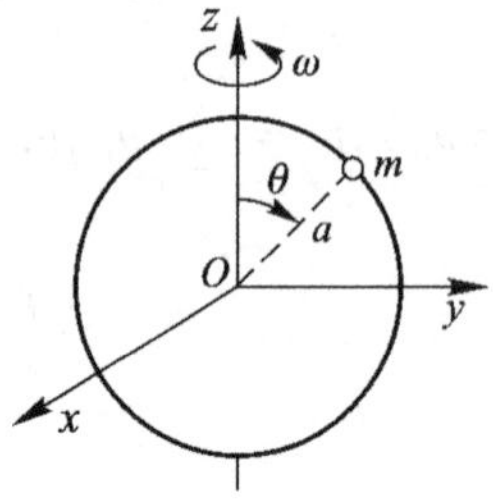

X5.28 图

提示 参见补充例题5.7,如X5.28图所示. $s=1$,以θ为广义坐标.

$$L=T-V=\frac{1}{2}ma^2(\dot\theta^2+\omega^2\sin^2\theta)-mga\cos\theta\int_{t_1}^{t_2}\delta\left[\frac{1}{2}ma^2(\dot\theta^2+\omega^2\sin^2\theta)-mga\cos\theta\right]\mathrm{d}t$$

$$= \int_{t_1}^{t_2} (ma^2\dot{\theta}\delta\dot{\theta} + ma^2\omega^2\sin\theta\cos\theta\delta\theta + mga\sin\theta\delta\theta)\mathrm{d}t = 0$$

$$\int_{t_1}^{t_2} ma^2\dot{\theta}\delta\dot{\theta}\mathrm{d}t = \int_{t_1}^{t_2} ma^2\dot{\theta}\frac{\mathrm{d}}{\mathrm{d}t}\delta\theta\mathrm{d}t = ma^2\dot{\theta}\delta\theta\Big|_{t_1}^{t_2} - \int_{t_1}^{t_2} ma^2\ddot{\theta}\delta\theta\mathrm{d}t = -\int_{t_1}^{t_2} ma^2\ddot{\theta}\delta\theta\mathrm{d}t$$

所以

$$\int_{t_1}^{t_2} (-ma^2\ddot{\theta} + ma^2\omega^2\sin\theta\cos\theta + mga\sin\theta)\delta\theta\mathrm{d}t = 0$$

由于 $\delta\theta$ 任意,因此

$$-ma^2\ddot{\theta} + ma^2\omega^2\sin\theta\cos\theta + mga\sin\theta = 0$$

即

$$a\ddot{\theta} = a\omega^2\sin\theta\cos\theta + g\sin\theta = 0$$

5.29 试用哈密顿原理解 4.10 题.

提示 参见主教材习题 5.6. $s=1$,以 θ 为广义坐标.

$$L = T - V = T = \frac{1}{2}ma^2[\dot{\theta}^2 + 2\omega(1+\cos\theta)\dot{\theta} + 2\omega^2(1+\cos\theta)]$$

$$\int_{t_1}^{t_2} \delta\left[\frac{1}{2}ma^2\dot{\theta}^2 + ma^2\omega(1+\cos\theta)\dot{\theta} + ma^2\omega^2(1+\cos\theta)\right]\mathrm{d}t$$

$$= \int_{t_1}^{t_2} [ma^2\dot{\theta}\delta\dot{\theta} + ma^2\omega(1+\cos\theta)\delta\dot{\theta} - ma^2\omega\dot{\theta}\sin\theta\delta\theta - ma^2\omega^2\sin\theta\delta\theta]\mathrm{d}t$$

$$= \int_{t_1}^{t_2} (-ma^2\ddot{\theta}\delta\theta + ma^2\omega\dot{\theta}\sin\theta\delta\theta - ma^2\omega\dot{\theta}\sin\theta\delta\theta - ma^2\omega^2\sin\theta\delta\theta)\mathrm{d}t$$

$$= \int_{t_1}^{t_2} ma^2(-\ddot{\theta} - \omega^2\sin\theta)\delta\theta\mathrm{d}t = 0$$

由于 $\delta\theta$ 任意,因此

$$\ddot{\theta} + \omega^2\sin\theta = 0$$

5.30 试用哈密顿原理求复摆做微振动时的周期.

提示 如 X5.30 图所示. $s=1$,以 θ 为广义坐标.

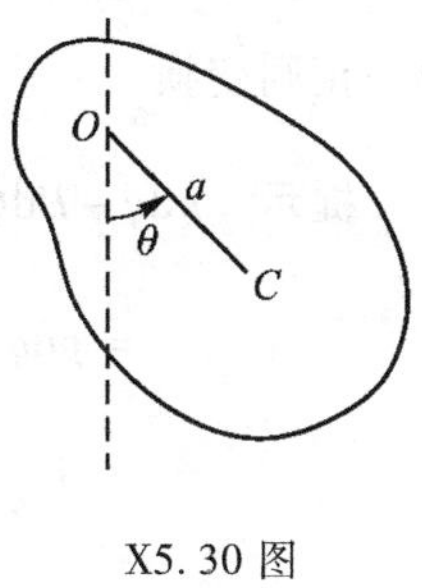

X5.30 图

$$L = T - V = \frac{1}{2}I_O\dot{\theta}^2 + mga\cos\theta$$

$$\int_{t_1}^{t_2} \delta\left(\frac{1}{2}I_O\dot{\theta}^2 + mga\cos\theta\right)\mathrm{d}t = \int_{t_1}^{t_2} (I_O\dot{\theta}\delta\dot{\theta} - mga\sin\theta\delta\theta)\mathrm{d}t$$

$$= \int_{t_1}^{t_2} (-I_O\ddot{\theta}\delta\theta - mga\sin\theta\delta\theta)\mathrm{d}t$$

$$= \int_{t_1}^{t_2} (-I_O\ddot{\theta} - mga\sin\theta)\delta\theta\mathrm{d}t = 0$$

由于 $\delta\theta$ 任意,因此

$$\ddot{\theta} + \frac{mga}{I_O}\sin\theta = 0$$

$\theta \ll 1$ 情况下，运动微分方程为

$$\ddot{\theta} + \frac{mga}{I_O}\theta = 0$$

所以 $\omega = \sqrt{\frac{mga}{I_O}}$，周期　$\tau = \frac{2\pi}{\omega} = 2\pi\sqrt{\frac{I_O}{mga}}$.

5.31　试用哈密顿原理解 5.9 题.

提示　参见补充例题 5.3. $s=2$，选 ρ 和 θ 为广义坐标.

$$L = \frac{1}{2}m[(1+\cot^2\alpha)\dot{\rho}^2 + \rho^2\dot{\theta}^2] - mg\rho\cot\alpha$$

$$\int_{t_1}^{t_2}\delta\left\{\frac{1}{2}m[(1+\cot^2\alpha)\dot{\rho}^2 + \rho^2\dot{\theta}^2] - mg\rho\cot\alpha\right\}dt$$

$$= \int_{t_1}^{t_2}[m(1+\cot^2\alpha)\dot{\rho}\delta\dot{\rho} + m\rho\dot{\theta}^2\delta\rho + m\rho^2\dot{\theta}\delta\dot{\theta} - mg\cot\alpha\delta\rho]dt$$

$$= \int_{t_1}^{t_2}[-m(1+\cot^2\alpha)\ddot{\rho}\delta\rho + m\rho\dot{\theta}^2\delta\rho - m(2\rho\dot{\rho}\dot{\theta} + \rho^2\ddot{\theta})\delta\theta - mg\cot\alpha\delta\rho]dt$$

$$= \int_{t_1}^{t_2}\{[-m(1+\cot^2\alpha)\ddot{\rho} + m\rho\dot{\theta}^2 - mg\cot\alpha]\delta\rho - m(2\rho\dot{\rho}\dot{\theta} + \rho^2\ddot{\theta})\delta\theta\}dt = 0$$

由于 $\delta\rho$ 和 $\delta\theta$ 任意，因此

$$-m(1+\cot^2\alpha)\ddot{\rho} + m\rho\dot{\theta}^2 - mg\cot\alpha = 0,\quad m(2\rho\dot{\rho}\dot{\theta} + \rho^2\ddot{\theta}) = 0$$

即

$$\ddot{\rho} - \rho\dot{\theta}^2\sin^2\alpha + g\sin\alpha\cos\alpha = 0,\quad \rho\ddot{\theta} + 2\dot{\rho}\dot{\theta} = \frac{1}{\rho}\frac{d}{dt}(\rho^2\dot{\theta}) = 0$$

5.32　试证

$$Q = \ln\left(\frac{1}{q}\sin p\right),\quad P = q\cot p$$

为一正则变换.

提示　$pdq - PdQ = pdq - q\cot p\cdot\frac{q}{\sin p}\left(-\frac{1}{q^2}\sin p dq + \frac{1}{q}\cos p dp\right)$

$$= pdq + \cot p dq - q\cot^2 p dp = d(pq) - qdp - q\cot^2 p dp + \cot p dq$$

$$= d(pq) - q\frac{1}{\sin^2 p}dp + \cot p dq = d(pq + q\cot p) = dU$$

所以 $Q = \ln\left(\frac{1}{q}\sin p\right)$，$P = q\cot p$ 为正则变换.

5.33　证：变换方程

$$q = (2Q)^{\frac{1}{2}}k^{-\frac{1}{2}}\cos P,\quad p = (2Q)^{\frac{1}{2}}k^{\frac{1}{2}}\sin P$$

代表一正则变换，并将正则方程

$$\dot{q} = \frac{\partial H}{\partial p}, \quad \dot{p} = -\frac{\partial H}{\partial q}$$

变为

$$\dot{Q} = \frac{\partial H^*}{\partial P}, \quad \dot{P} = -\frac{\partial H^*}{\partial Q}$$

式中

$$H = \frac{1}{2}(p^2 + k^2q^2), \quad H^* = kQ$$

提示

$$\begin{aligned} p\mathrm{d}q - P\mathrm{d}Q &= (2Q)^{\frac{1}{2}}k^{\frac{1}{2}}\sin P\mathrm{d}[(2Q)^{\frac{1}{2}}k^{-\frac{1}{2}}\cos P] - P\mathrm{d}Q \\ &= (2Q)^{\frac{1}{2}}\sin P[(2Q)^{-\frac{1}{2}}\cos P\mathrm{d}Q - (2Q)^{\frac{1}{2}}\sin P\mathrm{d}P] - P\mathrm{d}Q \\ &= \sin P\cos P\mathrm{d}Q - 2Q\sin^2 P\mathrm{d}P - P\mathrm{d}Q \\ &= \frac{1}{2}\sin 2P\mathrm{d}Q - Q(1 - \cos 2P)\mathrm{d}P - P\mathrm{d}Q \\ &= \frac{1}{2}\sin 2P\mathrm{d}Q + Q\cos 2P\mathrm{d}P - Q\mathrm{d}P - P\mathrm{d}Q \\ &= \mathrm{d}\left(\frac{1}{2}Q\sin 2P - QP\right) = \mathrm{d}U \end{aligned}$$

所以 $q = (2Q)^{\frac{1}{2}}k^{-\frac{1}{2}}\cos P, p = (2Q)^{\frac{1}{2}}k^{\frac{1}{2}}\sin P$ 为正则变换 .

U 不显含时间 t,故 $H - H^* = \frac{\partial U}{\partial t} = 0.$

$$H = \frac{1}{2}(p^2 + k^2q^2) = kQ\sin^2 P + kQ\cos^2 P = kQ = H^*$$

所以

$$\dot{Q} = \frac{\partial H^*}{\partial P} = 0, \quad \dot{P} = -\frac{\partial H^*}{\partial Q} = -k$$

5.34 如果利用下列关系把变数 p,q 换为 P,Q:

$$q = \varphi_1(P,Q), \quad p = \varphi_2(P,Q)$$

则当

$$\frac{\partial(q,p)}{\partial(Q,P)} = 1$$

时,这种变换是正则变换,试证明之.

提示

$$\begin{aligned} p\mathrm{d}q - P\mathrm{d}Q &= p\left(\frac{\partial q}{\partial Q}\mathrm{d}Q + \frac{\partial q}{\partial P}\mathrm{d}P\right) - P\mathrm{d}Q \\ &= \left(p\frac{\partial q}{\partial Q} - P\right)\mathrm{d}Q + p\frac{\partial q}{\partial P}\mathrm{d}P \end{aligned}$$

上式为全微分(恰当微分)的充要条件为

$$\frac{\partial\left(p\frac{\partial q}{\partial Q}-P\right)}{\partial P}=\frac{\partial\left(p\frac{\partial q}{\partial P}\right)}{\partial Q}$$

$$\frac{\partial p}{\partial P}\frac{\partial q}{\partial Q}+p\frac{\partial^2 q}{\partial P\partial Q}-1=\frac{\partial p}{\partial Q}\frac{\partial q}{\partial P}+p\frac{\partial^2 q}{\partial Q\partial P}$$

即
$$\frac{\partial(q,p)}{\partial(Q,P)}=\frac{\partial q}{\partial Q}\frac{\partial p}{\partial P}-\frac{\partial q}{\partial P}\frac{\partial p}{\partial Q}=1$$

5.35 试利用正则变换,由正则方程求竖直上抛的物体的运动规律．已知本问题的母函数 $U=mg\left(\frac{1}{6}gQ^3+qQ\right)$,式中 q 为确定物体位置的广义坐标,Q 为变换后新的广义坐标,g 为重力加速度．

提示 $s=1$,选竖直向上的 y 为广义坐标 $q=y$.

$$T=\frac{1}{2}m\dot{q}^2=T_2,\quad V=mgq,\quad H=T+V=\frac{1}{2}m\dot{q}^2+mgq$$

$$U=mg\left(\frac{1}{6}gQ^3+qQ\right)$$

所以
$$p=\frac{\partial U}{\partial q}=mgQ,\quad P=-\frac{\partial U}{\partial Q}=-mg\left(\frac{1}{2}gQ^2+q\right)$$

$$q=-\frac{P}{mg}-\frac{1}{2}gQ^2,\quad \frac{\partial U}{\partial t}=0$$

因 $p=\frac{\partial T}{\partial \dot{q}}=m\dot{q}$, 故

$$H=\frac{1}{2}m\dot{q}^2+mgq=\frac{1}{2m}p^2+mgq$$

$$=\frac{1}{2}mg^2Q^2-P-\frac{1}{2}mg^2Q^2=-P=H^*$$

于是
$$\dot{Q}=\frac{\partial H^*}{\partial P}=-1,\quad \dot{P}=-\frac{\partial H^*}{\partial Q}=0$$

因此
$$Q=-t+C_1,\quad P=C_2$$

所以
$$q=-\frac{C_2}{mg}-\frac{1}{2}g(-t+C_1)^2$$

若 $t=0$ 时,$q=0$,$\dot{q}=v_0$,可求出 $C_1=\frac{v_0}{g}$和 $C_2=-\frac{1}{2}mv_0^2$. 于是

$$y=q=\frac{v_0^2}{2g}-\frac{1}{2}g\left(-t+\frac{v_0}{g}\right)^2=v_0t-\frac{1}{2}gt^2$$

5.36　试求质点在势场

$$V = \frac{\alpha}{r^2} - \frac{Fz}{r^3}$$

中运动时的主函数 S,式中 α 及 F 为常量.

提示　$s=3$,选球坐标系 r、θ 和 φ 为广义坐标.

$$T = \frac{1}{2}m(\dot{r}^2 + r^2\dot{\theta}^2 + r^2\sin^2\theta \cdot \dot{\varphi}^2) = T_2, \quad V = \frac{\alpha - F\cos\theta}{r^2}$$

$$p_r = \frac{\partial T}{\partial \dot{r}} = m\dot{r}, \quad p_\theta = \frac{\partial T}{\partial \dot{\theta}} = mr^2\dot{\theta}, \quad p_\varphi = \frac{\partial T}{\partial \dot{\varphi}} = mr^2\sin^2\theta \cdot \dot{\varphi}$$

反解出

$$\dot{r} = \frac{p_r}{m}, \quad \dot{\theta} = \frac{p_\theta}{mr^2}, \quad \dot{\varphi} = \frac{p_\varphi}{mr^2\sin^2\theta}$$

于是

$$H = T + V = \frac{p_r^2}{2m} + \frac{p_\theta^2}{2mr^2} + \frac{p_\varphi^2}{2mr^2\sin^2\theta} + \frac{\alpha - F\cos\theta}{r^2}$$

因 $\frac{\partial H}{\partial t}=0$,故 $H=T+V=E$(机械能守恒). 由 $\frac{\partial H}{\partial \varphi}=0$,知 φ 为循环坐标. 所以

$$S = -Et + \alpha_3\varphi + W(r,\theta)$$

设 $W(r,\theta)=W_1(r)+W_2(\theta)$,$p_r=\frac{\partial S}{\partial r}=\frac{\mathrm{d}W_1}{\mathrm{d}r}$,$p_\theta=\frac{\partial S}{\partial \theta}=\frac{\mathrm{d}W_2}{\mathrm{d}\theta}$,$p_\varphi=\frac{\partial S}{\partial \varphi}=\alpha_3$. 因此哈密顿-雅可比方程化为

$$\frac{1}{2m}\left(\frac{\mathrm{d}W_1}{\mathrm{d}r}\right)^2 + \frac{1}{2mr^2}\left(\frac{\mathrm{d}W_2}{\mathrm{d}\theta}\right)^2 + \frac{\alpha_3^2}{2mr^2\sin^2\theta} + \frac{\alpha - F\cos\theta}{r^2} = E$$

$$2mEr^2 - r^2\left(\frac{\mathrm{d}W_1}{\mathrm{d}r}\right)^2 = \left(\frac{\mathrm{d}W_2}{\mathrm{d}\theta}\right)^2 + \frac{\alpha_3^2}{\sin^2\theta} + 2m\alpha - 2mF\cos\theta$$

得到

$$2mEr^2 - r^2\left(\frac{\mathrm{d}W_1}{\mathrm{d}r}\right)^2 = \alpha_2$$

$$\left(\frac{\mathrm{d}W_2}{\mathrm{d}\theta}\right)^2 + \frac{\alpha_3^2}{\sin^2\theta} + 2m\alpha - 2mF\cos\theta = \alpha_2$$

所以

$$W_1 = \int\sqrt{2mE - \frac{\alpha_2}{r^2}}\,\mathrm{d}r$$

$$W_2 = \int\sqrt{\alpha_2 + 2mF\cos\theta - 2m\alpha - \frac{\alpha_3^2}{\sin^2\theta}}\,\mathrm{d}\theta$$

所以

$$S = -Et + \alpha_3\varphi + \int\sqrt{2mE - \frac{\alpha_2}{r^2}}\,\mathrm{d}r + \int\sqrt{\alpha_2 + 2mF\cos\theta - 2m\alpha - \frac{\alpha_3^2}{\sin^2\theta}}\,\mathrm{d}\theta$$

5.37 试用哈密顿-雅可比偏微分方程求抛射体在真空中运动的轨道方程.

提示 $s=2$,选水平坐标 x 和竖直坐标 y 为广义坐标.

$$T=\frac{1}{2}m(\dot{x}^2+\dot{y}^2)=T_2,\quad V=mgy$$

由 $p_x=\dfrac{\partial T}{\partial \dot{x}}=m\dot{x}$ 和 $p_y=\dfrac{\partial T}{\partial \dot{y}}=m\dot{y}$,反解出 $\dot{x}=\dfrac{p_x}{m}$ 和 $\dot{y}=\dfrac{p_y}{m}$. 所以

$$H=T+V=\frac{1}{2m}(p_x^2+p_y^2)+mgy$$

因 $\dfrac{\partial H}{\partial t}=0$,故 $H=T+V=E$. 由 $\dfrac{\partial H}{\partial x}=0$,知 x 为循环坐标. 所以

$$S=-Et+W(x,y)=-Et+\alpha_2 x+W_2(y)$$

哈密顿-雅可比方程化为

$$\frac{1}{2m}\left[\alpha_2^2+\left(\frac{\mathrm{d}W_2}{\mathrm{d}y}\right)^2\right]+mgy=E$$

$$W_2(y)=\int\sqrt{2mE-2m^2gy-\alpha_2^2}\,\mathrm{d}y=-\frac{1}{3m^2g}(2mE-2m^2gy-\alpha_2^2)^{\frac{3}{2}}$$

所以
$$W(x,y)=\alpha_2 x-\frac{1}{3m^2g}(2mE-2m^2gy-\alpha_2^2)^{\frac{3}{2}}$$

由
$$\frac{\partial W}{\partial \alpha_2}=\frac{\partial S}{\partial \alpha_2}=\beta_2=x+\frac{\alpha_2}{m^2g}(2mE-2m^2gy-\alpha_2^2)^{\frac{1}{2}}$$

得
$$y=\frac{1}{2m^2g}\left[2mE-\alpha_2^2-\left(m^2g\frac{\beta_2-x}{\alpha_2}\right)^2\right]$$

若 $t=0$ 时,$x=y=0$,$\dot{x}=v_0\cos\alpha$,$\dot{y}=v_0\sin\alpha$,则

$$E=\frac{1}{2}mv_0^2,\quad \alpha_2=p_x=mv_0\cos\alpha$$

$$\beta_2=\frac{v_0\cos\alpha}{mg}(m^2v_0^2-m^2v_0^2\cos^2\alpha)^{\frac{1}{2}}=\frac{v_0^2}{g}\sin\alpha\cos\alpha$$

所以
$$y=\frac{1}{2m^2g}\left[m^2v_0^2\sin^2\alpha-\frac{m^2g^2}{v_0^2\cos^2\alpha}\left(\frac{v_0^2}{g}\sin\alpha\cos\alpha-x\right)^2\right]$$

$$=x\tan\alpha-\frac{gx^2}{2v_0^2\cos^2\alpha}$$

5.38 如力学体系的势能 V 及动能 T 可用下列两函数表示:

$$V=\frac{V_1+V_2+\cdots+V_s}{A_1+A_2+\cdots+A_s}$$

$$T=\frac{1}{2}(A_1+A_2+\cdots+A_s)(B_1\dot{q}_1^2+B_2\dot{q}_2^2+\cdots+B_s\dot{q}_s^2)$$

式中 V_α、A_α、$B_\alpha(\alpha=1,2,\cdots,s)$都只是一个参量 q_α 的函数,则此力学体系的运动问题可用积分法求解,试证明之.

提示 因为 $T=T_2,p_\alpha=\frac{\partial T}{\partial\dot{q}_\alpha}=(A_1+\cdots+A_s)B_\alpha\dot{q}_\alpha,\dot{q}_\alpha=\frac{p_\alpha}{(A_1+\cdots+A_s)B_\alpha}$,所以

$$H=T+V=\frac{1}{A_1+\cdots+A_s}\left[\left(\frac{p_1^2}{2B_1}+V_1\right)+\cdots+\left(\frac{p_s^2}{2B_s}+V_s\right)\right]$$

由于$\frac{\partial H}{\partial t}=0$,故 $H=T+V=E$,因此

$$S=-Et+W=-Et+W_1(q_1)+\cdots+W_s(q_s)$$

因$\frac{\partial S}{\partial q_\alpha}=\frac{\partial W}{\partial q_\alpha}=\frac{\mathrm{d}W_\alpha(q_\alpha)}{\mathrm{d}q_\alpha}=p_\alpha$,所以

$$\left[\frac{1}{2B_1}\left(\frac{\mathrm{d}W_1}{\mathrm{d}q_1}\right)^2+V_1\right]+\cdots+\left[\frac{1}{2B_s}\left(\frac{\mathrm{d}W_s}{\mathrm{d}q_s}\right)^2+V_s\right]=(A_1+\cdots+A_s)E$$

于是
$$\left[\frac{1}{2B_\alpha}\left(\frac{\mathrm{d}W_\alpha}{\mathrm{d}q_\alpha}\right)^2+V_\alpha\right]-A_\alpha E=\alpha_\alpha\quad(\alpha=1,2,\cdots,s)$$

积分即可求得
$$W_\alpha=\int\sqrt{2B_\alpha(A_\alpha E-V_\alpha+\alpha_\alpha)}\,\mathrm{d}q_\alpha\quad(\alpha=1,2,\cdots,s)$$

所以
$$S=-Et+\sum_{\alpha=1}^{s}\int\sqrt{2B_\alpha(A_\alpha E-V_\alpha+\alpha_\alpha)}\,\mathrm{d}q_\alpha$$

5.39 试用哈密顿-雅可比方程求行星绕太阳运动时的轨道方程.

提示 $s=2$,选极坐标系的 r 和 θ 为广义坐标.

$$T=\frac{1}{2}m(\dot{r}^2+r^2\dot{\theta}^2)=T_2,\quad V=-\frac{k^2m}{r}$$

$$p_r=\frac{\partial T}{\partial\dot{r}}=m\dot{r},\quad p_\theta=\frac{\partial T}{\partial\dot{\theta}}=mr^2\dot{\theta}$$

$$\dot{r}=\frac{p_r}{m},\quad\dot{\theta}=\frac{p_\theta}{mr^2}$$

所以
$$H=T+V=\frac{1}{2m}\left(p_r^2+\frac{p_\theta^2}{r^2}\right)-\frac{k^2m}{r}$$

因$\frac{\partial H}{\partial t}=0$,故 $H=T+V=E$. 由$\frac{\partial H}{\partial\theta}=0$,知 θ 为循环坐标. 所以

$$S=-Et+W(r,\theta)=-Et+\alpha_2\theta+W_1(r)$$

哈密顿-雅可比方程化为

$$\frac{1}{2m}\left[\left(\frac{\mathrm{d}W_1}{\mathrm{d}r}\right)^2+\frac{\alpha_2^2}{r^2}\right]-\frac{k^2 m}{r}=E$$

$$W_1=\int\sqrt{2mE+\frac{2k^2m^2}{r}-\frac{\alpha_2^2}{r^2}}\mathrm{d}r$$

因此
$$W=\alpha_2\theta+\int\sqrt{2mE+\frac{2k^2m^2}{r}-\frac{\alpha_2^2}{r^2}}\mathrm{d}r$$

由
$$\frac{\partial W}{\partial\alpha_2}=\frac{\partial S}{\partial\alpha_2}=\beta_2=\theta-\int\frac{\alpha_2\mathrm{d}r}{r\sqrt{2mEr^2+2k^2m^2r-\alpha_2^2}}$$

利用积分公式 $\int\frac{\mathrm{d}x}{x\sqrt{a+bx+cx^2}}=\frac{1}{\sqrt{-a}}\arcsin\frac{bx+2a}{x\sqrt{b^2-4ac}}(a<0)$，得

$$\theta=\beta_2+\frac{\alpha_2}{\sqrt{\alpha_2^2}}\arcsin\frac{2k^2m^2r-2\alpha_2^2}{r\sqrt{4k^4m^4+4\alpha_2^2 2mE}}$$

$$\frac{2k^2m^2r-2\alpha_2^2}{r\sqrt{4k^4m^4+4\alpha_2^2 2mE}}=\sin(\theta-\beta_2)=-\cos\left(\theta-\beta_2+\frac{\pi}{2}\right)=-\cos(\theta-\theta_0)$$

令 $p=\frac{\alpha_2^2}{k^2m^2}$，$e=\sqrt{1+\frac{\alpha_2^2 2E}{k^4m^3}}$，则 $r=\frac{p}{1+e\cos(\theta-\theta_0)}$. 取极坐标系的极轴指向近日点，即 $\theta=0$ 时 $r_0=r_{\min}$，于是 $\theta_0=0$，得 $r=\frac{p}{1+e\cos\theta}$.

由 $p_\theta=\frac{\partial S}{\partial\theta}=\alpha_2$ 和 $p_\theta=\frac{\partial T}{\partial\dot\theta}=mr^2\dot\theta$，可知 $\alpha_2=mr^2\dot\theta=mh$，可见此题结果与主教材中有心力一节的结论一致.

5.40 由柱坐标到椭圆坐标(ξ,η,θ)的变换关系是 $r=\sigma\sqrt{(\xi^2-1)(1-\eta^2)}$，$z=\sigma\xi\eta$，$\sigma$ 是变换参量，$1<\xi<\infty$，$-1<\eta<1$.

在势能为 $V=\frac{a(\xi)+b(\eta)}{\xi^2-\eta^2}$ 的情况下，求在椭圆坐标中的哈密顿函数 H 和主函数 S.

提示 柱坐标系中的坐标量为 r、θ 和 z，位置矢量为 $\boldsymbol{R}$. $s=3$，选椭圆坐标的 ξ、η 和 θ 为广义坐标.

$$T=\frac{1}{2}m(\dot r^2+r^2\dot\theta^2+\dot z^2)$$

$$=\frac{1}{2}m\left\{\sigma^2\frac{[\xi\dot\xi(1-\eta^2)-(\xi^2-1)\eta\dot\eta]^2}{(\xi^2-1)(1-\eta^2)}+\sigma^2(\xi^2-1)(1-\eta^2)\dot\theta^2+\sigma^2(\dot\xi\eta+\xi\dot\eta)^2\right\}$$

$$=\frac{1}{2}m\sigma^2\left\{\left[\frac{\xi^2(1-\eta^2)}{\xi^2-1}+\eta^2\right]\dot\xi^2+\left[\xi^2+\frac{(\xi^2-1)\eta^2}{1-\eta^2}\right]\dot\eta^2+(\xi^2-1)(1-\eta^2)\dot\theta^2\right\}$$

$$=\frac{1}{2}m\sigma^2\left[(\xi^2-\eta^2)\left(\frac{\dot{\xi}^2}{\xi^2-1}+\frac{\dot{\eta}^2}{1-\eta^2}\right)+(\xi^2-1)(1-\eta^2)\dot{\theta}^2\right]=T_2$$

$$p_\xi=\frac{\partial T}{\partial\dot{\xi}}=m\sigma^2(\xi^2-\eta^2)\frac{\dot{\xi}}{\xi^2-1},\quad \dot{\xi}=\frac{\xi^2-1}{m\sigma^2(\xi^2-\eta^2)}p_\xi$$

$$p_\eta=\frac{\partial T}{\partial\dot{\eta}}=m\sigma^2(\xi^2-\eta^2)\frac{\dot{\eta}}{1-\eta^2},\quad \dot{\eta}=\frac{1-\eta^2}{m\sigma^2(\xi^2-\eta^2)}p_\eta$$

$$p_\theta=\frac{\partial T}{\partial\dot{\theta}}=m\sigma^2(\xi^2-1)(1-\eta^2)\dot{\theta},\quad \dot{\theta}=\frac{p_\theta}{m\sigma^2(\xi^2-1)(1-\eta^2)}$$

所以

$$H=T+V=\frac{1}{2m\sigma^2(\xi^2-\eta^2)}\left[(\xi^2-1)p_\xi^2+(1-\eta^2)p_\eta^2+\left(\frac{1}{\xi^2-1}+\frac{1}{1-\eta^2}\right)p_\theta^2\right]+\frac{a(\xi)+b(\eta)}{\xi^2-\eta^2}$$

因$\frac{\partial H}{\partial t}=0$,故$H=T+V=E$. 由$\frac{\partial H}{\partial\theta}=0$,可知$\theta$为循环坐标. 所以

$$S=-Et+W(\xi,\eta,\theta)=-Et+\alpha_3\theta+W_1(\xi)+W_2(\eta)$$

哈密顿-雅可比方程化为

$$\frac{1}{2m\sigma^2(\xi^2-\eta^2)}\left[(\xi^2-1)\left(\frac{dW_1}{d\xi}\right)^2+(1-\eta^2)\left(\frac{dW_2}{d\eta}\right)^2+\left(\frac{1}{\xi^2-1}+\frac{1}{1-\eta^2}\right)\alpha_3^2\right]+\frac{a(\xi)+b(\eta)}{\xi^2-\eta^2}=E$$

$$(\xi^2-1)\left(\frac{dW_1}{d\xi}\right)^2+\frac{\alpha_3^2}{\xi^2-1}+2m\sigma^2a(\xi)-2m\sigma^2E\xi^2$$

$$=-(1-\eta^2)\left(\frac{dW_2}{d\eta}\right)^2-\frac{\alpha_3^2}{1-\eta^2}-2m\sigma^2b(\eta)-2m\sigma^2E\eta^2$$

即

$$(\xi^2-1)\left(\frac{dW_1}{d\xi}\right)^2+\frac{\alpha_3^2}{\xi^2-1}+2m\sigma^2a(\xi)-2m\sigma^2E(\xi^2-1)$$

$$=-(1-\eta^2)\left(\frac{dW_2}{d\eta}\right)^2-\frac{\alpha_3^2}{1-\eta^2}-2m\sigma^2b(\eta)+2m\sigma^2E(1-\eta^2)=\alpha_2$$

所以

$$W_1=\int\sqrt{2m\sigma^2E+\frac{\alpha_2-2m\sigma^2a(\xi)}{\xi^2-1}-\frac{\alpha_3^2}{(\xi^2-1)^2}}\,d\xi$$

$$W_2=\int\sqrt{2m\sigma^2E-\frac{\alpha_2+2m\sigma^2b(\eta)}{1-\eta^2}-\frac{\alpha_3^2}{(1-\eta^2)^2}}\,d\eta$$

因此 $$S=-Et+p_\theta\theta+\int\sqrt{2m\sigma^2E+\frac{\alpha_2-2m\sigma^2a(\xi)}{\xi^2-1}-\frac{p_\theta^2}{(\xi^2-1)^2}}\mathrm{d}\xi+$$
$$\int\sqrt{2m\sigma^2E-\frac{\alpha_2+2m\sigma^2b(\eta)}{1-\eta^2}-\frac{p_\theta^2}{(1-\eta^2)^2}}\mathrm{d}\eta$$

5.41 试求质点在库仑场和均匀场

$$V=\frac{\alpha}{R}-Fz$$

的合成场中运动时的主函数 S,以抛物线坐标 ξ,η,θ 表示,式中 α 及 F 是常量,而 $R=\sqrt{r^2+z^2}$

提示 $s=3$,选抛物线坐标的 ξ、η 和 θ 为广义坐标.

根据从柱坐标到抛物线坐标的变换关系 $z=\frac{1}{2}(\xi-\eta)$,$r=\sqrt{\xi\eta}$,得

$$T=\frac{1}{2}m(\dot r^2+r^2\dot\theta^2+\dot z^2)=\frac{1}{8}m(\xi+\eta)\left(\frac{\dot\xi^2}{\xi}+\frac{\dot\eta^2}{\eta}\right)+\frac{1}{2}m\xi\eta\dot\theta^2=T_2$$

$$V=\frac{2\alpha}{\xi+\eta}-\frac{F}{2}(\xi-\eta)$$

$$p_\xi=\frac{\partial T}{\partial\dot\xi}=\frac{1}{4}\frac{m(\xi+\eta)}{\xi}\dot\xi,\quad p_\eta=\frac{\partial T}{\partial\dot\eta}=\frac{1}{4}\frac{m(\xi+\eta)}{\eta}\dot\eta,\quad p_\theta=\frac{\partial T}{\partial\dot\theta}=m\xi\eta\dot\theta$$

反解出 $$\dot\xi=\frac{4\xi p_\xi}{m(\xi+\eta)},\quad \dot\eta=\frac{4\eta p_\eta}{m(\xi+\eta)},\quad \dot\theta=\frac{p_\theta}{m\xi\eta}$$

所以 $$H=T+V=\frac{2}{m}\frac{\xi p_\xi^2+\eta p_\eta^2}{\xi+\eta}+\frac{p_\theta^2}{2m\xi\eta}+\frac{2\alpha}{\xi+\eta}-\frac{F}{2}(\xi-\eta)$$

因 $\frac{\partial H}{\partial t}=0$,故 $H=T+V=E$. 由 $\frac{\partial H}{\partial\theta}=0$,知 θ 为循环坐标. 所以

$$S=-Et+W(\xi,\eta,\theta)=-Et+\alpha_3\theta+W_1(\xi)+W_2(\eta)$$

哈密顿-雅可比方程化为

$$\frac{2}{m}\frac{\xi\left(\frac{\mathrm{d}W_1}{\mathrm{d}\xi}\right)^2+\eta\left(\frac{\mathrm{d}W_2}{\mathrm{d}\eta}\right)^2}{\xi+\eta}+\frac{\alpha_3^2}{2m\xi\eta}+\frac{2\alpha}{\xi+\eta}-\frac{F}{2}(\xi-\eta)=E$$

即 $$\xi\left(\frac{\mathrm{d}W_1}{\mathrm{d}\xi}\right)^2+\frac{\alpha_3^2}{4\xi}+\frac{m\alpha}{2}-\frac{mF\xi^2}{4}-\frac{mE\xi}{2}$$
$$=-\eta\left(\frac{\mathrm{d}W_2}{\mathrm{d}\eta}\right)^2-\frac{\alpha_3^2}{4\eta}-\frac{m\alpha}{2}-\frac{mF\eta^2}{4}+\frac{mE\eta}{2}=\frac{\alpha_2}{2}$$

所以 $$S=-Et+\alpha_3\theta+W_1(\xi)+W_2(\eta)$$

$$= -Et + p_\theta \theta + \int \sqrt{\frac{mE}{2} - \frac{m\alpha - \alpha_2}{2\xi} - \frac{p_\theta^2}{4\xi^2} + \frac{mF\xi}{4}}\,\mathrm{d}\xi + \int \sqrt{\frac{mE}{2} - \frac{m\alpha + \alpha_2}{2\eta} - \frac{p_\theta^2}{4\eta^2} - \frac{mF\eta}{4}}\,\mathrm{d}\eta$$

5.42 刘维尔定理的另一表达式是相体积不变定理．这里又有两种不同的说法：

(1) 考虑相宇中任何一个区域．当这区域的边界依照正则方程运动时，区域的体积在运动中不变．

(2) 相宇的体积元在正则变换下不变．

试分别证明之．

提示 考察由 s 个广义坐标 q_α 所描述的完整系，一组 q_α 和 p_α 为系统在 $2s$ 维相空间中的一个相点，随时间推移相点在相空间中运动而描绘出相轨迹．把相空间中的相点想象成构成流体的质点，这种想象的流体叫做相流体．相流体的质点在相空间中的速度称为相速度 $\boldsymbol{v}_{相}$，$\boldsymbol{v}_{相}$ 的 $2s$ 个分量 $\dot{q}_\alpha$ 和 $\dot{p}_\alpha$ 可以通过正则方程

$$\dot{q}_\alpha = \frac{\partial H}{\partial p_\alpha}, \quad \dot{p}_\alpha = -\frac{\partial H}{\partial q_\alpha}$$

表示成正则变量 q_α、p_α 和 t 的函数．相流体中的相体积元 $\mathrm{d}V_{相} = \mathrm{d}q_1 \cdots \mathrm{d}q_s \mathrm{d}p_1 \cdots \mathrm{d}p_s$，给定的相体积元在流动中一般会改变其形状，但相邻的相体积元之间不会出现间隙．

(1) 相速度 $\boldsymbol{v}_{相}$ 在 $2s$ 维相空间中的散度

$$\nabla \cdot \boldsymbol{v}_{相} = \sum_{\alpha=1}^{s} \left(\frac{\partial \dot{q}_\alpha}{\partial q_\alpha} + \frac{\partial \dot{p}_\alpha}{\partial p_\alpha} \right)$$

把正则方程代入上式，则得到

$$\nabla \cdot \boldsymbol{v}_{相} = \sum_{\alpha=1}^{s} \left(\frac{\partial^2 H}{\partial q_\alpha \partial p_\alpha} - \frac{\partial^2 H}{\partial p_\alpha \partial q_\alpha} \right) = 0$$

这一结果说明相流体是不可压缩的流体，这就是刘维尔定理的一种表述，表明相体积元在流动中相体积不变．

相点在相空间里按正则方程运动，相体积元的边界上的每一点当然也按正则方程运动．由前述可知，相体积元的边界按正则方程运动时，相体积元的相体积不变．

(2)
$$\begin{aligned} q_\alpha &= q_\alpha(q_{10}, \cdots, q_{s0}, p_{10}, \cdots, p_{s0}, t) \\ p_\alpha &= p_\alpha(q_{10}, \cdots, q_{s0}, p_{10}, \cdots, p_{s0}, t) \end{aligned} \quad (\alpha = 1, 2, \cdots, s)$$

这组方程表示在任意初始条件 $(q_{10}, \cdots, q_{s0}, p_{10}, \cdots, p_{s0})$ 下相空间中的一条相轨迹，也可以把这组方程想象为相空间中任意时刻 t 的坐标变换式．任一时刻的 q_α 和 p_α 均满足正则方程，所以指定的相轨迹上，任意两相点由一个正则变换相连接，任何两个相邻的相点由一个无穷小正则变换相连接．所以由(1)中所述可知，相体积元在上述正则变换下相体积不变．

§5.5　补充习题及提示

5.1　如 BX5.1 图所示，螺旋千斤顶螺距为 h，手柄长 l，被顶起的重物重 W，忽略螺旋和螺母间的摩擦．若要把重物顶起来，手柄末端需要施加的与之垂直的水平力 $\boldsymbol{F}$ 至少为多大？试用虚功原理求解．

提示　建立 Oy 轴竖直向上．$s=1$，以手柄的角坐标 φ 为广义坐标．由虚功原理得

$$-W\delta y_A + Fl\delta\varphi = 0$$

由于 $\delta y_A = \dfrac{h}{2\pi}\delta\varphi$，所以 $F=\dfrac{h}{2\pi l}W$.

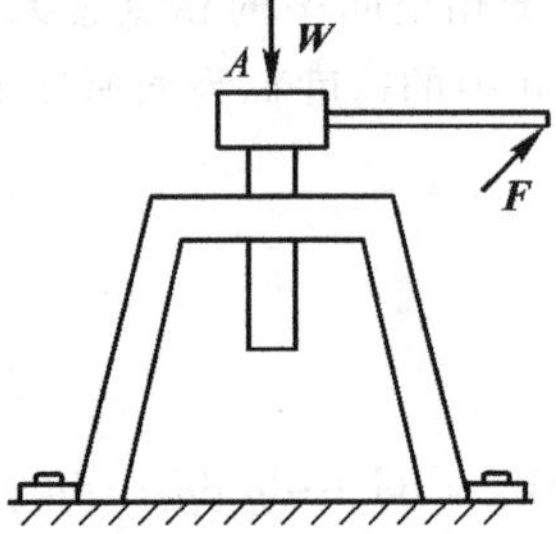

BX5.1 图

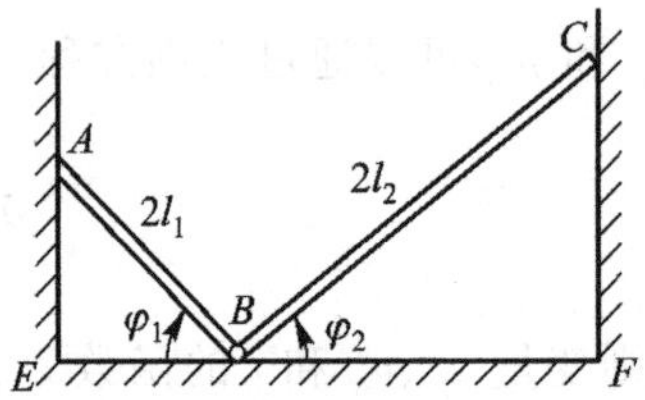

BX5.2 图

5.2　用光滑铰链连接的均质刚性杆 AB 和 BC，重量分别为 W_1 和 W_2，杆长分别为 $2l_1$ 和 $2l_2$．A 和 C 两端分别靠在光滑墙壁上，B 端放在光滑地面上，如 BX5.2 图所示．试用虚功原理求两杆处于平衡时 φ_1 角和 φ_2 角的关系．

提示　由对称性可知，平衡时两根杆在同一竖直平面内．建立 Oy 轴竖直向上．$s=1$，以 φ_1 为广义坐标．设两根杆的质心分别为 C_1 和 C_2，由虚功原理得

$$-W_1\delta y_{C1} - W_2\delta y_{C2} = 0$$

$$y_{C1} = l_1\sin\varphi_1,\quad y_{C2} = l_2\sin\varphi_2$$

$$\delta y_{C1} = l_1\cos\varphi_1\delta\varphi_1,\delta y_{C2} = l_2\cos\varphi_2\delta\varphi_2$$

由 $2l_1\cos\varphi_1+2l_2\cos\varphi_2=$常量，求出 $\delta\varphi_2=-\dfrac{l_1\sin\varphi_1}{l_2\sin\varphi_2}\delta\varphi_1$．代入虚功原理，得

$$W_1\cot\varphi_1 = W_2\cot\varphi_2$$

5.3　轻三脚架的每根杆的长度都等于 l，都与铅垂线成 θ 角；三脚架置于光滑水平面上，并用一绳套在三根杆的下端，使其 θ 角保持不变，三根杆的下端与水平面的接触点 A、B、C 的连线为一等边三角形，如 BX5.3 图所示．设三脚架的顶端受竖直向下的力 $\boldsymbol{F}$ 作用，试用虚功原理证明绳上张力的大小为 $F_{\mathrm{T}}=\dfrac{F\tan\theta}{3\sqrt{3}}$.

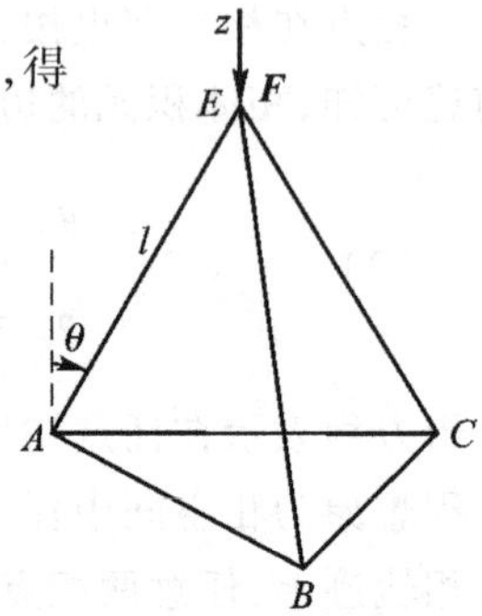

BX5.3 图

提示 将绳的约束释放,代之以六个约束力 $\boldsymbol{F}_{T1}$、$\boldsymbol{F}_{T2}$、$\boldsymbol{F}_{T3}$、$\boldsymbol{F}_{T4}$、$\boldsymbol{F}_{T5}$、$\boldsymbol{F}_{T6}$,作为主动力处理.$s=1$,以 θ 为广义坐标.

建立 Oy 轴竖直向上,设两足端点距离为 S. 考虑对称性,由虚功原理得

$$-F\delta y_E - 3F_T\delta S = 0$$

利用 $y_E = l\cos\theta$, $S = 2l\sin\theta\cos 30^\circ = \sqrt{3}\,l\sin\theta$,可得到绳子的张力 $F_T = \dfrac{F\tan\theta}{3\sqrt{3}}$.

5.4 如 BX5.4 图所示,等边六角形连杆装置放置在竖直面内,忽略杆的重量. 各杆间用光滑铰链连接,底边 EF 固定不动. C、D 点间用绳连接,AB 中点受竖直向下的力 $\boldsymbol{F}$ 作用. 已知平衡时 $\angle ACD = \alpha$,试用虚功原理求平衡时 $\boldsymbol{F}$ 与绳内张力 $\boldsymbol{F}_T$ 之间的关系.

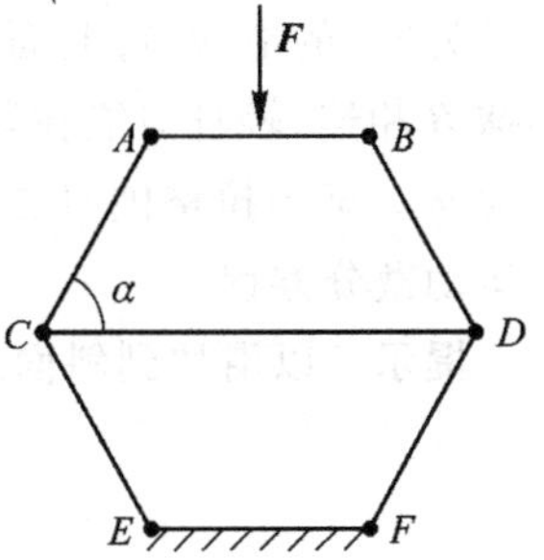

BX5.4 图

提示 释放约束代之以约束力 $\boldsymbol{F}_{T1}$ 和 $\boldsymbol{F}_{T2}$. $s=1$,以 α 为广义坐标. 建立原点在 EF 中点的 Oxy,Oy 轴向上,Ox 轴向右. 由虚功原理,得

$$-F\delta y + F_{T1}\delta x_C - F_{T2}\delta x_D = 0$$

由坐标变换方程得 $\delta y = 2l\cos\alpha\delta\alpha$, $\delta x_C = l\sin\alpha\delta\alpha$, $\delta x_D = -l\sin\alpha\delta\alpha$. 代入虚功原理,得 $F_T = F\cot\alpha$.

5.5 如 BX5.5 图所示,质量为 m 的质点悬在不可伸长的轻绳上,绳的另一端绕在半径为 r 的固定圆柱上. 设质点在平衡位置时,绳下垂部分长 l. 试用拉格朗日方法写出质点摆动时的运动微分方程.

提示 注意此摆的"悬点"是变化的!

$s=1$,以 θ 为广义坐标,拉格朗日函数为

$$L = \frac{1}{2}m[(r\theta + l)^2\dot{\theta}^2] - mg[(l + r\sin\theta) - (l + r\theta)\cos\theta]$$

代入拉格朗日方程后得到质点的运动微分方程

$$(r\theta + l)\ddot{\theta} + r\dot{\theta}^2 + g\sin\theta = 0$$

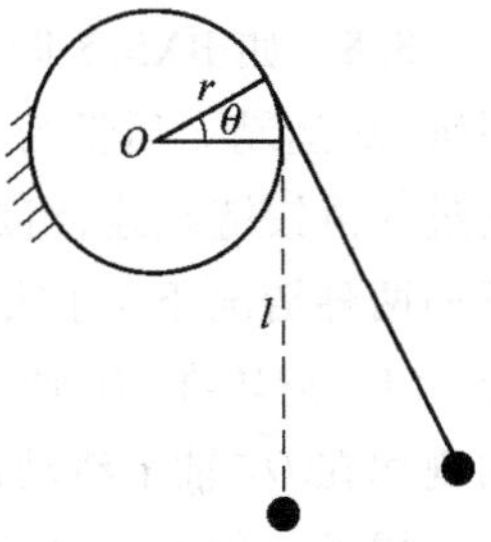

BX5.5 图

5.6 如 BX5.6 图所示,一滑轮可绕水平轴转动,在此滑轮上绕过一条不可伸长的轻绳,绳的一端悬一质量为 m_1 的重物,另一端与一竖直弹簧连接,弹簧的另一端固定于地面,弹簧的弹性系数为 k. 滑轮质量为 m_2,视其质量均匀分布在轮缘上,绳与滑轮间无滑动. 试用拉格朗日方法求证重物做简谐振动,并求振动周期.

提示 系统由滑轮、重物、绳、弹簧组成,建立原点 O 在地面,Ox 轴通过滑轮中心向上的坐标系,以重物 m_1 的坐标 x 为广义坐标.

滑轮转动惯量 $I = m_2R^2$,再利用无滑条件可知

$$T = \frac{1}{2}(m_1 + m_2)\dot{x}^2,\quad V = m_1gx + \frac{1}{2}k(x_A - l_0)^2$$

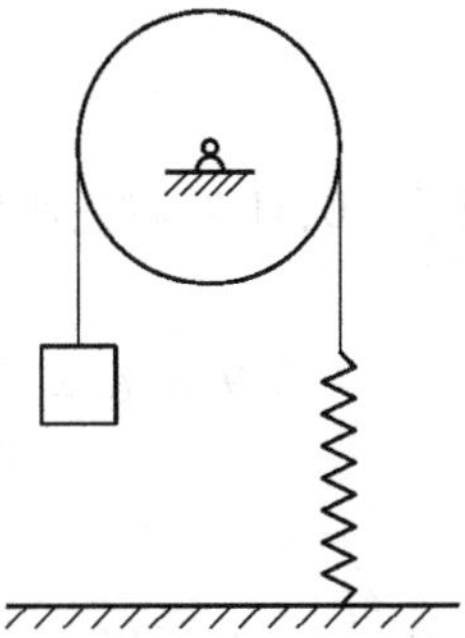
BX5.6 图

A 点为弹簧上端点,通过约束条件知 $x_A = C - x$(C 是常量). 则

$$L=\frac{1}{2}(m_1+m_2)\dot{x}^2-m_1gx-\frac{1}{2}k(C-x-l_0)^2$$

代入拉格朗日方程得$(m_1+m_2)\ddot{x}+kx+C'=0$($C'$是常量),可知重物做简谐振动,周期为$T=2\pi\sqrt{\frac{m_1+m_2}{k}}$.

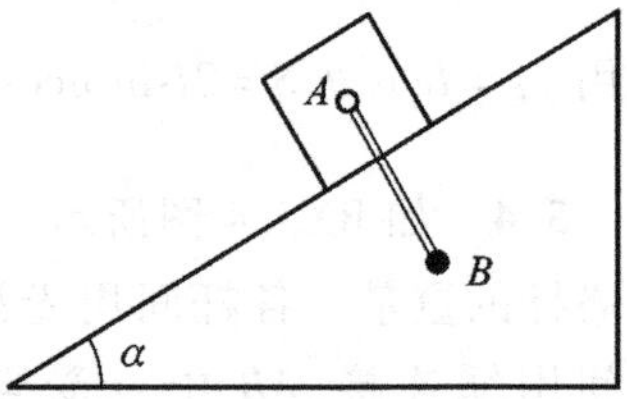

BX5.7 图

5.7 如 BX5.7 图所示,倾角为α的光滑固定尖劈上放有一质量为m_1的滑块A,上面用光滑铰链与轻杆连接,轻杆又与一小球B相连,轻杆只能在竖直面内运动. 已知杆长为l,小球质量为m_2. 试用拉格朗日方程建立滑块、轻杆和小球组成的系统的运动微分方程.

提示 以滑块到斜面底端的距离s和摆的摆角φ作为广义坐标,

$$T=\frac{1}{2}(m_1+m_2)\dot{s}^2+\frac{1}{2}m_2l^2\dot{\varphi}^2+m_2l\dot{s}\dot{\varphi}\cos(\alpha-\varphi)$$

$$V=m_1gs\sin\alpha+m_2g(s\sin\alpha-l\cos\varphi)$$

$L=T-V$,将L代入拉格朗日方程得系统的运动微分方程:

$$(m_1+m_2)\ddot{s}+m_2l\ddot{\varphi}\cos(\alpha-\varphi)+m_2l\dot{\varphi}^2\sin(\alpha-\varphi)+(m_1+m_2)g\sin\alpha=0$$

$$l\ddot{\varphi}+\ddot{s}\cos(\alpha-\varphi)+g\sin\varphi=0$$

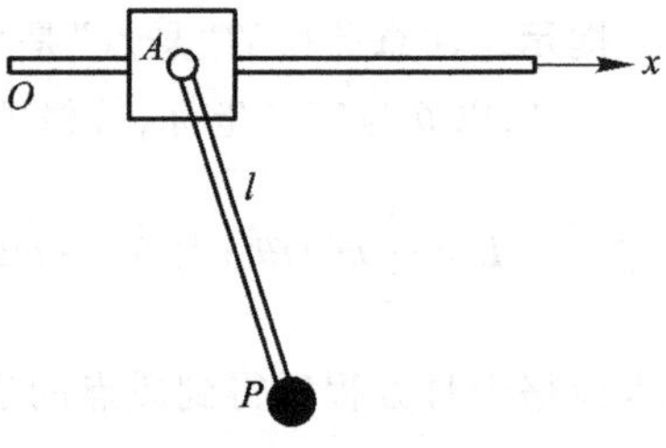

BX5.8 图

5.8 如 BX5.8 图所示,质量为m_1的滑块A可以沿水平轴Ox运动. 质量为m_2的小球P经长为l的轻杆与滑块通过光滑铰链相连,组成的摆可在竖直平面内摆动,试写出下面两种情况下的拉格朗日函数,并判断存在哪些第一积分. (1) 滑块在Ox轴上自由滑动;(2) 滑块以$x=A\sin\omega t$的规律在Ox轴上滑动(A和ω为常量).

提示 (1) $s=2$,以滑块坐标x和轻杆摆角φ为广义坐标,

$$L=\frac{1}{2}(m_1+m_2)\dot{x}^2+\frac{1}{2}m_2l^2\dot{\varphi}^2+m_2l\dot{x}\dot{\varphi}\cos\varphi+m_2gl\cos\varphi$$

因$\frac{\partial L}{\partial t}=0$,且$T=T_2$,所以机械能守恒,

$$H=E=\frac{1}{2}(m_1+m_2)\dot{x}^2+\frac{1}{2}m_2l^2\dot{\varphi}^2+m_2l\dot{x}\dot{\varphi}\cos\varphi-m_2gl\cos\varphi=\text{常量}.$$

又因$\frac{\partial L}{\partial x}=0$,所以$p_x=\frac{\partial L}{\partial \dot{x}}=(m_1+m_2)\dot{x}+m_2l\dot{\varphi}\cos\varphi=$常量.

（2）$s=1$，选择 φ 为广义坐标，

$$L=\frac{1}{2}(m_1+m_2)A^2\omega^2\cos^2\omega t+\frac{1}{2}m_2l^2\dot{\varphi}^2+m_2lA\omega\dot{\varphi}\cos\omega t\cos\varphi+m_2gl\cos\varphi$$

系统不存在第一积分.

5.9 如 BX5.9 图所示，质量为 m 的质点，在光滑的旋轮线上做往复运动，旋轮线的方程式为 $s=4a\sin\varphi$，式中的 s 是图中由 O 点量起的弧坐标，φ 是旋轮线的切线与水平轴的夹角，a 为常量. 试用拉格朗日方法证明，即使做大幅度振动，质点的振动也是简谐振动，并求出振动周期.

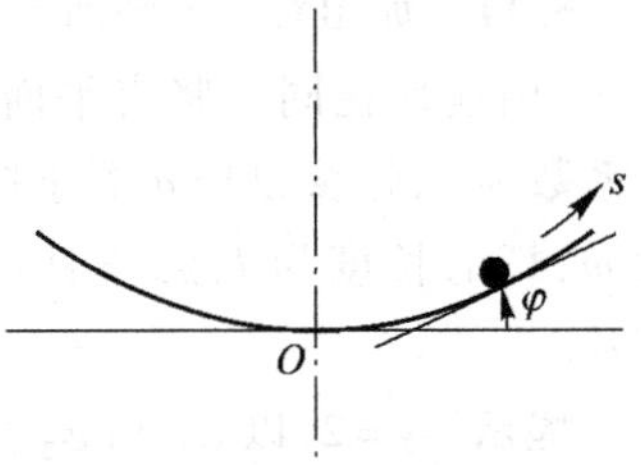

BX5.9 图

提示 $s=1$，选弧坐标 s 为广义坐标，$T=\frac{1}{2}m\dot{s}^2$. 设质点到 O 点的高度为 h，则 $\frac{\mathrm{d}h}{\mathrm{d}s}=\sin\varphi=\frac{s}{4a}$，由 $\int_0^h\mathrm{d}h=\int_0^s\frac{s}{4a}\mathrm{d}s$ 求出 $h=\frac{s^2}{8a}$，所以 $V=mgh=\frac{mg}{8a}s^2$，于是

$$L=T-V=\frac{1}{2}m\dot{s}^2-\frac{mg}{8a}s^2$$

代入拉格朗日方程得 $\ddot{s}+\frac{g}{4a}s=0$，因此质点做简谐振动，$T=4\pi\sqrt{\frac{a}{g}}$.

5.10 如 BX5.10 图所示，一根均质直杆 AB，质量为 m，长为 $2l$，两端被约束在半径为 R 的光滑的、固定的水平圆圈上，$l<R$. 一个质量为 m 的甲虫以不变的相对速度 $\boldsymbol{u}$ 沿杆运动. 设杆与水平固定直线的夹角为 θ，初始时甲虫在杆的中点，杆的转动角速度为 $\dot{\theta}_0$. 试用拉格朗日方法求杆在 t 时刻的转动角速度 $\dot{\theta}$.

提示 $s=1$，以杆和甲虫为系统，以 θ 为广义坐标.

$$T_{杆}=\frac{1}{2}I\dot{\theta}^2=\frac{1}{2}\left[\frac{1}{3}ml^2+m(R^2-l^2)\right]\dot{\theta}^2=\frac{1}{2}mR^2\dot{\theta}^2-\frac{1}{3}ml^2\dot{\theta}^2$$

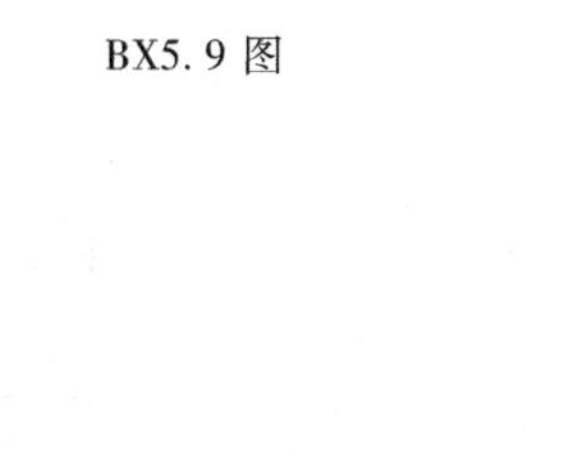

BX5.10 图

设 $\boldsymbol{e}_t$ 沿杆由 B 指向 A，$\boldsymbol{e}_n$ 与杆垂直，则

$$\boldsymbol{v}_{虫}=\sqrt{R^2-l^2}\dot{\theta}\boldsymbol{e}_t+ut\dot{\theta}\boldsymbol{e}_n-u\boldsymbol{e}_t=(\sqrt{R^2-l^2}\dot{\theta}-u)\boldsymbol{e}_t+ut\dot{\theta}\boldsymbol{e}_n$$

$$T_{虫}=\frac{1}{2}m[(\sqrt{R^2-l^2}\dot{\theta}-u)^2+u^2t^2\dot{\theta}^2]$$

$$=\frac{1}{2}mu^2+\frac{1}{2}m(R^2-l^2+u^2t^2)\dot{\theta}^2-mu\sqrt{R^2-l^2}\dot{\theta}$$

$$L=T_{杆}+T_{虫}=\frac{1}{2}mu^2+\frac{1}{2}m\left(2R^2-\frac{5}{3}l^2+u^2t^2\right)\dot{\theta}^2-mu\sqrt{R^2-l^2}\dot{\theta}$$

因为$\dfrac{\partial T}{\partial \theta}=0$，所以 $p_\theta=\dfrac{\partial T}{\partial \dot{\theta}}=m\left(2R^2-\dfrac{5}{3}l^2+u^2t^2\right)\dot{\theta}-mu\sqrt{R^2-l^2}=$ 常量，由于 $t=0$ 时 $\dot{\theta}=\dot{\theta}_0$，因此 $\dot{\theta}=\dfrac{6R^2-5l^2}{6R^2-5l^2+3u^2t^2}\dot{\theta}_0$.

5.11 如 BX5.11 图所示，耦合摆由两个相同的摆和一个水平弹簧组成，两摆均在同一竖直平面内摆动，弹簧两端与摆锤相连，弹簧的弹性系数为 k，弹簧原长 a 等于摆的两悬挂点之间的距离．已知摆锤质量为 m，杆的长度为 l，忽略杆的质量．试求该系统的简正频率及简正模式.

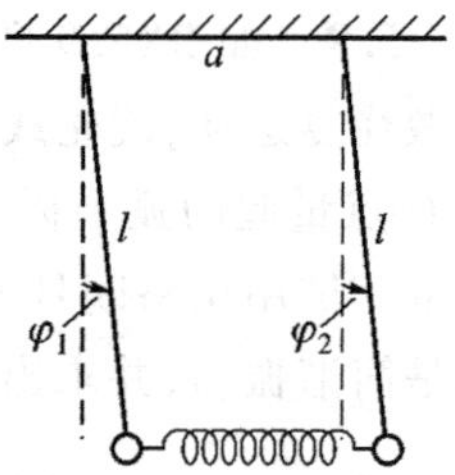

BX5.11 图

提示 $s=2$，以 φ_1 和 φ_2 为广义坐标.

$$T=\frac{1}{2}ml^2(\dot{\varphi}_1^2+\dot{\varphi}_2^2)$$

$$V=mgl(1-\cos\varphi_1)+mgl(1-\cos\varphi_2)+\frac{1}{2}k(d-a)^2$$

$$d^2=[a+(l\sin\varphi_2-l\sin\varphi_1)]^2+(l\cos\varphi_2-l\cos\varphi_1)^2$$

系统做微振动，φ_1、φ_2、$\dot{\varphi}_1$ 和 $\dot{\varphi}_2$ 均为小量，$\sin\varphi\approx\varphi$，$\cos\varphi\approx1-\dfrac{\varphi^2}{2}$，所以

$$d-a\approx l(\varphi_2-\varphi_1),\quad V=\frac{1}{2}mgl(\varphi_1^2+\varphi_2^2)+\frac{1}{2}kl^2(\varphi_1-\varphi_2)^2$$

$$L=T-V=\frac{1}{2}ml^2(\dot{\varphi}_1^2+\dot{\varphi}_2^2)-\frac{1}{2}mgl(\varphi_1^2+\varphi_2^2)-\frac{1}{2}kl^2(\varphi_1-\varphi_2)^2$$

代入拉格朗日方程则得到

$$\ddot{\varphi}_1+\frac{g}{l}\varphi_1+\frac{k}{m}(\varphi_1-\varphi_2)=0$$

$$\ddot{\varphi}_2+\frac{g}{l}\varphi_2-\frac{k}{m}(\varphi_1-\varphi_2)=0$$

代入 $\varphi_1=A_1\cos(\omega t+\varphi)$，$\varphi_2=A_2\cos(\omega t+\varphi)$，得

$$\left(-\omega^2+\frac{g}{l}+\frac{k}{m}\right)A_1-\frac{k}{m}A_2=0$$

$$-\frac{k}{m}A_1+\left(-\omega^2+\frac{g}{l}+\frac{k}{m}\right)A_2=0$$

由系数行列式等于零求出简正频率 $\omega_1=\sqrt{\dfrac{g}{l}}$ 和 $\omega_2=\sqrt{\dfrac{g}{l}+\dfrac{2k}{m}}$. ω_1 代入上述两式，得 $A_{21}=A_{11}$（同相的简正模式）；ω_2 代入上述两式，得 $A_{22}=-A_{12}$（反相的简正模式）.

5.12 如 BX5.12-1 图所示，3 个质量相等的珠子只能沿水平圆轨道运动，圆的半径为 R，

珠子由 3 个原长为$\frac{2\pi R}{3}$的轻弹簧相连，弹簧的弹性系数为 k.(1) 试求系统的简正频率；(2) 假设初始时 3 个质点静止，质点 2 和 3 在自己的平衡位置，而质点 1 偏离了$\frac{\pi R}{6}$的距离，求 3 个质点的运动 .

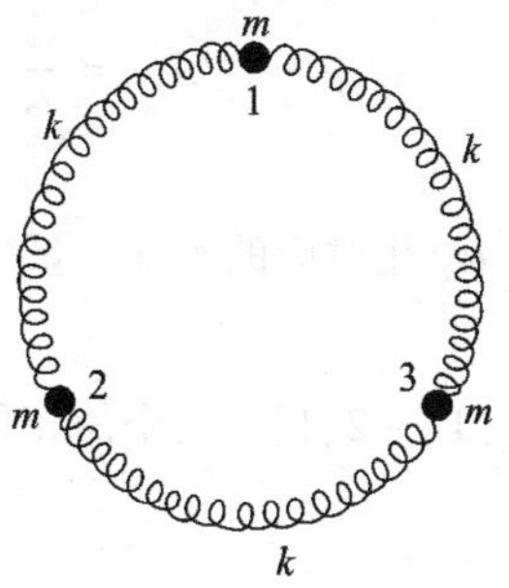

BX5.12－1 图

提示 $s=3$，以各质点沿顺时针方向偏离自身平衡位置的弧长 s_1、s_2 和 s_3 作为广义坐标，则

$$T=\frac{1}{2}m\dot{s}_1^2+\frac{1}{2}m\dot{s}_2^2+\frac{1}{2}m\dot{s}_3^2$$

$$V=\frac{1}{2}k(s_1-s_2)^2+\frac{1}{2}k(s_2-s_3)^2+\frac{1}{2}k(s_3-s_1)^2$$

代入拉格朗日方程得到系统的运动微分方程

$$m\ddot{s}_1+2ks_1-ks_2-ks_3=0$$

$$m\ddot{s}_2+2ks_2-ks_1-ks_3=0$$

$$m\ddot{s}_3+2ks_3-ks_1-ks_2=0$$

设解为 $s_1=A_1\cos(\omega t+\varphi)$，$s_2=A_2\cos(\omega t+\varphi)$，$s_3=A_3\cos(\omega t+\varphi)$，得

$$\begin{cases}(2k-m\omega^2)A_1-kA_2-kA_3=0\\-kA_1+(2k-m\omega^2)A_2-kA_3=0\\-kA_1-kA_2+(2k-m\omega^2)A_3=0\end{cases}\tag{1}$$

特征方程为
$$\begin{vmatrix}2k-m\omega^2 & -k & -k\\-k & 2k-m\omega^2 & -k\\-k & -k & 2k-m\omega^2\end{vmatrix}=0$$

求出简正频率为 $\omega_1=0$，$\omega_2=\sqrt{\frac{3k}{m}}$，$\omega_3=\sqrt{\frac{3k}{m}}$.

把 $\omega_1=0$ 代入(1)式得 $A_{11}=A_{21}=A_{31}$，相应本征矢量$(A_{11},A_{21},A_{31})=A_{11}(1,1,1)$，因本征矢量为单位矢量，$A_{11}^2+A_{21}^2+A_{31}^2=1$，所以 $A_{11}=A_{21}=A_{31}=\frac{1}{\sqrt{3}}$，对应的简正模式是 3 个质点以相同的角速度绕圆心转动 .

ω_2 和 ω_3 为重根，但简正模式并不减少，根据线性代数理论，存在着两个线性无关的简正模式 . 把 ω_2 和 ω_3 代入(1)式得出

$$A_{12}+A_{22}+A_{32}=0,\quad A_{13}+A_{23}+A_{33}=0$$

因本征矢量正交，即
$$A_{12}A_{13}+A_{22}A_{23}+A_{32}A_{33}=0$$

考虑到
$$A_{12}^2+A_{22}^2+A_{32}^2=1,\quad A_{13}^2+A_{23}^2+A_{33}^2=1$$

以上共有五个方程，但有六个未知量，为消除不确定性，令 $A_{22}=0$，即可求出

$$A_{12}=\frac{1}{\sqrt{2}},\quad A_{32}=-A_{12},\quad A_{13}=\frac{1}{\sqrt{6}},\quad A_{23}=-2A_{13},\quad A_{33}=A_{13}$$

与 ω_2 相对应的本征矢量 $(A_{12},A_{22},A_{32})=\frac{1}{\sqrt{2}}(1,0,-1)$，与 ω_3 相对应的本征矢量 $(A_{13},A_{23},A_{33})=\frac{1}{\sqrt{6}}(1,-2,1)$. 三个简正模式如 BX5.12－2 图所示.

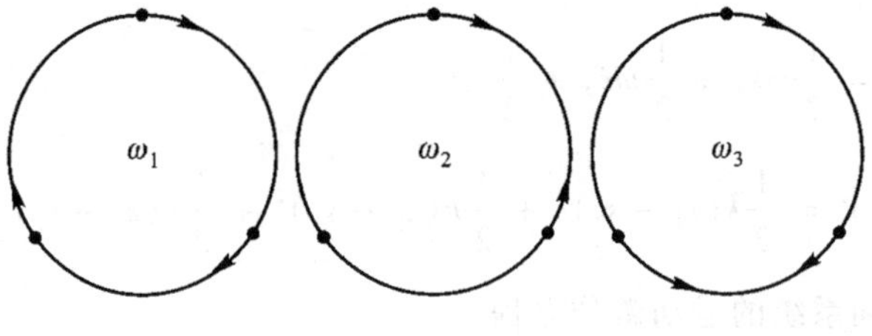

BX5.12－2 图

系统的运动学方程为

$$s_1=\frac{1}{\sqrt{3}}(s_0+vt)+\frac{1}{\sqrt{2}}B_2\cos(\omega_2 t+\varphi_2)+\frac{1}{\sqrt{6}}B_3\cos(\omega_3 t+\varphi_3)$$

$$s_2=\frac{1}{\sqrt{3}}(s_0+vt)-\frac{2}{\sqrt{6}}B_3\cos(\omega_3 t+\varphi_3)$$

$$s_3=\frac{1}{\sqrt{3}}(s_0+vt)-\frac{1}{\sqrt{2}}B_2\cos(\omega_2 t+\varphi_2)+\frac{1}{\sqrt{6}}B_3\cos(\omega_3 t+\varphi_3)$$

由初始条件 $t=0$ 时 $s_1=\frac{\pi R}{6}$, $\dot{s}_1=0$, $s_2=0$, $\dot{s}_2=0$, $s_3=0$, $\dot{s}_3=0$，求得 $s_0=\frac{\sqrt{3}}{18}\pi R$, $v=0$, $\varphi_2=\varphi_3=0$, $B_2=\frac{\sqrt{2}}{12}\pi R$, $B_3=\frac{\sqrt{6}}{36}\pi R$，所以

$$s_1=\frac{\pi R}{18}+\frac{\pi R}{9}\cos\sqrt{\frac{3k}{m}}t$$

$$s_2=\frac{\pi R}{18}\left(1-\cos\sqrt{\frac{3k}{m}}t\right)$$

$$s_3=\frac{\pi R}{18}\left(1-\cos\sqrt{\frac{3k}{m}}t\right)$$

评述 有关简正频率重根的理论，可参考[美]J. B. Marion 编著的《质点与系统的经典动力学》，王克协和吴承埙编著的《经典力学教程》.

5.13 一质量为 m 的质点，在半径为 R 的光滑固定球面上运动，试建立此质点的正则方程，并判断存在的守恒量.

提示 $s=2$，以球坐标的 θ 和 φ 为广义坐标.

$$T = \frac{1}{2}m(R^2\dot{\theta}^2 + R^2\dot{\varphi}^2\sin^2\theta) = T_2, \quad V = mgR\cos\theta$$

$$p_\theta = \frac{\partial T}{\partial\dot{\theta}} = mR^2\dot{\theta}, \quad p_\varphi = \frac{\partial T}{\partial\dot{\varphi}} = mR^2\dot{\varphi}\sin^2\theta$$

$$H = T + V = \frac{p_\theta^2}{2mR^2} + \frac{p_\varphi^2}{2mR^2\sin^2\theta} + mgR\cos\theta$$

代入正则方程,得

$$\dot{\theta} = \frac{\partial H}{\partial p_\theta} = \frac{p_\theta}{mR^2}, \quad \dot{p}_\theta = -\frac{\partial H}{\partial\theta} = \frac{p_\varphi^2\cos\theta}{mR^2\sin^3\theta} + mgR\sin\theta$$

$$\dot{\varphi} = \frac{\partial H}{\partial p_\varphi} = \frac{p_\varphi}{mR^2\sin^2\theta}, \quad \dot{p}_\varphi = -\frac{\partial H}{\partial\varphi} = 0$$

因$\frac{\partial H}{\partial\varphi}=0$,故 p_φ = 常量. 由于$\frac{\partial H}{\partial t}=0$,$T=T_2$,所以 $H=T+V=E$(常量).

5.14　试建立复摆的正则方程.

提示　参见主教材习题 5.30. $s=1$,以 θ 为广义坐标.

$$T = \frac{1}{2}I_O\dot{\theta}^2 = T_2, \quad V = -mga\cos\theta, \quad p_\theta = \frac{\partial T}{\partial\dot{\theta}} = I_O\dot{\theta}$$

所以

$$H = T + V = \frac{p_\theta^2}{2I_O} - mga\cos\theta$$

代入正则方程得

$$\dot{\theta} = \frac{p_\theta}{I_O}, \quad \dot{p}_\theta = -mga\sin\varphi$$

5.15　如 BX5.15 图所示,质量分别为 m_1 和 m_2 的小球同串在一根光滑的水平杆上,两球用弹性系数为 k 的弹簧连接,弹簧原长为 l.(1) 试从哈密顿函数判断是否存在广义能量积分和广义动量积分,并写出表达式;(2) 应用正则方程,写出两小球的运动微分方程.

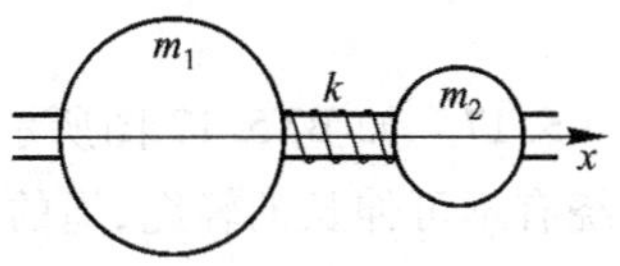

BX5.15 图

提示　$s=2$,以弹簧与两球的连接点的坐标 x_1 和 x_2 作为广义坐标.

(1)

$$T = \frac{1}{2}m_1\dot{x}_1^2 + \frac{1}{2}m_2\dot{x}_2^2, \quad V = \frac{1}{2}k(x_2 - x_1 - l)^2$$

$$p_1 = \frac{\partial T}{\partial\dot{x}_1} = m_1\dot{x}_1, \quad p_2 = \frac{\partial T}{\partial\dot{x}_2} = m_2\dot{x}_2$$

$$H = T + V = \frac{p_1^2}{2m_1} + \frac{p_2^2}{2m_2} + \frac{1}{2}k(x_2 - x_1 - l)^2$$

由于$\frac{\partial H}{\partial t}=0$,所以存在广义能量积分,$T=T_2$,为机械能守恒,

$$H = T + V = \frac{p_1^2}{2m_1} + \frac{p_2^2}{2m_2} + \frac{1}{2}k(x_2 - x_1 - l)^2 = \text{常量}$$

(2) 将 H 代入正则方程,得

$$\dot{x}_1 = \frac{p_1}{m}, \quad \dot{p}_1 = k(x_2 - x_1 - l)$$

$$\dot{x}_2 = \frac{p_2}{m}, \quad \dot{p}_2 = -k(x_2 - x_1 - l)$$

5.16 如 BX5.16 图所示,一个质量为 m 的质点与两个弹性系数为 k 的轻弹簧连接,沿竖直线运动,两弹簧的另一端分别固定于上下两点,原长均为两个固定点间距离的一半. 试写出系统的哈密顿函数,并用正则方程求出质点的运动学方程.

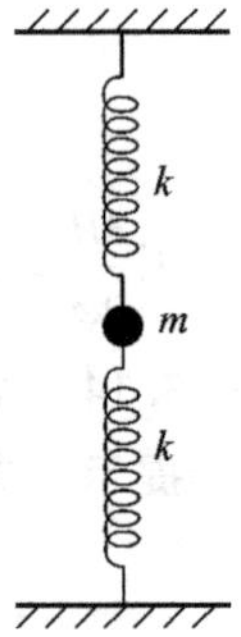

BX5.16 图

提示 $s=1$,建立向下的 Ox 轴,原点 O 在弹簧自由伸长处,以质点的坐标 x 为广义坐标. $T=\frac{1}{2}m\dot{x}^2=T_2$,$p_x=\frac{\partial T}{\partial \dot{x}}=m\dot{x}$,所以

$$H = T + V = \frac{p_x^2}{2m} - mgx + kx^2$$

正则方程为
$$\dot{x} = \frac{p_x}{m}, \quad \dot{p}_x = mg - 2kx$$

可得
$$m\ddot{x} = mg - 2kx, \quad \text{即 } \ddot{x} + \frac{2k}{m}x = g$$

运动学方程为
$$x = A\cos\left(\sqrt{\frac{2k}{m}}t + \varphi\right) + \frac{mg}{2k}$$

5.17 如 BX5.17 图所示,一定滑轮可绕过中心的光滑轴转动,其边缘上绕有不可伸长的轻绳,绳的一端悬挂质量为 m 的物体. 滑轮可视为均质圆盘,半径为 R,质量为 m_1. 试用哈密顿原理建立系统的动力学方程并求物体的加速度.

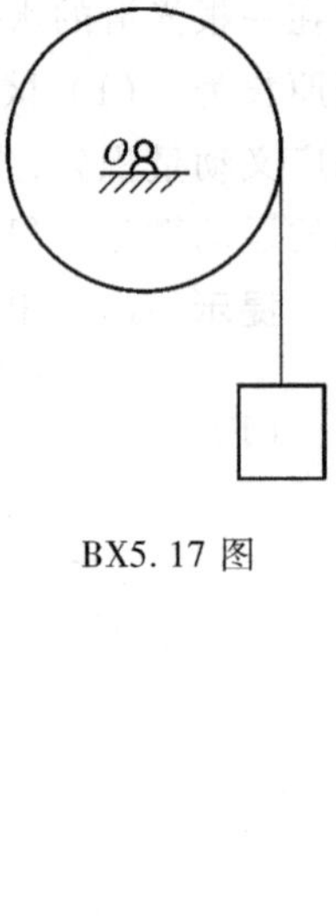

BX5.17 图

提示 $s=1$,以滑轮的角坐标 φ 为广义坐标.

$$L = T - V = \frac{1}{2}\left(\frac{1}{2}m_1 + m\right)R^2\dot{\varphi}^2 + mgR\varphi$$

$$\delta S = \int_{t_1}^{t_2}\delta\left[\frac{1}{2}\left(\frac{1}{2}m_1 + m\right)R^2\dot{\varphi}^2 + mgR\varphi\right]\mathrm{d}t$$

$$= \int_{t_1}^{t_2}\left[\left(\frac{1}{2}m_1 + m\right)R^2\dot{\varphi}\delta\dot{\varphi} + mgR\delta\varphi\right]\mathrm{d}t$$

$$= \int_{t_1}^{t_2} \left[-\left(\frac{1}{2} m_1 + m \right) R^2 \ddot{\varphi} + mgR \right] \delta\varphi \mathrm{d}t = 0$$

因 $\delta\varphi$ 任意，故 $\left(\frac{1}{2}m_1 + m\right)R^2\ddot{\varphi} - mgR = 0$，$\ddot{\varphi} = \frac{2mg}{(m_1 + 2m)R}$，$a = R\ddot{\varphi} = \frac{2mg}{m_1 + 2m}$.

5.18 如 BX5.18 图所示，一内壁光滑的细管在水平面内绕通过其一端的竖直轴以匀角速度 $\boldsymbol{\omega}$ 转动．管内有一质量为 m 的质点，它被系在轻弹簧的末端，弹簧的另一端固定在转轴上．弹簧的弹性系数为 k，原长为 l_0. 试用哈密顿原理求质点的运动微分方程．

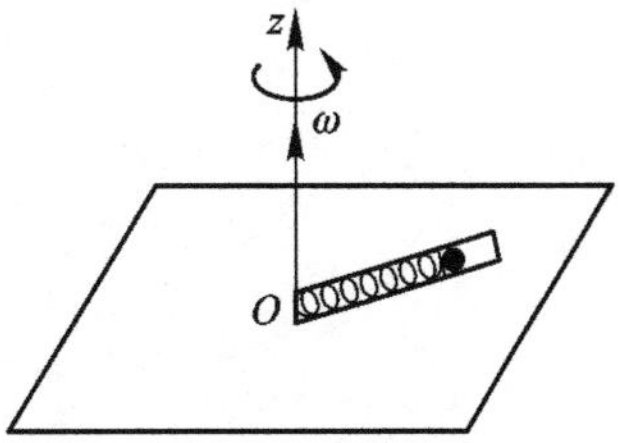

BX5.18 图

提示 $s = 1$，以质点到轴的距离 r 为广义坐标．

$$L = \frac{1}{2}m(\dot{r}^2 + r^2\omega^2) - \frac{1}{2}k(r - l_0)^2$$

$$\delta S = \int_{t_1}^{t_2} \delta\left[\frac{1}{2}m(\dot{r}^2 + r^2\omega^2) - \frac{1}{2}k(r - l_0)^2\right]\mathrm{d}t$$

$$= \int_{t_1}^{t_2} [m\dot{r}\delta\dot{r} + mr\omega^2\delta r - k(r - l_0)\delta r]\mathrm{d}t$$

$$= \int_{t_1}^{t_2} [-m\ddot{r}\delta r + mr\omega^2\delta r - k(r - l_0)\delta r]\mathrm{d}t$$

$$= \int_{t_1}^{t_2} [-m\ddot{r} + mr\omega^2 - k(r - l_0)]\delta r\mathrm{d}t = 0$$

由于 δr 的任意性，得到质点的运动微分方程为 $m(\ddot{r} - r\omega^2) = -k(r - l_0)$.